Compact Textbook of Biochemistry

コンパクト生化学

［改訂第4版］

編集　大久保 岩男
賀佐 伸省

南江堂

執筆者一覧（掲載順）

大久保岩男	おおくぼ　いわお	滋賀医科大学　名誉教授
前田利長	まえだ　としなが	滋賀医科大学実験実習支援センター　助教
賀佐伸省	がさ　しんせい	札幌医科大学　名誉教授
上山久雄	うえやま　ひさお	滋賀医科大学　客員准教授
東山繁樹	ひがしやま　しげき	愛媛大学大学院医学系研究科　教授

改訂第 4 版の序

2000 年 1 月の本書の初版発行から 17 年が経過した．2011 年には第 3 版となる改訂を行い，このたび 17 年目を迎えて改訂第 4 版を発行するに至った．本書は当初から近い将来，看護師や臨床検査技師，診療放射線技師などの医療従事者となる学生諸君に大いに役立つことを期待して出版したものである．

この間，本書は医療従事者を目指す学生あるいは医学を学ぶ多くの方々に利用されてきたが，医学教育に携わる方々や臨床現場で働く多くの医療従事者の方々から貴重なご助言やご教唆をいただき，順次「コンパクト生化学」としての充実度や成熟度を増すよう努力してきた．

医学の分野ではこの間に，iPS 細胞（人工多能性幹細胞）に代表されるような多くの新たな発展があり，医学の基礎的な学問である生化学の分野でも多くの新たな知見が見いだされた．今版ではこれらの知見を，本書の特徴である「コンパクトかつ平易に」という視点で分かりやすく解説し，より一層理解しやすい教科書になるよう改訂を行った．また，第 3 版では，臨床医学に即した今日的な事項およびその解説を新たに欄外に取り上げ，理解を深めるための一助としたが，本改訂ではさらに増やし，それらの内容についても充実をはかった．また，今版では，新しく一名の執筆者も加わり，新しい視点を持った内容となったものと考えている．

本書は，今後もより充実した内容に改善していきたいと考えている．学生諸君や医学教育に携わる方々，多くの医療従事者の方々から忌憚のないご意見をいただければ幸甚である．

2017 年 1 月

編　者

初版の序

本書は，看護師，臨床検査技師，X線技師，栄養士などコメディカルの分野で，近い将来活躍しようとしている学生諸君を対象に編集されたものである．コンパクト生化学という名にふさわしく，複雑な事象をできるだけ圧縮し，なおかつ平易な言葉で理解しやすく解説したつもりである．しかし，生化学が網羅する領域はきわめて広く，またその発展は日進月歩であることから，とくに新たな発展が認められるいくつかの分野では難解な専門用語に頼らざるを得ない場面も少なからずあったことは否めない．また，生体物質の構造式は万国共通の科学的言葉であるため，その正確性には万全を期したが，構造式の細かな枝葉を覚えることはあまり重要ではないことも学生諸君に念頭において欲しいと思う．

本書の特徴は，生化学の教材として膨大な紙数になるべきところをコンパクトにまとめた点にある．すなわち，構造式の提示などは必要最小限にとどめてある．一方，遺伝子診断や遺伝子治療あるいは臓器移植などの話題が日常的にマスメディアに登場してきている状況をふまえ，進展著しい遺伝子工学，免疫学，臓器生化学などの章にはやや多くの紙面をさいている．その他の章においても，内容に関連した疾患やその病態をとりあげ，生化学と臨床疾患との関係も重視したつもりである．

各章のはじめには，その章で学ぶべき“学習目標”をあげ，最後にはその章で学んだ内容の理解を確認できるよう“練習問題”も付した．

また，いくつかの章にコラムを挿入したが，その章で今どのようなことが話題となっているのかを理解してもらえれば幸いである．

学生諸君には，本書を学ぶことによって培った生化学的な知識や考え方を机上の学問で終わらせず，コメディカルの働き手として医療の場で有効に活用していただけることを切に期待する次第である．

1999年11月

編　者

目　次

第6章　ホメオスタシスとホルモン　大久保岩男　147

第7章　臓器の生化学　大久保岩男　171

第8章　がんの生化学　東山繁樹　195

第9章　免疫の生化学　大久保岩男　201

column

略語一覧

ACP	acid phosphatase	酸性ホスファターゼ
ACTH	adrenocorticotropic hormone	副腎皮質刺激ホルモン
ADA	adenosine deaminase	アデノシンデアミナーゼ
ADH	antidiuretic hormone	抗利尿ホルモン
ADP	adenosine 5′-diphosphate	アデノシン 5′-二リン酸
AIDS	acquired immunodeficiency syndrome	後天性免疫不全症候群
ALP	alkaline phosphatase	アルカリ性ホスファターゼ
ALT	alanine aminotransferase	アラニンアミノトランスフェラーゼ
AMP	adenosine monophosphate	アデノシン一リン酸
APC	antigen presenting cell	抗原提示細胞
AST	aspartate aminotransferase	アスパラギン酸アミノトランスフェラーゼ
ATP	adenosine 5′-triphosphate	アデノシン 5′-三リン酸
Btk	Bruton′s tyrosine kinase	ブルトン型チロシンキナーゼ
CCK	cholecystokinin	コレシストキニン
CCK-PZ	cholecystokinin-pancreozymin	コレシストキニン・パンクレオザイミン
CDK	cyclin-dependent kinase	サイクリン依存性キナーゼ
CGRP	calcitonin gene-related peptide	カルシトニン遺伝子関連ペプチド
CKI	CDK inhibitor protein	CDK 阻害タンパク質
CRH	corticotropin-releasing hormone	副腎皮質刺激ホルモン放出ホルモン
CT	calcitonin	カルシトニン
DG	diacylglycerol	ジアシルグリセロール
DNA	deoxyribonucleic acid	デオキシリボ核酸
ES	embryonic stem	胚性幹
FSH	follicle-stimulating hormone	卵胞刺激ホルモン
GH	growth hormone	成長ホルモン
GIF	somatostatin	ソマトスタチン
	(growth hormone-release-inhibiting hormone)	(成長ホルモン放出抑制ホルモン)
GOT	glutamic-oxaloacetic transaminase	グルタミン酸オキサロ酢酸トランスアミナーゼ
GPT	glutamic-pyruvic transaminase	グルタミン酸ピルビン酸トランスアミナーゼ
GRH	growth hormone-releasing hormone	成長ホルモン放出ホルモン
HCG	human chorionic gonadotropin	ヒト絨毛性ゴナドトロピン
HDL	high-density lipoprotein	高密度リポタンパク質
HIV	human immunodeficiency virus	ヒト免疫不全ウイルス
HMG-CoA	hydroxymethylglutaryl-CoA	ヒドロキシメチルグルタリル CoA

HSP	heat shock protein	熱ショックタンパク質
IDL	intermediate density lipoprotein	中間密度リポタンパク質
IGF-1	insulin-like growth factor-1	インスリン様成長因子 1
iPS	induced pluripotent stem	誘導多能性幹
LDH	L-lactate dehydrogenase	乳酸デヒドロゲナーゼ
LDL	low-density lipoprotein	低密度リポタンパク質
LH	luteinizing hormone	黄体形成ホルモン
LHRH	luteinizing hormone-releasing hormone	黄体形成ホルモン放出ホルモン
LT	leukotriene	ロイコトリエン
MAC	membrane attack complex	膜侵襲複合体
MASP	MBL associated serine protease	MBL 関連セリンプロテアーゼ
MBL	mannose binding lectin	マンノース結合レクチン
MCH	mean corpuscular hemoglobin	平均赤血球ヘモグロビン量
MCHC	mean corpuscular hemoglobin concentration	平均赤血球ヘモグロビン濃度
MCV	mean corpuscular volume	平均赤血球容積
MHC	major histocompatibility complex	主要組織適合抗原複合体
NADP	nicotinamide adenine dinucleotide phosphate	ニコチンアミドアデニンジヌクレオチドリン酸
NIPT	noninvasive prenatal genetic testing	出生前遺伝学的検査
PCR	polymerase chain reaction	ポリメラーゼ連鎖反応
PG	prostaglandin	プロスタグランジン
PGI	prostacyclin	プロスタサイクリン
PI	phosphatidylinositol	ホスファチジルイノシトール
PRL	prolactin	プロラクチン
PTH	parathyroid hormone	副甲状腺ホルモン
PZ	pancreozymin	パンクレオザイミン
RFLP	restriction fragment length polymorphism	制限断片長多型
RNA	ribonucleic acid	リボ核酸
RQ	respiratory quotient	呼吸商
RSV	rous sarcoma virus	ラウス肉腫ウイルス
SNP	single nucleotide polymorphism	一塩基多型
T_3	triiodothyronine	トリヨードチロニン
T_4	thyroxine	チロキシン
TAP	transporter associated with antigen processing	トランスポータータンパク質
TCR	T cell receptor	T 細胞受容体
TG	triacylglycerol	トリアシルグリセロール
TRH	thyrotropin-releasing hormone	甲状腺刺激ホルモン放出ホルモン
TSH	thyroid-stimulating hormone	甲状腺刺激ホルモン
TX	thromboxane	トロンボキサン
VLDL	very low-density lipoprotein	超低密度リポタンパク質

第1章 序論

● 学習目標

1. 医学を学ぶ者として，臨床医学と生化学の関係，さらには一般社会との関係を認識する．
2. 基本的知識として，生体分子を構成している化学物質にはどのようなものがあるのかを学び，化学物質を構成している元素の結合様式などを学ぶ．

1 医療従事者と生化学

生化学の分野は医学を学ぶ者にとってなかなか手強い学問に思われている．化学記号をみるだけで頭痛がすると訴える人も多いのが現実であり，また覚えなければならない知識の量が多いのも現実である．しかし，人間を含めて種々の化学物質でできている生命体の個々の物質構造や代謝のすべてを理解することは容易ではないが，生体内で起こっている生物化学的反応を理解する上で，生化学は非常に重要な学問である．したがって，看護師，理学療法士・作業療法士，臨床検査技師，診療放射線技師，栄養士などの分野で活躍しようと志す学生諸君には避けて通れない学問の１つである．また，最近の生化学の分野は大きく変貌をとげ，分子生物学や分子遺伝学などの知識や情報が随所に織り込まれるようになり，覚えなければならない，また理解しなければならない知識が日々増加している．例えば，iPS 細胞に代表される遺伝子治療がわが国でもおこなわれてきているが，これも生化学や細胞生物学分野における遺伝子工学の進歩に負っていることは言を待たないし，今や生命の本質に至るまで人工の手が加わる時代となってきている．

さらに，医療の担い手として，臨床医学の現場で活躍する人にとっても生化学の知識は至る所で生かされていることを理解しなければならない．例えば，点滴液の内容として含まれている電解質やグルコース，ビタミンなどの栄養素がいかにして生体内で代謝され，治療効果を現すのかを理解することは患者を治療する時にも大切なことである．

このように生化学は机上の学問ではなく，私たちの日常生活を通じて，また生命維持の機構や病気を理解する上においても必須の学問となってきている．言い換えると，生化学は私たちをとりまく社会とも密接にかかわっている．

周期	1 ⅠA	2 ⅡA	3 ⅢB	4 ⅣB	5 ⅤB	6 ⅥB	7 ⅦB	8 ⅧB	9 ⅨB	10 ⅩB	11 ⅠB	12 ⅡB	13 ⅢA	14 ⅣA	15 ⅤA	16 ⅥA	17 ⅦA	18 ⅧA
1	1 H 水素 1.008																	2 He ヘリウム 4.003
2	3 Li リチウム 6.941	4 Be ベリリウム 9.012					原子番号 元素記号 元素名 原子量						5 B ホウ素 10.81	6 C 炭素 12.011	7 N 窒素 14.007	8 O 酸素 15.999	9 F フッ素 18.998	10 Ne ネオン 20.18
3	11 Na ナトリウム 22.989	12 Mg マグネシウム 24.305											13 Al アルミニウム 26.981	14 Si ケイ素 28.085	15 P リン 30.973	16 S 硫黄 32.06	17 Cl 塩素 35.45	18 Ar アルゴン 39.948
4	19 K カリウム 39.098	20 Ca カルシウム 40.078	21 Sc スカンジウム 44.955	22 Ti チタン 47.867	23 V バナジウム 50.942	24 Cr クロム 51.996	25 Mn マンガン 54.938	26 Fe 鉄 55.845	27 Co コバルト 58.933	28 Ni ニッケル 58.693	29 Cu 銅 63.546	30 Zn 亜鉛 65.38	31 Ga ガリウム 69.723	32 Ge ゲルマニウム 72.63	33 As ヒ素 74.921	34 Se セレン 78.971	35 Br 臭素 79.904	36 Kr クリプトン 83.798

長周期／短周期（族）

遷移金属（3〜12族）

◆図 1-1　周期表

2 ● 生体分子

生物界に存在するタンパク質であろうと，糖質，脂質であろうとすべての物質は水素(H)，酸素(O)，炭素(C)，窒素(N)，硫黄(S)，リン(P)などの種々の元素で構成されていることは既知のことであろう．しかし，高等学校で得てきた知識の再確認も含めてこの項では元素間の結合様式や単位の表し方など基本的なことを記す．

1 元素と原子

a 元素と原子

一般に元素は原子の記号や性質などを表す抽象的な使用法が多く，原子は分子を構成する具体的な構成要素としての使用法が多い．原子は原子核と電子からなり，原子量は原子核によって決まる．原子核は陽子と中性子からなり，原子番号は陽子の数と同値である．周期表では原子番号と原子量の増加する順に原子が並ぶが，18 番のアルゴン(Ar)と 19 番のカリウム(K)は同位体の存在比の平均値によって原子量が逆転する(**図 1-1**)．

b 周期表

元素を原子番号順に並べると性質が周期的に変わる現象を周期律という．これに基づいて元素を並べた表を周期表といい，横の配列を周期，縦の配列を族と呼ぶ．周期表は 8 元素の周期で表した表を短周期型，18 元素の周期で表した表を長周期型という．前者は原子価の周期性，後者は元素の性質の変化が理解しやすい．**図 1-1** に原子番号 36 のクリプトン(Kr)までの周期表を示す．

原子価
化学結合において，ある原子が他の原子といくつ結合できるかを表す数．

c 原子量

^{12}C の質量数を 12 として他の元素の原子量を相対的に表した質量のことである(**図 1-2**)．これに天然に存在する各元素の同位体の存在比の平均値をとって相対原子質量(原子量)としている．

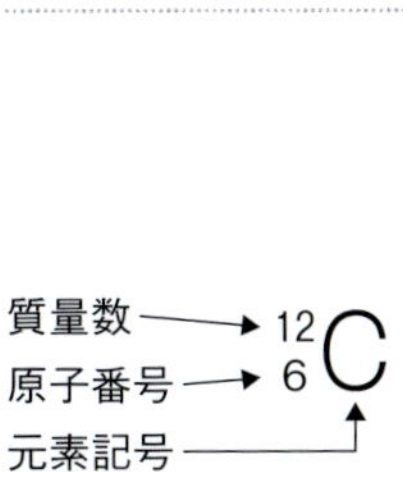

◆図 1-2　元素の原子番号と質量数の表記法

d 同位体

原子番号が同じで中性子の数の異なる原子核種．水素の同位体には重水素(^{2}H，デューテリウム)，三重水素(^{3}H，トリチウム)がある．

2 化学結合

生体内において働いている物質はほとんどすべてが原子または分子間の結合によってできている．

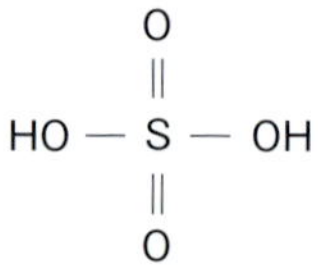

硫 酸

◆図 1-3 共有結合の例
S-O の結合は切れにくく O-H の結合は切れやすい.

a 共有結合

水やアルコールなどの有機溶媒に溶かしても結合が切れにくい結合様式で，結合手同士で結合する．一本の結合手は 2 個の電子（電子対）でできており，原子同士がこの電子対を共有している．切れにくいということは結合エネルギーが高いことを意味する．**図 1-3** に硫酸の例を示す．

b イオン結合

陽イオンと陰イオンの静電気的引力による結合様式である．非共有結合であり，電解質がこれに含まれる．水に溶かした場合，（+）の電荷をもつものを**カチオン**，（−）の電荷をもつものを**アニオン**という．例えば，塩化ナトリウム（食塩）を水に溶かすと解離（電離）し，Na^+ と Cl^- となる．化学反応式では以下のように表す．

$$NaCl \rightarrow Na^+ + Cl^-$$

表 1-1 にイオンを形成する代表的な元素類を示す．

◆表 1-1 代表的な原子イオン

イオン価	元素名	イオン状態
1 価陽イオン	ナトリウム	Na^+
	カリウム	K^+
1 価陰イオン	塩素	Cl^-
2 価陽イオン	カルシウム	Ca^{2+}
	銅*	Cu^{2+}
	マグネシウム	Mg^{2+}
	コバルト*	Co^{2+}
	亜鉛*	Zn^{2+}
	鉄*	Fe^{2+}（または F^{3+}）

*これらの原子は遷移金属のため，錯化合物などでは結合価数が変わる．

c 水素結合

分子内の水素を媒体として結合する．結合は弱く，非共有結合である．水素結合では OH，NH，SH 基が水素結合の供与体となり，この水素原子が O，N，S などの受容体原子で共有結合にかかわっていない電子（孤立電子対）と結合する．代表例としては DNA の塩基同士が相補的に結合する場合に認められる（詳細は第 3 章で学ぶ）．

d 配位結合

原子同士の結合に関与する電子が一方の原子の電子対だけ使用される結合のことで，アンモニウムイオン（$(H)_3N: + H^+ \rightarrow NH_4^+$）や金属錯体を形成する結合である．水はプロトン化されると配位結合によってオキソニウムイオンになる（$H_2O: + H^+ \rightarrow H_3O^+$）．

e　金属結合

典型的な金属を構成する原子は価電子を失って金属陽イオンとなり，自由電子となった価電子は金属結晶内を自由に飛び回ることができる．この自由電子が陽イオンに共有されて形成される結合のことである．

価電子
ある原子がもつ最外殻の電子数のこと．原子価電子ともいう．

f　疎水結合

水をはじく性質をもつ非極性（疎水性）分子同士が水のような極性（親水性）溶媒中に存在する結合様式として，疎水性官能基が受動的に規則的（例：脂質二重層）あるいは非規則的（例：タンパク質中の疎水空間）に集合する現象のことである．分子間に結合ができるわけではない．

3　分子量や濃度の表し方

a　分子量

分子は原子が結合したものであるが，分子量は分子を形成している原子量の総和をいう．例えば，グルコース（ブドウ糖，$C_6H_{12}O_6$）の分子量は，炭素（C）の原子量が 12.0（小数点第一位で四捨五入）であり，水素（H）の原子量が 1.0，酸素の原子量が 16.0 であることから，180.0 となる．

b　濃　度

生化学において濃度を表す場合，最もよく用いられる表現は**モル濃度（モラー：M）**である．モル濃度は溶液 1 リットル（L）中に含まれる分子の**モル数（モル：mol）**を意味する．モル数は分子量を A とすると A グラム（g）の質量が 1 mol となる．

例えば，50 g のグルコースを水に溶解して総量を 500 mL とした場合，グルコースの分子量は 180.0 であるから，溶液 1 L 中に含まれるグルコースの濃度は以下のように計算される．

$$50 \div 180 \times 2 = 0.5556(\mathrm{M})$$

また，この場合のモル数は 0.2778 mol となる．

その他の濃度の表し方を以下にまとめる．

容積モル濃度（mol/dm^3）：溶液 1 dm^3 中に溶けている溶質の物質量（mol）．浸透圧の計算に用いられる．

Eq/L：溶液 1 L に含まれる当量数（Eq，イクイバレント，物質のモル数にイオン価をかけたもの）．生体内では mEq/L が一般的である．

百分率（v/v %）：溶液 100 mL 中に含まれる溶質の容量（mL）．

百分率（w/v* %）：溶液 100 mL 中に含まれる溶質の重さ（g）．

* w：weight
v：volume

百分率(w/w %)：溶液 100 g 中に含まれる溶質の重さ(g).

千分率(‰)：溶液 1 L あるいは 1 kg 中に含まれる溶質の容量(mL)あるいは重さ(g). パーミルあるいはプロミレという.

百万分率(parts per million, ppm)：百万分のいくらかであるかという比率を示す数値. 10,000 ppm が 1%に相当する.

C　酸と塩基

酸と塩基の定義は以下の 3 つがよく知られている.

(1)　アレニウスの定義

酸とは水溶液中で $HA \rightarrow H^+ + A^-$ のように H^+(プロトン)を電離して H^+ の濃度を高める物質, 塩基とは $ROH \rightarrow R^+ + OH^-$ のように水溶液中で水酸化物イオンを電離して OH^- の濃度を高める物質をいう. 具体的には酸として塩化水素($HCl \rightarrow H^+ + Cl^-$), 塩基として水酸化ナトリウム($NaOH \rightarrow Na^+ + OH^-$)などがある. 電離しない物質でも水溶液中で間接的に H^+ や OH^- の濃度を上げる物質も酸, 塩基である. 例えば, アンモニアは水から H^+ を奪ってアンモニウムイオンとなり結果的に OH^- を発生させるので塩基である.

$$NH_3 + H_2O \rightarrow NH_4^+ + OH^-$$

(2)　ブレンステッド・ローリーの定義

酸は H^+ を与える物質, 塩基は H^+ を受け取る物質とする. 酸を HA, 塩基を B とすると

$$HA + B \rightleftarrows A^- + HB^+$$

この反応式の A^- は, 反応が逆に進むと H^+ を受け取る塩基として働くため酸 HA の共役塩基といい, 同様に HB^+ は H^+ を放出するので塩基 B の共役酸という. 具体的には, 塩化水素(HCl)は水溶液中では酸として働き, H^+ を放出して水(H_2O)に与え, H_2O は塩基として H^+ を受け取ってオキソニウムイオン(H_3O^+)となる. したがって, 塩化物イオン Cl^- は HCl の共役塩基, H_3O^+ は H_2O の共役酸となる.

$$HCl + H_2O \rightleftarrows Cl^- + H_3O^+$$

(3)　ルイスの定義

酸, 塩基に電子対の授受を導入して, 酸とは電子対を受け取る物質, 塩基は電子対を供与する物質と定義する. これらの酸, 塩基をそれぞれルイス酸, ルイス塩基という. 具体例として, 三フッ化ホウ素は電子を受け取り, 複合体 $[BF_4]^-$ * となって安定化する.

* [ ]：通常は濃度を表す場合が多いが, イオン分子の原子をまとめる際にも用いる.

$$\underset{(酸)}{BF_3} + \underset{(塩基)}{:F^-} \rightleftarrows \underset{(複合体)}{[BF_4]^-}$$

ルイス酸としてハロゲン化ホウ素やハロゲン化アルミニウム, ルイス塩基

としてハロゲンイオンやアルコール，エーテルの酸素原子など，非共有電子対をもつ化合物が該当する．

d 塩

酸に由来する陰イオンと塩基に由来する陽イオンがイオン結合した化合物のことであり，一般に酸と塩基の中和反応で生成する場合が知られているが，中和反応によらない場合もある(酸と金属単体との反応など)．

$$\underset{\text{酸}}{HCl} + \underset{\text{塩基}}{NaOH} \rightarrow \underset{\text{塩}}{NaCl} + H_2O$$

示性式
有機化合物の性質を表すため，官能基で示した化学式．

塩は分子構造をとらないため分子として扱うことはできないが，塩の決められた濃度の水溶液を作成する時は示性式あるいはイオン式からの原子の比で計算した値(NaCl の場合は Na と Cl の比が 1：1)を便宜上用いている．

塩によってその水溶液が酸性，中性，塩基性を表すことがある．強酸と強塩基の塩(例：NaCl)は中性を示す．強酸と弱塩基の塩(例：塩化アンモニウム NH_4Cl)は酸性を，弱酸と強塩基の塩(例：炭酸ナトリウム Na_2CO_3)は塩基性を示す．

e pH

水素イオン指数あるいは水素イオン濃度指数(potential hydrogen, power of hydrogen)のことである．希薄溶液中において，水素イオン濃度$[H^+]$(mol/L または mol/dm^3)の pH は次式で求められる．

$$pH = -\log_{10}[H^+]$$

例えば$[H^+]$が 0.01 M の時は，

$$pH = -\log_{10}10^{-2} = -(-2\log_{10}10) = 2\log_{10}10 = 2 \{\text{酸性}\}$$

0.0000001 の時は，

$$pH = -\log_{10}10^{-7} = -(-7\log_{10}10) = 7\log_{10}10 = 7 \{\text{中性}\}$$

となる*．

* pH が 7 を中性，それ以下を酸性，それ以上を塩基性という．

f 浸透圧

水などの低分子だけを通す膜(半透膜)の両側に，溶質が同じで，濃度だけが異なる溶液を同じ高さに装填すると，低分子は濃度の低い側から高い側に拡散によって移動し，濃度の高い側の液面が上昇しようとする．液面の上昇を抑えてもとの高さを維持するには，上昇しようとする側の液面を押す圧力が必要になる．これが浸透圧(厳密には浸透圧差)である．

非電解質の浸透圧 π [atom]はファントホッフの式で求められる．

$$\pi = MRT$$

M は容積モル濃度[mol/dm^3]，R は気体定数[atm・dm^3/K・mol]，T は

温度(K)である．溶質のモル濃度は溶質の粒子数に依存するため，電解質溶液の浸透圧はイオンのモル濃度(電離した陽イオンと陰イオンの総数)から求める．

浸透圧の単位はmmHg(現在はTorr)やcmH_2Oが用いられるが(100 mmHg = 130 cmH_2O)，これらとは別に，前述のように浸透圧は溶液中の分子やイオンの粒子数によって決まるため，この粒子数を表す単位としてOsm(オスモル)が使用される．例えば非電解質のグルコースは1 molが1 Osmであり，電解質のNaClは完全に電離すると1 molが2 Osmになる．血漿の浸透圧の基準値は275 ～ 295 mOsm/kgH_2Oである．

一方，血漿中のタンパク質によって生じる浸透圧は膠質(こうしつ)浸透圧と呼ばれ，前述のイオンなどによる浸透圧とは異なる．毛細血管の血漿の膠質浸透圧は約28 mmHgであり，間質の膠質浸透圧は約8 mmHgと低い．これが毛細血管内外の物質移動に大きく貢献している．

単位の表し方

単位の表し方については，SI単位系(国際単位系)が一般的である．7種類の基本単位(メートル，キログラム，秒，アンペア，モル，ケルビンおよびカンデラ)を定義により定め用いている．例えば，1モルとは6.022 × 10^{23}(アボガドロ数)個の分子が含まれている集団をいい，分子数で表現する．

g　単　位

生化学において日常的に用いる基本的な単位の表現を**表1-2**に示す．

◆表1-2　単位の表し方

	10^3	10^0	10^{-1}	10^{-2}	10^{-3}	10^{-6}	10^{-9}	10^{-10}
名　称	キロ		デシ	センチ	ミリ	マイクロ	ナノ	
重　さ	kg	g			mg	μg	ng	
容　量	kL	L	dL		mL	μL	nL	
長　さ	km	m		cm	mm	μm	nm	Å

Å：オングストローム

4　生体の構成物質

生命体を構成している主たる低分子や高分子などの生体物質は判明している．ここではタンパク質や糖質，脂質，核酸などについて生体物質としての基本的な構造とそれらの生体内で果たしている生理的な機能について簡単に概説する(詳細は第3章で学ぶ)．

a　タンパク質

タンパク質は20種類の**L-アミノ酸**がお互いに**ペプチド結合**(-CO-NH-)によって鎖状に連なった構造をしている．構成アミノ酸の配列順序によってつくられる一次元的な化学構造をタンパク質の一次構造という．タンパク質自体の生体内での生理機能としては，① 毛髪や爪にはじまり，筋肉，腱，軟骨組織，骨などの組織の**構造タンパク質**として存在していること，② 細胞内や細胞外において，生体内での代謝や異化にかかわる反応の**触媒酵素**として働くこと，③ **免疫グロブリン**や**血液凝固・線溶系**のタンパク質の例に示されるような**生体防御系**に働くこと，さらに，④ 生体の恒常性を保つためのホルモンのような生理活性物質として働くことなどさまざまである.

b 糖　質

糖質は，従来より炭水化物や含水炭素と呼ばれていた．炭素・水素・酸素より構成され水素：酸素の比率が2：1であることから，共通分子式 $C_m(H_2O)_n$ と記載できるからであった．しかし，酢酸や乳酸のように，この比率があてはまっても糖でないものもあり，またこの比率にあてはまらない糖も存在する．そこで，現在では炭水化物より糖質という呼び方がより一般的である．糖の最小単位は単糖と呼ばれ，単糖が2つつながったものを二糖，いくつか連なったものを少糖(オリゴ糖)や多糖と呼ぶ．単糖類とオリゴ糖は結晶性化合物で，水に溶け，甘味をもっている．

単糖にはトリオースやペントース，ヘキソースがあり，二糖としてはスクロース(ショ糖)，ラクトース(乳糖)，マルトース(麦芽糖)などがある．多糖のなかでホモ多糖として，グリコーゲンやデンプン，セルロースが，ヘテロ多糖としてヘパリンなどが知られている．

ホモ多糖とヘテロ多糖

グリコシド結合により単糖分子が多数重合したものを多糖と呼び，同一の単糖から構成されるものをホモ多糖(単純多糖)，異種の単糖から構成されるものをヘテロ多糖(複合多糖)という.

糖質の生体内での生理的役割は細胞の直接のエネルギー源となることである．例えば，脳の神経細胞はエネルギー源として血液中のグルコースに依存しており，血液中のグルコース濃度がある濃度より低下すると，脳の機能が正常に保たれなくなる．小腸で吸収されたグルコースは主として肝臓や筋肉にグリコーゲンとして貯蔵され，必要に応じてグルコース1-リン酸を経て，エネルギー産生系の1つである解糖系に入り，ATP を産生する．リボースはペントース(五炭糖)であるが，動物細胞において DNA や RNA の構成成分としても重要である．

c 脂　質

脂質は水に溶け難く，エーテル，クロロホルム，ベンゼンなどの有機溶媒に溶ける性質が共通している．水に溶けないという性質はその構成に炭素数が多いことと，鎖状または環状の長い炭化水素鎖の構造をもつことによる．この構造は疎水性であるために水に溶け難いのである．その生理機能として，脂肪酸はグルコースと並びエネルギー源となり，トリアシルグリセロール(中性脂肪)はエネルギー基質の前駆体となる．リン脂質やコレステロールは脂質二重層を形成し，細胞膜の重要な構成要素となっている．細胞膜は脂質の他にタンパク質や少量の糖質が組織的に集合しており，栄養物質や電解質などを細胞内外の濃度勾配にしたがって移動させ，細胞内液中の組成を調節する．血漿中で脂質は種々のタンパク質(アポタンパク質)と結合して，粒子状の複合体を形成し，その中心部にはトリアシルグリセロール，コレステロールやコレステロールエステルを含み，周辺部分をアポタンパク質やリン脂質が覆っている．これをリポタンパク質と呼ぶ．血漿を介して脂質を各臓器に運搬している．

d 核　酸

核酸は構成要素であるヌクレオチドが多数重合してできた巨大分子である．核酸は大別すると構造と役割の異なるデオキシリボ核酸(DNA)とリボ核酸(RNA)よりなる．DNAは真核細胞内では細胞核の染色体に局在する遺伝子の本体である．RNAは細胞核や細胞質内などに存在し，タンパク質の生合成に関与している．ヌクレオチドは3つの部分よりなるが，それらはリン酸と五炭糖，塩基である．ただし，五炭糖部分はDNAの場合はデオキシリボース，RNAの場合はリボースとなっている．また，DNAの場合は塩基部分はアデニン，グアニン，シトシン，チミンであるが，RNAの場合はチミンの代わりにウラシルとなる．リン酸はDNA，RNAにおいてリボースやデオキシリボースをつなぐ役割をしているが，その結合はホスホジエステル結合という．また，DNAとRNAの構造をみると，DNAは二本鎖であり，RNAは基本的に一本鎖である．DNAの場合は，アデニンとチミンが2ヵ所，グアニンとシトシンは3ヵ所が水素結合によって相補的に塩基対を形成するために二本鎖となり，二重らせん構造をとる．DNAでもRNAでもヌクレオチド間の結合は，個々のヌクレオチドのリン酸基がデオキシリボースまたはリボースの3′-5′間で，ホスホジエステル結合したものである(第5章参照)．

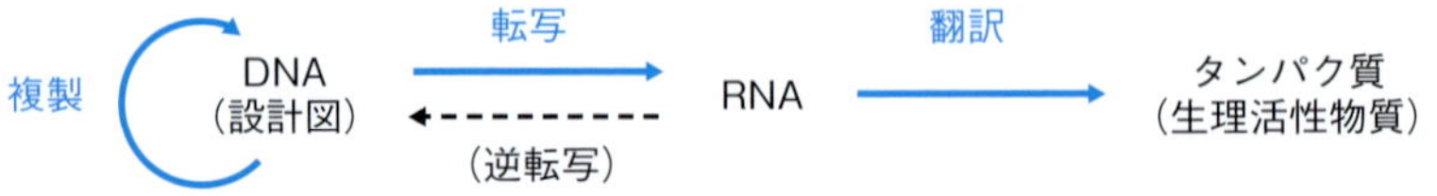

◆図 1-4　セントラルドグマ(中心教義)

生体内で機能しているタンパク質のすべてはセントラルドグマ(中心教義)と呼ばれる規則にしたがって生合成されている(図1-4)．DNAはタンパク質の構造をコードする遺伝暗号を有する．言い換えるとタンパク質のアミノ酸をどのような順序に並べるかという遺伝情報，すなわち設計図がそのヌクレオチド配列の中に内蔵されている(詳細は第3章と第5章で学ぶ)．

セントラルドグマ

タンパク質を産生する場所(工場)はリボソームである．その産生には遺伝暗号(設計図)から転写されたmRNA，tRNAおよびrRNA(リボソームの構成成分)が参加し，セントラルドグマに従ってタンパク質が翻訳されてできる．生体内で生合成されるタンパク質，脂質および糖質類をつくり出すのは酵素タンパク質であり，これらの物質を分解するのもまた酵素タンパク質である．

column

IUPAC 命名法

国際純正応用化学連合(International Union of Pure and Applied Chemistry, IUPAC)とは，化合物の国際的な命名法の基準である．適用される分野は有機化合物のみならず無機化合物の他，物理学，生化学，分析化学など広範囲に及ぶ．

化合物の基本構造は主要骨格とそれに結合する置換基によって構成される．化合物の命名は官能基間の優先順位および優先する骨格の鎖長あるいは骨格となる慣用名によって決定される．

有機化合物は炭素を含む化合物の総称である．直鎖状炭化水素では**表 1** の炭化水素が基本骨格(主鎖)となる．主鎖の決定は最も長い炭素鎖をとり，アルケン，アルキンはそれらに存在する不飽和結合が必ず主鎖に入っていることが必要である(**図 1**)．環状炭化水素の場合は環を構成する炭素数の前に cyclo-(シクロ)をつけて基本骨格とする．置換基がある場合はそれが結合する主鎖の番号をハイフンでつなぎ，置換基の最初の文字がアルファベット順になるように並べる．置換基はハロゲン原子(F, Cl, Br, I など)やニトロ基，アミノ基は-o，それ以外は-yl で主鎖につなぐ(例：methane → methyl)(**表 2**)．同じ置換基が複数存在する場合は数の接頭語(mono, di, tri など)でまとめて表記する(接頭語は上記アルファベット順には入れない)．

◆表 1　直鎖状炭化水素(炭素数 1～10)

炭素数	アルカン	アルケン	アルキン
1	メタン(methane)	-	-
2	エタン(ethane)	エテン(ethene)	エチン(ethyne(acetylene))
3	プロパン(propane)	プロペン(propene)	プロピン(propyne)
4	ブタン(butane)	ブテン(butene)	ブチン(butyne)
5	ペンタン(pentane)	ペンテン(pentene)	ペンチン(pentyne)
6	ヘキサン(hexane)	ヘキセン(hexene)	ヘキシン(hexyne)
7	ヘプタン(heptane)	ヘプテン(heptene)	ヘプチン(heptyne)
8	オクタン(octane)	オクテン(octene)	オクチン(octyne)
9	ノナン(nonane)	ノネン(nonene)	ノニン(nonyne)
10	デカン(decane)	デセン(decene)	デシン(decyne)

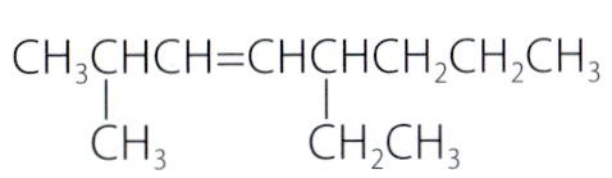

5-ethyl-2-methyl-3-octene(4-ethyl-7-methyl-5-octene ではない)

◆図 1　命名例

column

IUPAC 命名法(続き)

◆表 2　有機化合物の官能基(R：アルキル)

酸素系官能基	官能基名	化合物
R-OH	水酸基(hydroxy(l)-)	アルコール
R-CHO	アルデヒド基(formyl-)	アルデヒド
R-COOH	カルボキシル基(carboxyl-)	カルボン酸
-CO-CH_3	アセチル基(acetyl-)	アセチル CoA
窒素系官能基	**官能基名**	**化合物**
R-NH_2	アミノ基(amino-)	アミン
炭素系官能基	**官能基名**	
CH_3-	メチル基*(methyl-)	
CH_3CH_2-	エチル基*(ethyl-)	
$CH_3CH_2CH_2$-	1-プロピル基*(1-propyl-)	
$CH_3CH_2CH_2CH_2$-	1-ブチル基*(1-butyl-)	
$CH_3CH_2CH_2CH_2CH_2$-	1-ペンチル基*(1-pentyl-)	

*それぞれのアルカンの末尾の ane を yl にかえる.

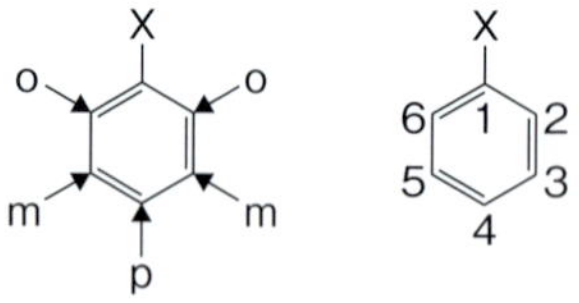

芳香環の位置表示

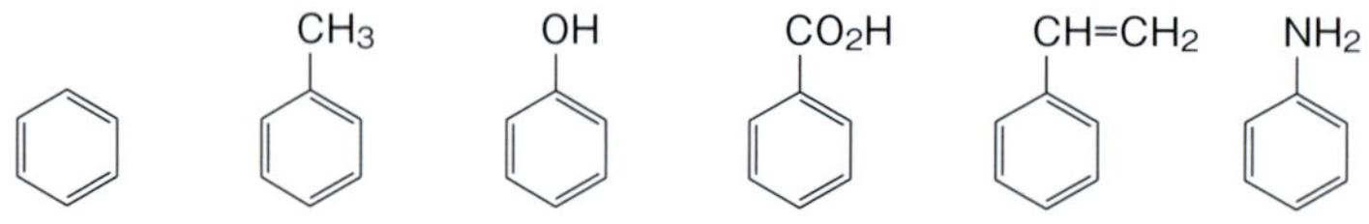

◆図 2　命名法に用いられる芳香族化合物の基本骨格

芳香族化合物の基本骨格には**図 2** に示した化合物の慣用名を一般的に用いる．芳香環の位置の示し方には 2 通りあり，1 つは主官能基(例：トルエンのメチル基)の両隣をオルト位(o−)，主官能基の最も遠い位置をパラ位(p−)，オルトとパラの間をメタ位(m−)とする．もう 1 つは番号を用いる方法であり，主官能基の付け根を 1 番とし，6 番まで時計回りに番号をつける．同じ官能基が複数ある場合に番号を使うことが多い．

練習問題

1. 生化学と社会との関係を考察しなさい.
2. 元素間の結合様式にはどのようなものがあるか述べなさい.
3. モル数とモル濃度について述べなさい.
4. タンパク質や糖質，脂質の生体内での役割について述べなさい.
5. セントラルドグマについて説明しなさい.

第2章 細胞の基本構造と機能

● 学習目標

1. 原核生物と真核生物が存在し，それぞれ異なる進化の過程を歩んだことを考え，それぞれの細胞の基本構造の違いを理解する.
2. ヒトの体を構築している真核細胞において，細胞外と細胞内を分ける役割以外の細胞膜の機能や，細胞内輸送手段としての細胞骨格の機能を考え，それぞれの重要性を理解する.
3. ヒトでは細胞小器官における異常が病気の原因となっている．そこで，それぞれの細胞小器官の細胞内での役割を考え，細胞小器官内での生化学的反応系を他の章と関連づけて理解する.

1 細胞の基礎

細胞(cell)は生命の基本単位であり，① 細胞膜に囲まれてその内部は外界から隔離されている，② DNAをもち自己増殖できる，という特徴をもつ．その細胞はDNAの存在様式により原核細胞(図2-1)と真核細胞(図2-2)に分けられる．原核細胞からなる原核生物は，環境への適応が早いという進化の形態をとったため，地球上で最も数が多く，分布範囲も広く，真核生物では生きられない高温状態や無酸素状態，異常な化学条件下でも生きている．この原核生物は生命の設計図にあたるDNAを収容する袋状の器官である核をもっていない．このため，DNAはリボソームや他の細胞内タンパク質とともに細胞質の中に存在する．したがって，原核生物の細胞の代謝経路は単純である．核膜という"転写の場"と"翻訳の場(タンパク質合成の場)"を仕切るものがないので，遺伝子の転写産物が，すぐにリボソームによって翻訳さ

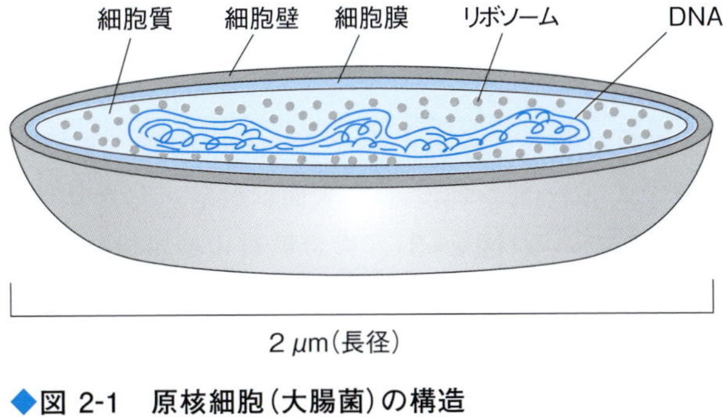

◆図 2-1　原核細胞(大腸菌)の構造

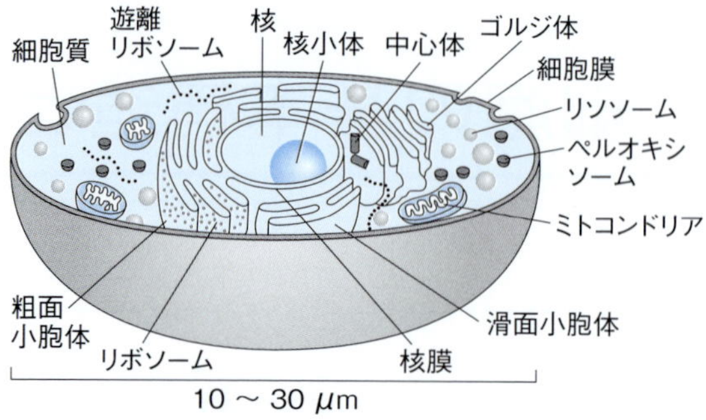

◆**図 2-2　真核細胞の構造**

れタンパク質となることから，原核生物の遺伝子発現は遺伝子の転写とほぼ同時におこなわれる．

一方，安定した環境に適応し進化した真核生物(真核細胞からできている)は，単細胞から多数の細胞が集まった多細胞生物へと進んでいった．これら真核生物を構成する真核細胞は，DNAがタンパク質であるヒストンと複合体を形成した染色体をもっている．さらにこの染色体が核という細胞小器官に収容されている．真核細胞では遺伝子の"転写の場"(核)とリボソームのある"翻訳の場"（細胞質)が核膜によって隔てられている．このためDNAの複製や，遺伝子発現は複雑で，遺伝子の転写の後すぐに遺伝子発現がおこなわれるとは限らない．さらに，真核細胞では細胞が大きい(10 ～ 100 μm)ので核からリボソームまでの距離が，細菌などの原核細胞(1 ～ 10 μm)と比べて長い．そのため真核細胞の遺伝子発現には細胞内での効率的な物質輸送や機能の分担が必要となり，**細胞骨格**や**細胞小器官**が発達したと考えられている．

細胞小器官は真核生物特有のもので，脂質の膜で囲まれているが，粗面小胞体のように脂質膜をもつ小胞体と脂質の膜をもたないリボソームからなる細胞小器官もある．

2 ● 膜

先にも述べたように，細胞や細胞小器官は膜により外界から遮断されている．それぞれの膜の中は外界と異なった環境を保っている．細胞や細胞小器官の膜をまとめて**生体膜**と呼び，細胞を囲む膜をとくに**細胞膜**(cell membrane)と呼ぶ．

生体膜は脂質二重層からなる．その脂質二重層にタンパク質が ① 貫通，② 埋没，③ 一部が埋没，④ 表面に付着，した状態でモザイクのようにちりばめられている(**図 2-3**)．複合糖質の糖鎖は細胞膜の外側にのみみられる．膜を構成する脂質，タンパク質，糖質の割合は細胞や細胞小器官により異なっている．例えば，神経細胞膜は肝臓の細胞や線維芽細胞の膜と比べて脂質の割合が多い．また，ミトコンドリアの膜はコレステロールをもたない原

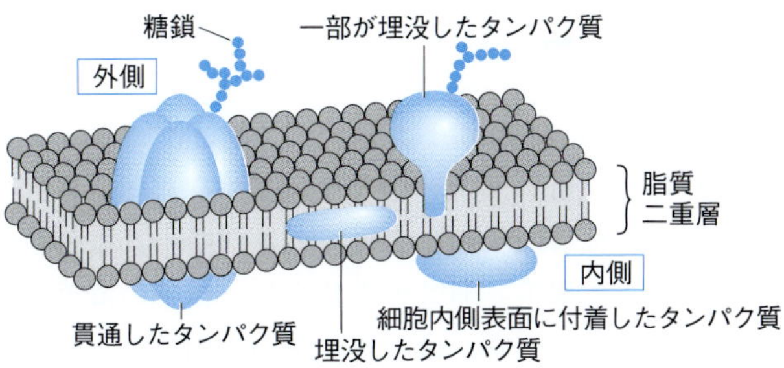

◆図 2-3　細胞膜の構造

核細胞に近く，コレステロールをほとんど含んでいない．

水は細胞膜を通過できるが，イオンやアミノ酸，グルコースなどは細胞膜を通過することができない．そのため細胞膜にはそれらを通過させるためのタンパク質群が存在する．原核細胞の膜は栄養物としての低分子物質しか吸収できないが，真核細胞の膜は細胞骨格と協調して細菌までも包み込んで細胞内に吸収し消化することができる．

また，細胞膜には受容体(レセプター)と呼ばれる細胞外からの情報(シグナル)を細胞内に伝えるタンパク質群も存在する．ATP 合成酵素や呼吸鎖系の酵素，脂質合成の酵素なども細胞膜に埋まっており，膜表面で一連の酵素反応が効率よくおこなわれている．このように，細胞膜は ① 外界と細胞内を仕切るだけでなく，② 細胞膜に存在するチャネルタンパク質(イオンを通過させる)や輸送タンパク質(グルコース，アミノ酸などを通過させる)を利用して細胞内と外界のイオンや物質の濃度を調節する，③ 細胞膜に存在する受容体を介して外界の情報を細胞内に送る，④ 効率のよい酵素反応の場を提供するなど，細胞にとって重要な役割を果たしている．

3 ● 細胞骨格

細胞骨格(cytoskeleton)は，細胞質中に張りめぐらされた網状，束状あるいは糸まり状の構造の総称である．細胞骨格は細胞の形を決めたり，連続的に変形して細胞を動かしたりする．また，細胞表面に突起やくぼみをつくらせるのも細胞骨格の仕事である．それ以外に，細胞骨格はレールの役割も果たし，細胞小器官の細胞内での移動や固定にかかわっている．細胞外に放出されるタンパク質を運ぶ小胞も細胞骨格のレールに沿って細胞内を移動している．生物の発生に必要なタンパク質が細胞内で偏って存在しているのも細胞骨格により演出されている．このように細胞骨格は真核細胞の骨格でもあり，レールでもあり，遺伝子発現の場所を提供する器官でもある．

動物細胞において細胞骨格を構成するタンパク質は総タンパク質の 10～30％を占めている．細胞骨格を構成するものはその大きさから ① **微小管**，② **ミクロフィラメント**，③ **中間径フィラメント**，の 3 種類に分類されている(**図 2-4**)．

1 微小管

微小管(microtubule)は**チューブリン**という球状タンパク質が重合してできた直径25 nmの煙突のような中空の線維である．核やゴルジ体付近にある中心体から放射線状に広がっている．微小管は細胞の形態を規定し，肺の線毛，小腸上皮線毛，卵管の毛状突起，精子の鞭毛などの運動にもかかわっている．細胞分裂の時には染色体を両方向にひっ張る仕事もする．細胞小器官や小胞を細胞の中の所定の位置まで動かしているのは，微小管上を動くダイニンやキネシンというモータータンパク質である．微小管は細胞質中の幹線道路となっている．細胞の周辺部への輸送はアクチン上を動くモータータンパク質によってひき継がれる．

中心体(centrosome)は微小管が形成される時その中心にできる細胞小器官で，中心体から放射状に微小管がのびていく．中心体自体も微小管からできており，ゴルジ体や核の近くにみられる．また，細胞が分裂する時の紡錘糸(染色体を両方向にひっ張り，2つに分ける微小管の束)形成時にも中心体が出現する．中心体は真核細胞に特異的なものである．

2 ミクロフィラメント(アクチンフィラメント)

ミクロフィラメントは**アクチン**という球状タンパク質がじゅず状に重合した直径6～7 nmの線維である．細胞質の流動や突起やくぼみの形成など細胞内の動きを担っている．例えば，細胞質の流動運動，細胞分裂時のくびれの収縮，細胞移動時の偽足の形成，腸管細胞の微絨毛の構造形成に関与している．筋肉の収縮はミクロフィラメントとミオシンフィラメントにより起こる(筋タンパク質参照)．

3 中間径フィラメント

中間径フィラメントはミクロフィラメントと微小管の中間の直径(10 nm)をもつ線維であり，線維状の構成タンパク質が重合してつくられている．構成タンパク質は多種類あり，それぞれ組織や細胞に特異的に発現している．上皮細胞ではケラチン，筋細胞ならデスミン，線維芽細胞ならビメンチン，神経細胞ならニューロフィラメント，グリア細胞ならグリアタンパク質，核

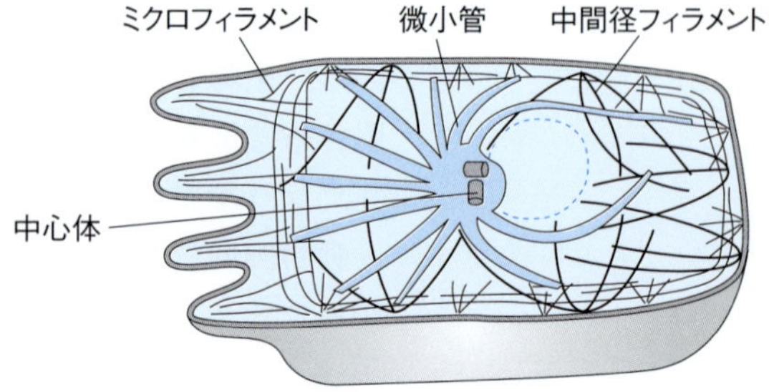

◆図 2-4　細胞骨格の主要構造

偽足(ぎそく)

アメーバや白血球にみられる一時的な細胞質の突起のこと．細胞の移動様式の1つで，アメーバ運動とも呼ばれる．動物・植物学や生物教育関係では仮足(かそく)を，医学関係では偽足を用いる傾向にある．

微絨毛

小腸の絨毛を構成する細胞の表面に出ている突起のこと．栄養吸収のため，小腸はヒダ構造と絨毛をつくることで表面積を広げ，さらに絨毛を構成する上皮細胞の表面に無数の微絨毛を生やすことで，さらに表面積を広げている．同様の構造は，腎臓・近位尿細管の上皮細胞や胎盤と子宮壁の接触面にみられる．

筋タンパク質

筋肉の筋原線維を構成する主なタンパク質は，アクトミオシンと呼ばれるアクチンとミオシンの複合体である．筋原線維は，ミクロフィラメントと，2種類のミオシン複合体が重合したミオシンフィラメントが末端を重ねて互いに並んだもので，ミクロフィラメントの上をミオシンフィラメントが動くことで筋が収縮する．ミクロフィラメントは筋原線維の骨格とも考えられる．

特発性拡張型心筋症

ウイルス感染や既知の心疾患では説明のつかない心拡大・心不全のうち，デスミン遺伝子やラミン遺伝子の異常により拡張型心筋症様病態を示すものが報告されている．デスミンは筋細胞の，ラミンは核内の中間径フィラメントである．低心拍状態，肺うっ血，不整脈といった病態を示す．ミクロフィラメントのアクチン遺伝子の異常でも同様の心筋症が報告されている．

内ではラミンが中間径フィラメントとしてそれぞれの細胞内で線維を形成し，細胞や核の構造維持に関与している．その特異性から腫瘍細胞がどの組織から転移してきたかなどを知ることに利用されている．

4 細胞小器官

ここでは，脂質の膜に囲まれた細胞小器官と RNA とタンパク質で構成されたリボソームを紹介する．脂質の膜で囲まれた細胞小器官は核やミトコンドリアのように二重の膜に囲まれたものと，小胞体，ゴルジ体，リソソーム，ペルオキシソームのように一重の膜で囲まれたものに分けられる．これらの細胞小器官に機能異常が起き，細胞が傷害されると，私たちヒトを含め細胞からできている生物は病気になる．

1 核

核(nucleus)は核膜と呼ばれる二重の膜で包まれた，真核細胞の中で最も大きな細胞小器官である(**図 2-5**)．核膜には核膜孔という穴があいており，この核膜孔を通して核内でつくられた伝令(メッセンジャー)RNA(mRNA)，転移(トランスファー)RNA(tRNA)，リボソームが細胞質へと出ていく．逆に遺伝子の転写に必要なタンパク質やリボソームの組み立てに必要なタンパク質は核膜孔を通って細胞質から核内へと入っていく．これらの特殊なタンパク質はみな，核移行シグナルをもっている．核内には核小体と呼ばれる小体が 1 個から複数個存在しリボソーム RNA(rRNA)とタンパク質を用いてリボソームの組み立てをおこなう．核の役割は遺伝物質 DNA を保管し，DNA から RNA への転写の場を提供することである．

2 ミトコンドリア

ミトコンドリアは細菌と同じ大きさの細胞内小器官であり，細胞の種類によってその数や形も異なる(**図 2-6**)．平均すると細胞あたり 2,000 個のミトコンドリアをもつ．糖などの食物を酸素を用いて水や二酸化炭素に分解することで，細胞に必要な ATP のほとんどをつくり出している．また，ミトコンドリアはカルシウムの貯蔵庫としての機能もあり，細胞内のカルシウム濃度を低濃度(1 μM)に保っている．ミトコンドリアは二重の膜で囲まれ，クリステと呼ばれるひだによって内側の膜の表面積を増加させている．クリステは，ゲル状の基質(マトリックス)に突出している．酸化的リン酸化および電子伝達系(水素伝達系)の酵素群はクリステに埋まって存在し，効率よく働いている．活発に動いている心筋ではクリステの数がとくに多く，多量のエネルギー(ATP)をつくり出している．したがって，ミトコンドリアは細胞内の発電所に例えられる．ミトコンドリアの基質には，クエン酸回路や脂肪酸の β 酸化に関与する酵素，ミトコンドリアの環状 DNA，70S リボソームなどが存在している．

ミトコンドリア病

主にミトコンドリア DNA の変異によりミトコンドリアの機能が低下し，エネルギー(ATP)不足から起こる病気．主に心臓，骨格筋，脳などに異常を生じる．疲れやすくなり長く歩けない，意識を失い手足の麻痺がみられるなどいろいろな症状が出る．遺伝するものとしないものがある．

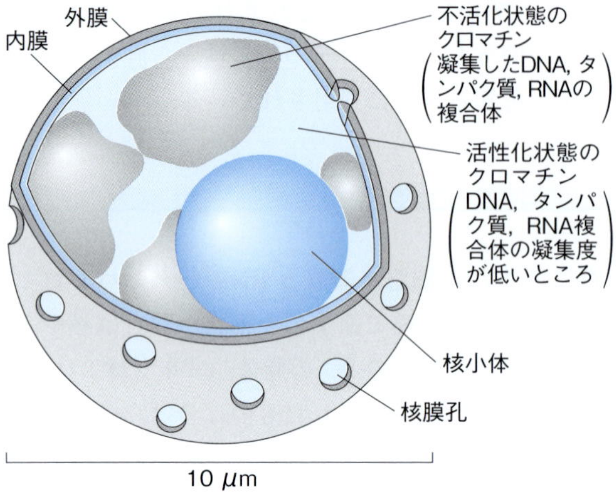

◆図 2-5　核の構造

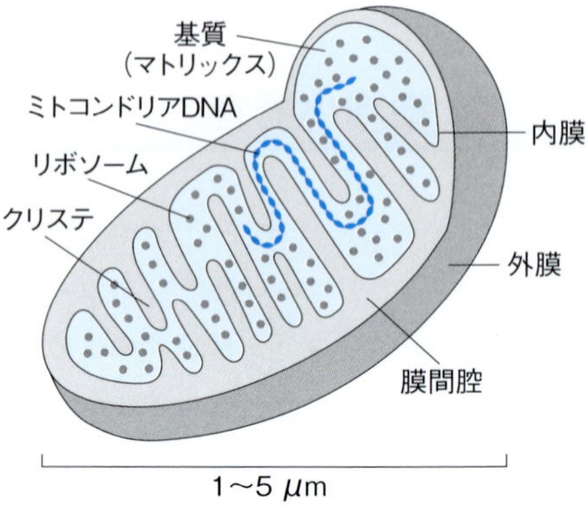

◆図 2-6　ミトコンドリアの構造

3 小胞体

小胞体(endoplasmic reticulum, ER)は細胞質内に一重の膜で囲まれた，管状または袋状の構造をした小器官である．形態は細胞の種類によって多様であり，小胞体同士や核の外膜と連続して存在している．この小胞体は，膜の細胞質側表面に多数のリボソームが付着している粗面小胞体と，付着していない滑面小胞体に分けられる．

a リボソーム

リボソームは，ほぼ等量のRNAとタンパク質からなる，細胞におけるタンパク質合成の場である．核からの情報(メッセンジャーRNA)にしたがってリボソームはアミノ酸をつなげていく．リボソームは細胞質に遊離状態で存在するか，あるいは小胞体や細胞骨格などに付着している．リボソームは4つの種類(細菌，植物，動物，ミトコンドリア)に分けられる．それぞれのリボソームに含まれるRNAの違いは臨床検査(結核菌の検出，細菌や真菌の同定など)にも利用されている．

b 粗面小胞体

膜の細胞質側表面に多数のリボソームが付着している小胞体で，膜タンパク質やリソソームに移行するタンパク質，細胞外に分泌されるタンパク質の合成が盛んにおこなわれている．この点が滑面小胞体との違いである．細胞質中にとどまるタンパク質は，細胞質中の遊離リボソームが合成している．タンパク質を細胞外へ分泌する臓器の細胞などでは粗面小胞体が著しく発達している．

c 滑面小胞体

機能は細胞によって異なるが一般には脂肪酸やリン脂質，ステロイドの合成，カルシウムイオンの貯蔵が主要な機能である．肝臓の細胞では滑面小胞体が発達し，その中で殺虫剤などの解毒やグリコーゲンの加水分解，脂肪酸の合成がおこなわれている．

4 ゴルジ体

小胞体で合成された分泌タンパク質などは**ゴルジ体**(golgi body)へ輸送され，さらに糖鎖の付加やリン酸化などの修飾を受け，行き先に合わせて濃縮され，選別される．ゴルジ体から分泌された小胞のうち，分泌タンパク質や膜タンパク質を含む小胞は細胞膜まで輸送され，リソソーム酵素群を含む小胞は**リソソーム**となり細胞質内で寿命の尽きた物質などを取り込み分解する．ゴルジ体は小胞体を起源としてつくられるため，小胞体と同様の一重の膜で囲まれた偏平な袋状膜構造体が密に積み重なった形をしている．核を取り囲むお椀のような形状を示すことが多い．

5 リソソーム

ゴルジ体由来の一重の膜で包まれた細胞小器官で，細胞あたり平均 300 個をもつ(**図 2-7a**)．加水分解酵素に富み，細胞内消化に関与する(タンパク質分解酵素のシステインプロテアーゼ，糖質分解酵素のグリコシダーゼ，脂質分解酵素のリパーゼ，核酸分解酵素のヌクレアーゼなど 50 種類以上の加水分解酵素を含む)．一次リソソームは，消化すべき物質にまだ出会っていない，新しくゴルジ体から出芽し形成された細胞小器官である．二次リソソームは，一次リソソームと細胞内成分を含む小胞(オートファゴソーム)，または細胞外から取り込んだ物質を含む小胞(ファゴソーム)とが融合を繰り返してできた小胞である．前者の細胞内消化をオートファジー(自食作用)，後者のものをファゴサイトーシス(食作用)と呼ぶ．オートファジーでは，細胞内に二重膜が出現し，伸長してミトコンドリアや小胞体などの細胞小器官や細胞質を取り囲み小胞を形成する．一方，ファゴサイトーシスでは細胞膜が外界の細菌などを取り込み小胞を形成する．これらの小胞と一次リソソー

リソソーム病

リソソーム内の酵素が欠損することにより，リソソーム内に老廃物が蓄積することで起こる．約 40 種類のリソソーム病が知られている．進行性の病気で，神経症状(神経・知能・運動・視力・聴覚・言語などの障害)や臓器障害(肝臓や腎臓の腫大，心肥大)，骨の変形などが起こり，寝たきりになる．ほとんどが遺伝する．

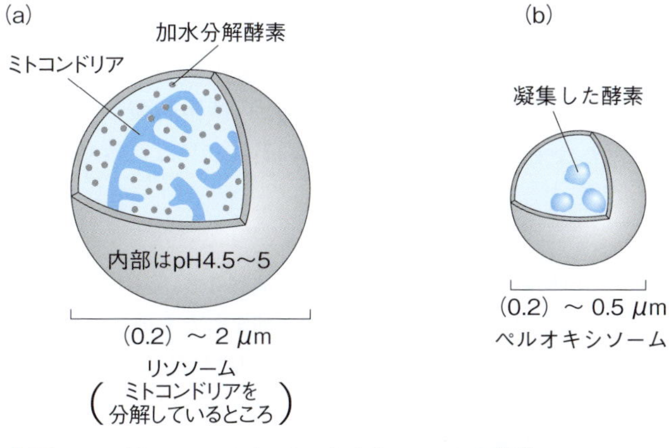

◆**図 2-7　リソソームとペルオキシソームの構造**

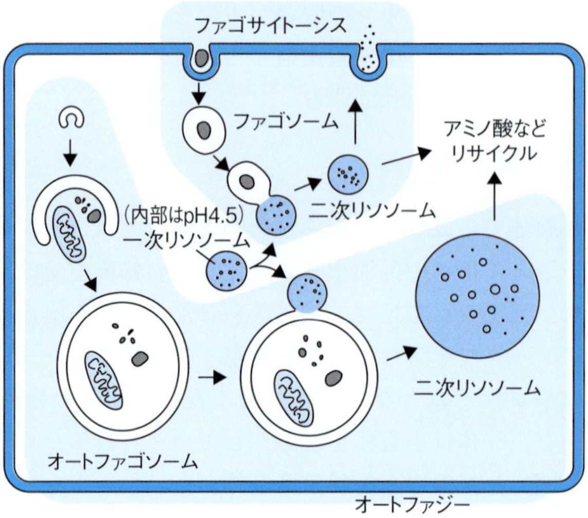

◆**図 2-8　オートファジー(自食作用)とファゴサイトーシス(食作用)**
オートファジー(自食作用)で細胞内に出現した二重膜で囲まれた小胞をオートファゴソーム，ファゴサイトーシス(食作用)で細胞外の物質を取り込んだ小胞をファゴソームと呼ぶ．それぞれの小胞は，一次リソソームと融合して二次リソソームとなる．

ムが融合し，小胞内の物質はリソソームの加水分解酵素で分解される．二次リソソームで消化されたものは細胞質中に出て行き再利用され，未消化の物質は細胞外へと廃棄される(**図 2-8**)．ヒトは摂取するタンパク質の3～4倍量のタンパク質合成をおこなっており，不足分の材料を細胞内のオートファジーで補っている．リソソームは細胞内で清掃とリサイクルを担当する細胞小器官ともいえる．

6　ペルオキシソーム

リソソームより小さい，一重の膜で囲まれた小器官であり，小胞体から発芽してつくられる(**図 2-7b**)．平均すると細胞あたり400個をもつ．**ペルオキシソーム**は酸化酵素をもち，有害な過酸化物質を回収する．その副産物として過酸化水素がつくられる．できた過酸化水素はペルオキシソーム中の別の酵素とともに働き，肝臓や腎臓でおこなわれている解毒作用の一端を担っている．過剰な過酸化水素はペルオキシソーム中の酵素により水と酸素に分解される．細胞に取り込まれた長鎖脂肪酸はペルオキシソームでβ酸化され短くなる．短くなった脂肪酸は，ミトコンドリアに運ばれさらにβ酸化される．

ペルオキシソーム病
ペルオキシソーム内の酵素の異常，またはペルオキシソームが正常につくられないために機能が低下して起こる．前者は，学業・運動能力・視力・聴力の低下などがみられ，数年で寝たきりになる．後者は，生まれつきの特徴的な顔つき，筋力低下，発達の遅れ，けいれん，視力や聴力の低下がみられる．

練習問題

1. 原核細胞と真核細胞の違いを述べなさい．
2. 細胞小器官のうち二重の膜で囲まれたものをあげなさい．
3. 核，ミトコンドリア，小胞体，リソソーム，ペルオキシソームでおこなわれている生化学的反応の例をあげなさい．
4. 細胞骨格の機能について説明しなさい．

第3章 生体成分の構造と機能

● 学習目標

1. 私たちの身体は三大栄養素である糖質，脂質，タンパク質を分解後，これらを生体を構築する成分として利用しており，これらの代表的な生体成分の構造を理解する．
2. これらの生体成分を提供する，食物中の栄養物質の概観を理解する．
3. これらの栄養物質はエネルギー源として利用されるが，どのような栄養物質が生体内で化学反応(代謝反応)を受け，その反応になぜビタミン類が必要なのかを理解する．
4. 生体内における各成分の存在様式，利用法および働きを理解する．

1 糖　質

生体内に存在する**糖質**は，単糖類，単糖類同士が結合する少糖類(オリゴ糖)と多糖類および単糖類や糖鎖がタンパク質や脂質に結合する複合糖質に分類される(**表3-1**)．

1 単糖類

単糖類はその基本的な一般式[$C_n(H_2O)_n$，$n \geqq 3$；フコースやデオキシリボースのように，あてはまらない単糖類もある]が示すように，炭素と水の化合物とみなすことができることから，炭水化物あるいは含水炭素(carbohydrate)と呼ばれていた．単糖類は「1つのケトン基あるいはアルデヒド基(これらにはカルボニル基が共通して存在する)と，アルコール性水酸基が結合する炭素を2つ以上もつ物質」と定義される(**図3-1**)．

単糖類は炭素の数で分類する(**表3-2**)．生体で一般的な単糖類はトリオース(三炭糖)とヘキソース(六炭糖)およびペントース(五炭糖)の一部である．アルデヒド基をもつ単糖類をアルドース，ケトン基をもつ単糖類をケトースという(**図3-1**)．生体ではケトースとしてフルクトース(果糖)とジヒドロキシアセトンが一般的であり，そのほかのほとんどはアルドースである．

ケトン基とアルデヒド基

ケトン基(-C-CO-C-)をもつ最小の分子はアセトンであり，有機溶剤として利用されている．アセトンはケトン体の1つであるがエネルギー源とはならない．アルデヒド基(-CHO，ホルミル基ともいう)をもつ最小の分子はホルムアルデヒドである(p.23参照)．

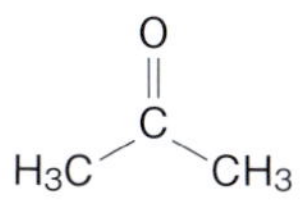

アセトン

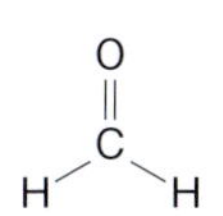

ホルムアルデヒド

a 単糖類の異性体構造

一般に，分子式が同じで構造の異なるものを互いに**異性体**という．単糖類はアミノ酸や核酸とは異なり，多様な構造をとることができる．糖の一般式にあてはまる単糖類は，炭素数が同じである限り，個々の単糖類はすべて異

◆表 3-1　糖質の分類

糖　質	一般名の例	具体例
単糖類	ヘキソース	グルコース，ガラクトース
少糖類	二糖類	ラクトース，スクロース
多糖類	ホモ多糖	デンプン，グリコーゲン
	ヘテロ多糖	グリコサミノグリカン類
複合糖質	糖脂質，糖タンパク質，グリコサミノグリカン	ABO 式血液型抗原，ヘパリン

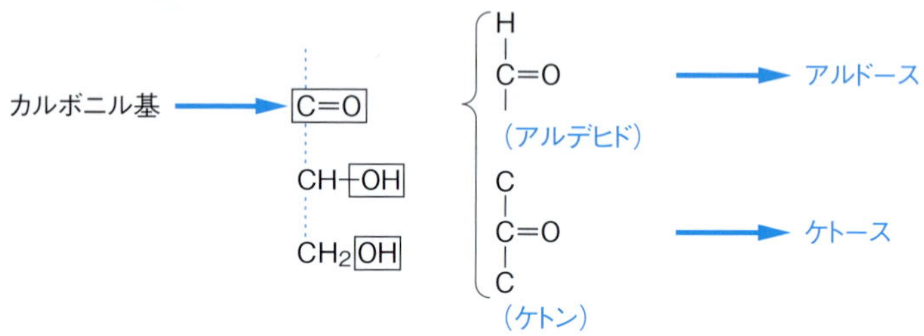

◆図 3-1　単糖類の構造

◆表 3-2　単糖類の性質と所在および機能

分　類	単糖名	構造式	分類	所在，機能
三炭糖（トリオース）	グリセルアルデヒド	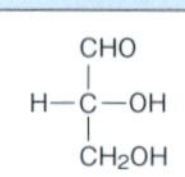	最小の D-アルドース	リン酸化物が解糖系の中間代謝物
	ジヒドロキシアセトン	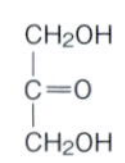	最小のケトース DL 異性体をもたない	リン酸化物が解糖系の中間代謝物 グリセロールリン酸に変換
四炭糖（テトロース）	エリトロース	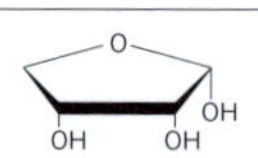	D-アルドース	ペントースリン酸回路の中間代謝物
五炭糖（ペントース）	リボース	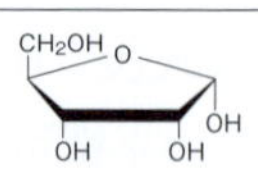	D-アルドース	リボ核酸（RNA），補酵素の構成糖 ペントースリン酸回路で合成
	キシロース	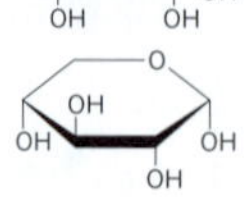	D-アルドース	植物性多糖（キシラン）
六炭糖（ヘキソース）	グルコース（Glc）（ブドウ糖）	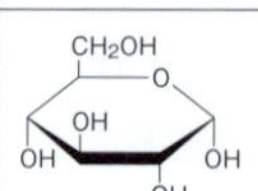	D-アルドース	グリコーゲン，セルロース，デンプンの構成糖，血糖，天然に広く分布
	ガラクトース（Gal）	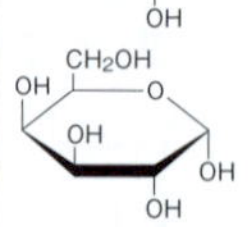	D-アルドース	ラクトース，寒天，糖脂質
	マンノース（Man）	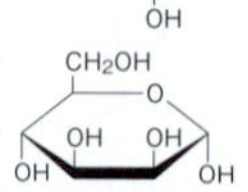	D-アルドース	マンナン，糖タンパク質
	フルクトース（Fru）（果糖）	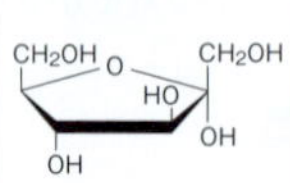	D-ケトース	スクロース，イヌリン（フルクタン）
七炭糖（ヘプトース）	セドヘプツロース	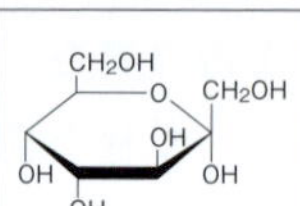	D-ケトース	ペントースリン酸回路と光合成の中間代謝物

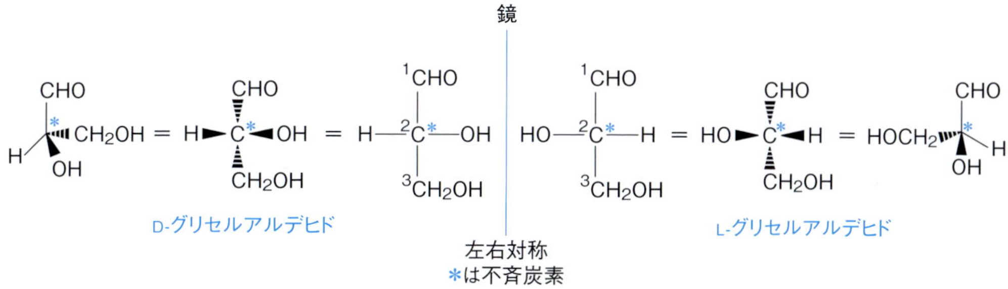

◆**図 3-2 DL 異性体**

▶◀は紙面より上方，‖‖‖は紙面より下方を示す．

◆**表 3-3 単糖の異性体構造**

異性体の種類	異性体を生じる箇所	例（グルコース）	異性体名
アノマー異性体	環状構造をとった時のヘミアセタール（ヘミケタール）位の水酸基の向き	1位	αとβ
DL 異性体	カルボニル基から最遠の不斉炭素に結合する水酸基の向き	5位	DとL
エピ異性体	アノマー異性体，DL 異性体がかかわる炭素以外の炭素に結合する水酸基の向き	2，3，4位	ガラクトース，マンノース
環状異性体	カルボニル基から3番目か4番目の炭素に結合する水酸基とカルボニル炭素の結合	グルコピラノース	グルコフラノース

アルデヒドの高反応性

①ホルムアルデヒド

組織標本の固定や防腐に用いるホルマリンは，ホルムアルデヒドの水溶液である．ホルムアルデヒドが組織内に浸透すると，組織に存在するアミノ基などと反応して組織を固定する．ホルムアルデヒドはシックハウス症候群の原因物質であり，有害である．

②グルコース

アルドースであるグルコースも高い反応性をもつ．糖尿病で好発する合併症の1つは失明であり，これは水晶体のタンパク質であるクリスタリンの糖化（グリケーション*）による白濁が原因の1つといわれている（白内障）．また，持続的な高血糖がもたらす，血中ヘモグロビンの糖化による HbA1c の発現もアルデヒドの高反応性によるものである．

＊ グリケーション（glycation）は非酵素的に糖が結合する反応で，グリコシレーション（glycosylation）は酵素が糖を結合させる反応．

性体である．例えば，ヘキソースのグルコースやガラクトース，マンノースは水酸基の向きの違う異性体（これをエピマーという）である．単糖類の中で水酸基の向きによる異性体をもたないものはジヒドロキシアセトンだけであり，そのほかの単糖類はすべて水酸基の向きによる異性体をもつ．また，dl 異性体（**図 3-2**）やアノマー異性体（後述）も水酸基の向きが異なる異性体である．これらの異性体は糖の不斉炭素原子（4つの異なる官能基が結合する炭素原子）に結合する水酸基の向きによって決まる（**表 3-3**）．

(1) 環状構造

テトロース（四炭糖）以上の単糖類は環状構造をとることができる．アルドース型ヘキソースの環状構造は，アルデヒド基の炭素と5位酸素との分子内ヘミアセタール結合によって六員環を形成したものである．この環状構造をピラノース環といい，この構造をもつ糖をピラノース型と総称する．同様に，フルクトースは分子内ヘミケタール結合により五員環構造をとりやすく，フラノース環と呼ぶ．いずれもピランやフランが基本骨格となっている（**図 3-3**）．単糖類が環状構造を取りやすいのは，アルデヒド基やケトン基が水酸基と容易に反応するためである．単糖類によって五員環あるいは六員環の構造をとるのは，個々の単糖の水酸基の向きと，単糖が置かれた環境（pH，濃度，温度など）によってその環状構造が安定化されるためである．単糖の六員環構造はハワース（Haworth）式投影式のような立体構造では生体

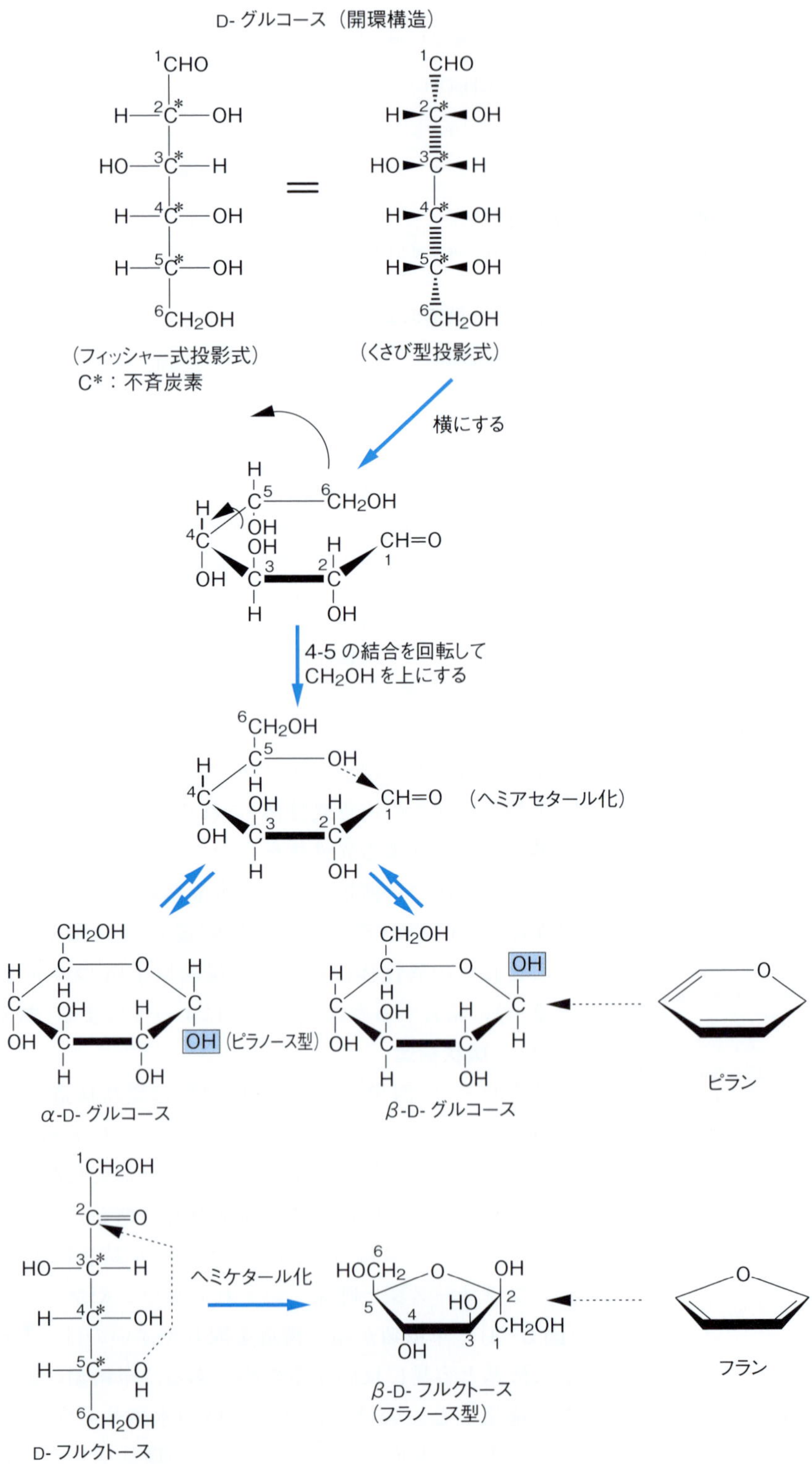

◆図 3-3　単糖の環状構造の形成

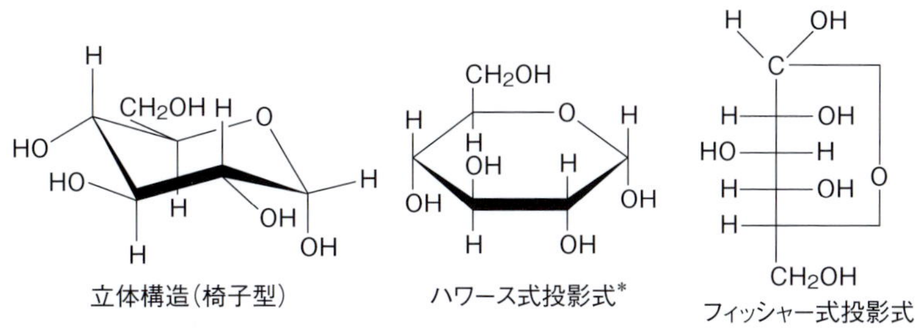

◆**図 3-4　単糖(α-D-グルコピラノース)の環状構造の表記法**
*ハワース式投影式では環内酸素原子が上奥の右に配置する構造が一般的である.

L-グルコピラノースの構造

下図のα-L-グルコピラノースの椅子型構造およびハワース式投影式は図 3-4 のα-D-グルコピラノースの鏡像異性体である.

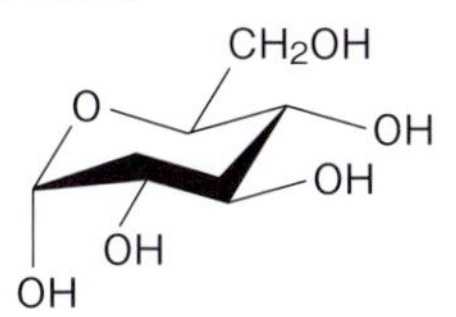

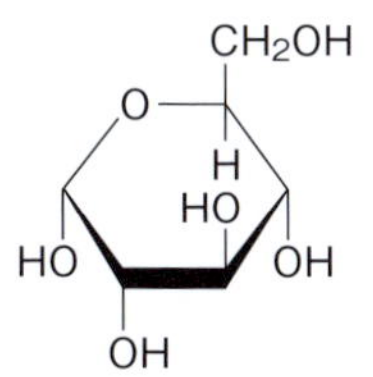

これらの L 体の構造を裏返して垂直軸に 180 度回転させると下図のようになる.

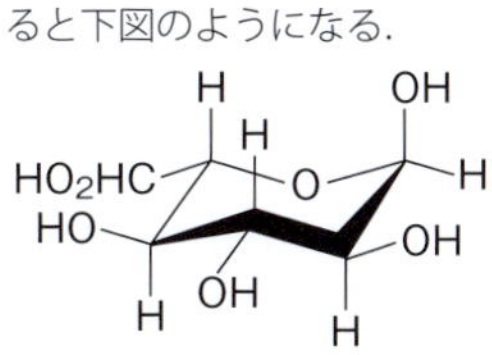

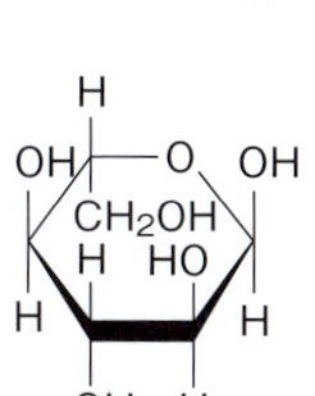

アノマー位および 2 位～5 位の炭素に結合する水酸基と CH_2OH の立体配置は D 体と L 体で逆配置となる.

に存在せず，もっぱら椅子型の立体配座の構造を取っている(**図 3-4**). ハワース式投影式やフィッシャー(Fischer)式投影式は水酸基の向き(立体配置)の違いを示すために考案された簡略表示法である. 椅子型の立体配座の異性体には舟型の異性体も想定されるが不安定である.

(2)　dl 異性体

アルデヒド基あるいはケトン基から最も遠い不斉炭素原子に結合する水酸基がフィッシャー式投影式で D-グリセルアルデヒドと同じ向き(水酸基が右側に存在する)の異性体を **D 体**，L-型と同じ向き(水酸基が左側に存在する)の異性体を **L 体**と呼ぶ(**図 3-2**). D 体と L 体は右手と左手の関係(鏡像関係)にあり，互いに対掌体あるいは鏡像異性体と呼ぶ. この関係はアミノ酸にも存在する. グルコースの六員環構造では，D 体と L 体のすべての水酸基と 5 位に結合する CH_2OH 基(6 位の炭素)の立体配置が逆配置になる(脇組参照). 一般に，生体内で糖鎖を形成する単糖はフコースやイズロン酸が L 体であり，他のヘキソースやペントースはすべて D 体である. タンパク質を構成するアミノ酸がすべて L 体であることと対照的である.

(3)　アノマー異性体

単糖が環状構造を形成する場合に限り，ハワース式投影式で 1 位の水酸基の向きが D 異性体の時に下を向く異性体を α-アノマー，上を向く異性体を β-アノマーと呼び，これらの異性体を**アノマー異性体**という(**図 3-3**). この関係は L 体では逆転する. セルロースとデンプンでは，それらを構成するグルコースのアノマー構造が異なる.

(4)　エピ異性体

本来，単糖類の名称はエピ異性体に還元糖の接尾語であるオース(ose)あるいは非還元糖のオシド(oside)をつけたものである. 例えば，D-ヘキソースの場合，2 位～4 位の炭素の水酸基がハワース式投影式でそれぞれ下，上，下を向く時を Gluc といい，還元糖では-ose を付けて Gluc-ose となる. 同様に，Man では 2 位～4 位の炭素の水酸基が上，上，下，Galact では下，上，上となり，それぞれの還元糖はマンノース，ガラクトースとなる. また，マンノースは 2-エピ-グルコース，ガラクトースは 4-エピ-グルコースともいえる.

b　単糖類の種類と働き

生体に存在する単糖類は限られている(**表 3-2**).

(1)　三炭糖(トリオース)

ジヒドロキシアセトンとD-グリセルアルデヒドのリン酸化物は，グルコースが解糖系で分解されてできる．また，グリセルアルデヒドのリン酸化物は，脂質であるトリアシルグリセロールを構成するグリセロールと代謝的につながっている．

(2)　五炭糖(ペントース)

リボ核酸(RNA)の糖部分はペントースの**リボース**であり，デオキシリボ核酸(DNA)の糖部分は**デオキシリボース**である．これらのペントースはグルコースからペントースリン酸回路によってつくられる．

(3)　六炭糖(ヘキソース)

グルコース(ブドウ糖)，**ガラクトース**，**フルクトース(果糖)**，**マンノース**が生体においてヘキソースの大部分を占める．グルコースはエネルギー代謝において不可欠の単糖である．グルコース以外のヘキソースは主に肝臓でグルコースにつくり替えられ，またグルコースから他の単糖に変換される(糖変換)．ガラクトースやマンノースは糖脂質や糖タンパク質に含まれ，生体分子として機能している．

(4)　その他の単糖類(アミノ糖，フコース，シアル酸)(図 3-5)

アミノ糖：アミノ基($-NH_2$)をもつ糖を一般にアミノ糖と呼ぶ．ヘキソースの2位の炭素の水酸基がアミノ基に変わった単糖類をヘキソサミンといい，生体ではグルコサミンとガラクトサミンおよびそれらのアミノ基にアセチル基(CH_3CO-)が結合(*N*-アセチル化)した物質が生体分子として存在する．主に，複合糖質の糖鎖に含まれる．

フコース：L-ガラクトースの6位の酸素がない単糖で，デオキシ糖の一種である．生体では珍しくL-型であり，主に糖脂質や糖タンパク質の血液型糖鎖中にみられる．ガゴメコンブなどの粘り成分(フコイダン)の構成単糖である．

シアル酸：マンノサミンとピルビン酸からつくられる九炭糖で，カルボン酸である．糖脂質や糖タンパク質に含まれ，ウロン酸とともに糖鎖中に酸性

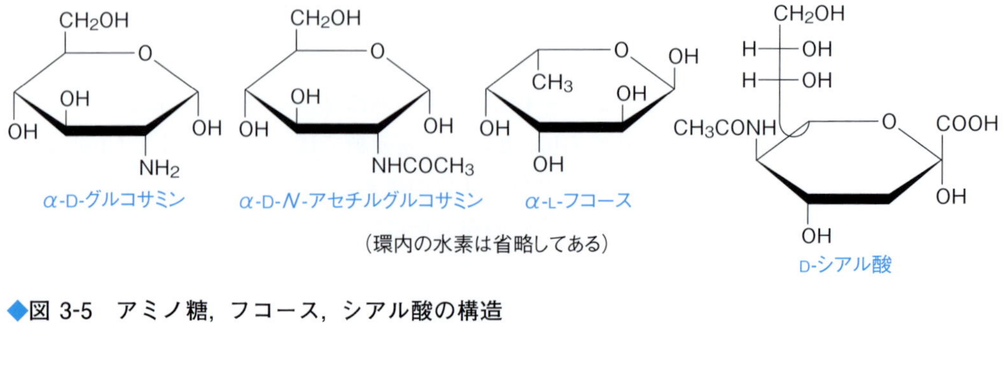

◆図 3-5　アミノ糖，フコース，シアル酸の構造

基をもたらす.

c 糖誘導体(図 3-6)

(1) ウロン酸

ヘキソースの6位の炭素がカルボキシル基(-COOH)に酸化されたものを一般にヘキスロン酸と呼び，カルボン酸である．ウロンとは尿由来を意味する．グルコースからグルクロン酸回路でつくられるグルクロン酸は主にグリコサミノグリカン(ムコ多糖)に大量に存在するほか，胆汁色素などと結合(グルクロン酸抱合)してそれらを無毒化する(解毒；p.81 参照).

ガラクトースが酸化されたガラクツロン酸は柑橘類のペクチンに多く含まれる.

(2) 糖アルコール

糖のアルデヒド基やケトン基が還元されてアルコールになったものを糖アルコールといい，還元性をもたない．キシリトールはペントースであるキシロースが，グルシトールはグルコースが，マンニトールはマンノースがそれぞれ還元されたものである．グルシトールやマンニトールは天然に豊富に存在し，医薬品などに使われている.

2 少 糖 類

ヘミアセタールとヘミケタール

アルデヒドあるいはケトンのカルボニル基にアルコール分子が付加した化合物をそれぞれヘミアセタールあるいはヘミケタールという.

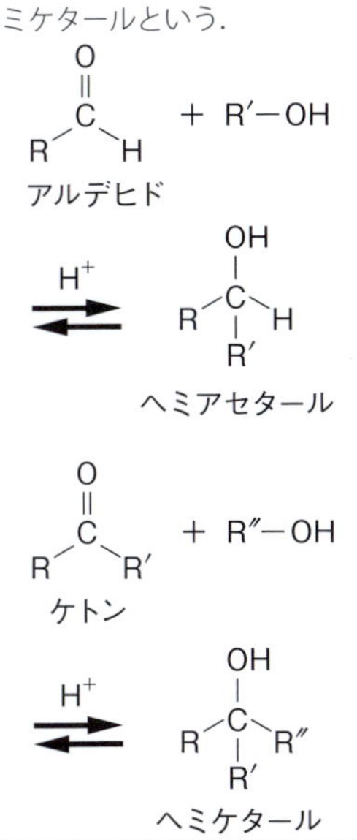

糖のヘミアセタール位あるいはヘミケタール位水酸基の酸素と，水素以外の物質との結合をグリコシド結合という(図 3-7)．単糖類同士がグリコシド結合した糖類で，比較的低分子のものを少糖類(オリゴ糖)という．2つの単糖類がグリコシド結合でつながった糖を二糖類という．2つの糖が結合することのできる可能性は，アノマー異性体も加えるとかなりの数に上る

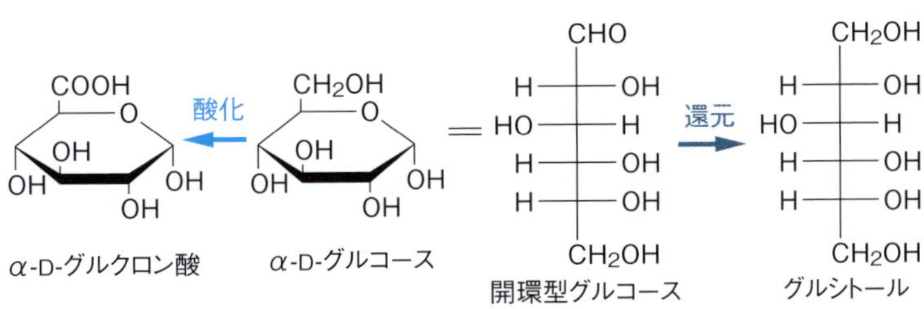

◆図 3-6　グルコースとグルクロン酸，グルシトールの関係

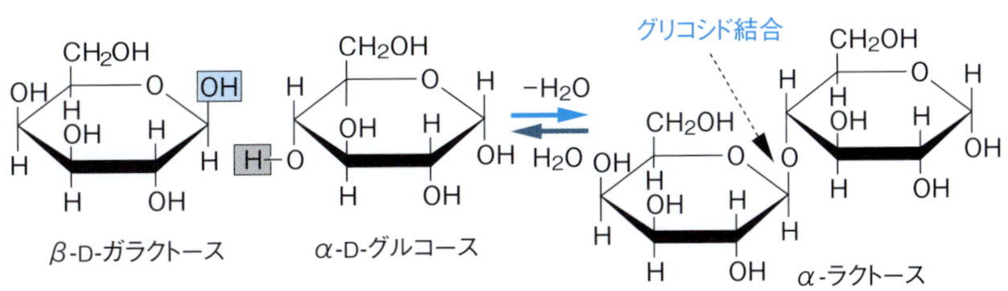

◆図 3-7　グリコシド結合の形成と分解

◆表 3-4　主な二糖類

二糖類	和　名	構　造	還元性	分解酵素
ラクトース	乳糖	ガラクトース(β1→4)グルコース	あり	ラクターゼ
マルトース	麦芽糖	グルコース(α1→4)グルコース	あり	マルターゼ
スクロース	ショ糖	グルコース(α1↔2β)フルクトース	なし	スクラーゼ

が，実際に天然に存在する二糖類は限られており，また，生体が利用可能なものはそのうちのごく一部である(**表 3-4**).

3 多 糖 類

単糖類同士がグリコシド結合した糖の重合体で，巨大分子である.

a ホモ多糖

単一の単糖から構成される糖の重合体をホモ多糖(ホモグリカン)という. セルロース，デンプン，グリコーゲンはグルコースのみからなるホモ多糖である(**表 3-5**). セルロースは植物細胞の細胞壁を構成し，木材や木綿，野菜などの植物繊維の主成分となる. デンプンやグリコーゲンと比べてアノマー構造(セルロースはグルコース間がβ結合)が異なり，それが規則的に多数配列している. これがセルロースの物理的強度を高める要因になっている. デンプンは植物が光合成で炭酸ガスと水からつくり出して貯蔵したものである. アミロース(約25%)とアミロペクチン(約75%)からなり，いずれもグルコース間の結合はα結合である. アミロースが一本鎖(α1→4結合)の規則的ならせん構造をとるのに対し，アミロペクチンは枝分かれ構造(α1→4結合にα1→6結合が加わる)の不規則な高次構造をもつ(**図 3-8**). ヨウ素デンプン反応の色調が異なる(アミロースは青色，アミロペクチンは赤紫色)のは，ヨウ素がこれらの構造体に巻き込まれる際に，ヨウ素原子の重合体が

◆表 3-5　主な多糖類

多　糖	名　称	構成単糖	アノマー構造	単糖間の結合
ホモ多糖	セルロース	グルコース	β	1→4
	デンプン			
	アミロース	グルコース	α	1→4
	アミロペクチン	グルコース	α	1→4，1→6
	グリコーゲン	グルコース	α	1→4，1→6
	キチン	*N*-アセチルグルコサミン	β	1→4
	ペクチン	ガラクツロン酸メチル	α	1→4

多　糖	名　称	構成単糖	主な所在
ヘテロ多糖	グリコサミノグリカン		
	コンドロイチン	グルクロン酸, *N*-アセチルガラクトサミン	角膜
	ヒアルロン酸	グルクロン酸, *N*-アセチルグルコサミン	軟骨
	ヘパリン	グルクロン酸, *N*-アセチルグルコサミン, イズロン酸	肝臓

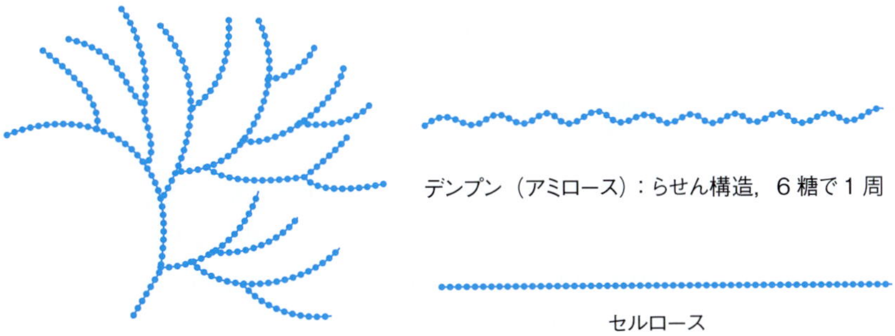

◆**図 3-8 グリコーゲンとデンプンの構造**
［林 典夫，廣野治子(監)：シンプル生化学，改訂第6版，南江堂，東京，2014より改変］

デンプンの高次構造の違いによって安定化される度合いが異なるからである．キチンは*N*-アセチルグルコサミンのみからなり，β1→4結合でつながる．ペクチンはガラクツロン酸(メチルエステルも含む)の重合体で，食物繊維として知られる．β-グルカン(glucan)類もホモ多糖の1つであり，主にキノコ類に含まれる抗腫瘍性免疫賦活物質(クレスチン™など)として知られている．

b ヘテロ多糖

複数の種類の単糖から構成される多糖をヘテロ多糖(ヘテログリカン)という．グリコサミノグリカンがこれに入る(**表 3-5**)．

4 複合糖質

プロテオグリカン，糖タンパク質，糖脂質を複合糖質という．いずれも糖鎖がタンパク質や脂質に結合する．生体内では機能分子としてあるいは構造分子として存在する．

グリコサミノグリカンは結合組織の主要な成分であり，皮膚や軟骨，大動脈壁などに含まれる巨大分子である(**表 3-5**)．二糖単位の繰り返し構造が特徴的であり，タンパク質と結合してプロテオグリカンを形成する(ヒアルロン酸を除く)．構成単糖が硫酸化されているものが多く，構成単糖の違いや硫酸基の有無から数種のものが知られている．ヘパリンは血液凝固阻止剤として利用されている(ヘパリン血)．生体内のタンパク質は糖鎖をもつものが多く，酵素も糖タンパク質であることが多い．糖脂質は糖鎖が脂質に結合したものであり(p.34 糖脂質参照)，ほとんどの実質組織に広く分布し，神経系組織にとくに多い．主に細胞膜にあって，細胞間の情報伝達に寄与するといわれている．

5 糖質の性質と機能

a 性　質

単糖類はすべて還元性を示す（銀鏡反応やフェーリング溶液の還元反応）．これはアルドースのアルデヒド基（-CHO）およびケトースの-$COCH_2OH$基の還元力による．糖質は一般に水溶性であるが，セルロースのように糖の重合度と結合様式によっては水に難溶性のものもある．植物繊維（セルロースやペクチン）の摂取あるいはラクトース分解酵素の欠損あるいは減弱（ラクトース不耐症）のヒトがラクトース（乳糖）を摂取すると軟便あるいは下痢をきたすのは，これらの糖質が腸管で分解されずに水を抱き込んで通過するためである．糖質は化学的にポリアルコールであり，水と容易に水素結合を形成して大量の水分を引き寄せて離さない性質をもつ（セファデックス効果）．糖質を強酸で熱を加えて反応させるとすべてフルフラール誘導体に変化し，また二糖以上の糖質は弱酸による反応で構成単糖に加水分解あるいは加溶媒分解される．一方，弱アルカリ性水溶液中でグルコースを放置すると，グルコース，マンノース，フルクトースの平衡混合物になる（互変異性化）．また，特定の単糖類のアノマー異性体は固有の旋光度をもつが，これを水溶液中に放置すると，旋光度が変わり，やがて一定の旋光度を示すようになる（変旋光）．これは単糖類が環状構造と開環構造（開環構造は，直鎖構造，開鎖構造，非環状構造とも呼ばれる）の平衡混合物であることを示している．

b 機　能

木材繊維の主成分であるセルロースに代表されるように，グルコースは地上に最も大量に存在する有機物質（生体がつくり出す物質）である．ヒトは腸管にセルロースを分解する酵素（セルラーゼ）がないため栄養源にはなり得ない．しかし，整腸作用の面からその有効性が確かめられている．セルロースと同じ植物性多糖のデンプンは，植物が光を利用して炭素を固定（光合成）した産物であり，動物はそれを摂取して生命維持に利用している．すなわち，デンプンは食餌として摂取されて，口腔および小腸でアミラーゼによりデキストリンに細分され，マルトースを経てグルコースに分解されて吸収される．グリコーゲンはグルコースの貯蔵体であり，巨大分子として主に肝臓と筋肉に多く含まれる．肝臓には血糖の予備のため，筋肉には筋運動のエネルギー源の前駆体として存在する．グリコーゲンはアミロペクチンと基本構造は同じであるが，枝分かれ（$\alpha 1 \rightarrow 6$結合）がアミロペクチンより多い．これが水に難溶性であることの要因になっており，細胞内ではグリコーゲン顆粒として観察できる．枝分かれ構造が多いことは，細胞内に巨大分子をコンパクトに貯蔵するための生体の知恵とみなすことができる．グルコースはエネルギー源として，その分解反応（解糖）とそれ以降に続く反応で生じたエネルギーを生命活動に活用し，必要に応じてグリコーゲンとして肝臓や筋肉に貯蔵される．とくに神経細胞はグルコースを主なエネルギー源とするため，常に一定濃度のグルコースを血糖として血液中に供給する調節機構が生体に備わっている．飢餓状態においてすら，この機構が働いてグルコースの合成が優先される．また，ABO式血液型抗原はそれぞれ固有の糖鎖構造をもっており，その表現型は遺伝学的に規定されている．カニなどの甲殻類の甲羅や昆虫の外皮に含まれるキチンは，構造多糖として生命体を保護するきわめて安定な多糖である．

2 脂　質

脂質は三大栄養素の中でもとくに高エネルギーを発生する貯蔵物質である（タンパク質や糖質の1gあたりの熱量は4kcalであるのに対し，脂質は9kcalである）．脂質はその分子が水に不溶性のもの（疎水性あるいは脂溶性）のみからなるものと，不溶性の部分と水溶性の部分（親水性）の両者を併せもつものに大別される．脂質の疎水性は長い炭化水素鎖や環状炭化水素によるものであり，一方，親水基には糖鎖やリン酸基，カルボキシル基がある．脂質の疎水性は細胞膜の脂質二重層構造を構築することに役立ち，また親水基を併せもつことによって界面活性作用を示す．ステロイドホルモン（性ホルモンや副腎皮質ホルモン）や脂溶性ビタミン（A，D，E，K）も脂質の範疇に入る．

脂質は構成する原子団によって分類される．アルコールと脂肪酸の結合した単純脂質，脂質に糖鎖やリン酸基を結合した複合脂質，脂質を分解して得られる誘導脂質に分けられる（**表3-6**）．いずれも水に不溶性あるいは難溶性であり，生体内では特別な運搬法や貯蔵法がとられている．

界面活性作用

親水基と疎水基を併せもつ物質（両親媒性物質という）を界面活性剤といい，この分子が互いに溶け合わない2層間の境界面を活性化して2層を均一にすることからこの名称となった．生体内ではリン脂質，糖脂質，胆汁酸などにこの作用がある．

原子団

分子中で独立した化学単位をつくる原子の集まり．

◆表3-6　脂質の種類

脂　質	例	構成成分
単純脂質	ろう	一価アルコール，脂肪酸
	アシルグリセロール（MG, DG, TG）	グリセロール，脂肪酸
	コレステロールエステル	コレステロール，脂肪酸
複合脂質	リン脂質	
	グリセロリン脂質	ジアシルグリセロール，リン酸誘導体
	スフィンゴリン脂質	セラミド*，リン酸誘導体
	糖脂質	
	グリセロ糖脂質	ジアシルグリセロール，糖質
	スフィンゴ糖脂質	セラミド*，糖質（糖鎖）
誘導脂質	脂肪酸	
	ステロイド，高級アルコール	
	カロテノイド	

*スフィンゴシン塩基と脂肪酸からなる．

1 単純脂質

脂肪酸が結合するアルコールによって分類できる．いずれもエステルである．

a ろ　う

長鎖脂肪アルコール(一価アルコール：分子内に水酸基を1，2，3個もつアルコールをそれぞれ一，二，三価アルコールという)と脂肪酸がエステル結合したもの．

b アシルグリセロール

中性脂肪の本体であり，脂質の大部分を占める．グリセロール(三価アルコール)に脂肪酸が結合したものであり，脂肪酸が1，2，3個結合したものをそれぞれ**モノアシルグリセロール**(MG)，**ジアシルグリセロール**(DG)，**トリアシルグリセロール**(TG)という．中性脂肪の大部分はTGであり，これがエネルギー貯蔵物質として脂肪組織や皮下組織の脂肪細胞中に蓄えられる．そのほかは代謝中間体として出現する．TGの血中濃度の亢進は動脈硬化と関連することが知られている．常温で液状の中性脂肪を油(oil)，固体を脂(fat)という．これらの融点の違いは，構成脂肪酸の鎖長と不飽和度によるものである．これらはアルカリ加水分解(ケン化)によって石ケン(脂肪酸のアルカリ金属塩)を生じる．TGは生体内ではリパーゼによって脂肪酸を遊離する．油脂を長期保存すると，脂肪酸が遊離したり自然酸化が起こって食味を損ない，酸敗が起こる．

2 複合脂質

脂質がリン酸誘導体や糖質などの極性基に結合したものである(**図3-9**)．この場合の脂質にはジアシルグリセロールとセラミドがある．主に細胞膜に存在して細胞の内と外を仕切る．疎水基と親水基をもつので界面活性作用をもち，水中ではミセル(後述)をつくる．

a リン脂質(図3-9)

リン酸あるいは種々のリン酸エステルが結合し，脂質によってグリセロリン脂質とスフィンゴリン脂質に分けられる．グリセロリン脂質は，TGの1つの脂肪酸のかわりに極性基が結合したものであり，スフィンゴリン脂質は極性基がセラミドに結合したものである．スフィンゴリン脂質はセラミドにホスホリルコリンが結合したスフィンゴミエリンだけが知られている．ホスファチジン酸(PA)，ホスファチジルイノシトール(PI)，ホスファチジルセリン(PS)は陰性荷電をもつので酸性リン脂質であり，ホスファチジルコリン(レシチン，PC)，ホスファチジルエタノールアミン(PE)は陰性と陽性の両荷電をもつので両性リン脂質である．リン脂質は生体内に広く分布し，細胞膜の主要な構成成分である．リン脂質から脂肪酸が1つとれたものをリゾリン脂質といい，これは生体内の存在量は少ないが，細胞膜を破るため溶血作用をもつ(蛇毒中にリゾレシチンをつくる酵素があり，これが溶血毒性を生み出す)．特殊なリン脂質としてカルジオリピン[心筋から見いだされ，梅毒の免疫学的な血清診断(ワッセルマン反応)に使われている]やプラズマローゲン[1つの脂肪酸のかわりに長鎖ビニルエーテル(由来は長鎖アルデヒド)が結合したものである]が知られている．

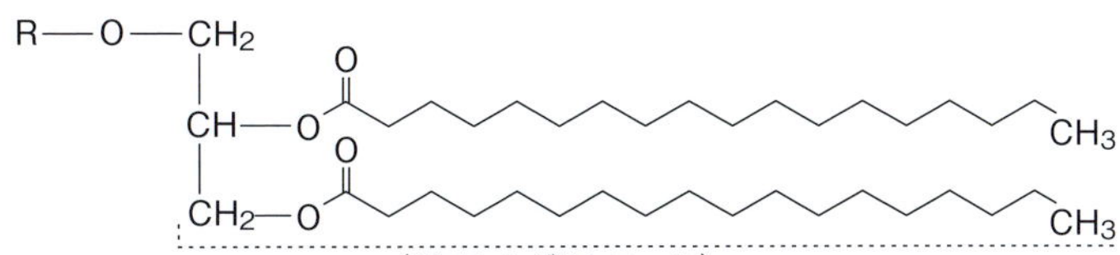

(ジアシルグリセロール)
グリセロ脂質

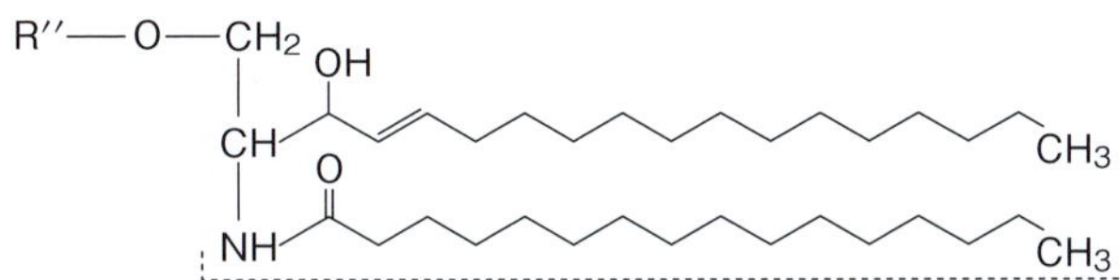

(セラミド)
スフィンゴ脂質

R ＝ R′−O−P(=O)(OH)−：グリセロリン脂質

R′ ＝ H：ホスファチジン酸（PA）

−$CH_2CH_2N^+(CH_3)_3$：ホスファチジルコリン（レシチン，PC）

−$CH_2CH(NH_2)COOH$：ホスファチジルセリン(PS)

−$CH_2CH_2NH_2$：ホスファチジルエタノールアミン(PE)

R ＝ 糖(糖鎖)−：グリセロ糖脂質

R′′ ＝ R′′′−O−P(=O)(OH)−：スフィンゴリン脂質

R′′′ ＝−$CH_2CH_2N^+(CH_3)_3$：スフィンゴミエリン

R′′ ＝ 糖(糖鎖)−：スフィンゴ糖脂質

◆**図 3-9　複合脂質の種類と構造**

column

血液型と糖鎖

ヒトの血液型には ABO 式のほか，Rh 式，MN 式，P 式，Ii 式，ルイス式など多数知られているが，このうち ABO 式，P 式，Ii 式，ルイス式の抗原は糖鎖である．一般的には ABO 式がよく知られているが，O 型抗原はネオラクト型糖鎖(R-Glc-Gal-GlcNAc-Gal，R は脂質あるいはタンパク質，糖の省略形は**表 3-2** を参照)の末端 Gal に L-Fuc が結合し，この O 型糖鎖の末端 Gal に D-GalNAc がさらに結合すると A 型抗原となり，あるいは D-Gal が結合すると B 型抗原となる．AB 型では赤血球膜に A 型抗原と B 型抗原の両抗原を併せもつ．したがって，これらの抗原の末端糖鎖を合成する酵素(糖転移酵素)は各型によって異なり，遺伝的に決まっている．

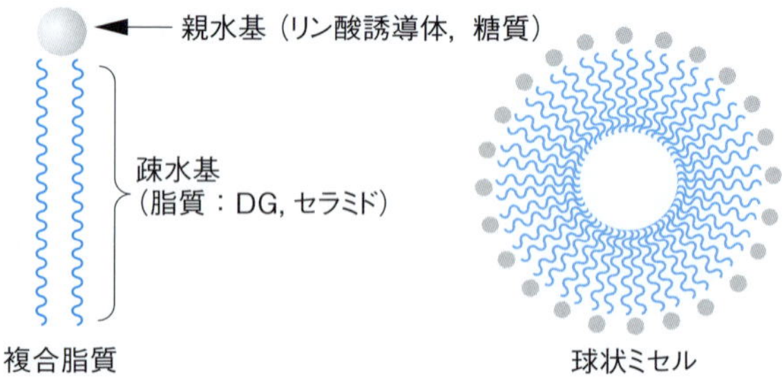

◆図 3-10　複合脂質とミセルの構造

b　糖脂質

単糖類あるいは糖鎖の極性基がセラミドに結合したスフィンゴ糖脂質と，ジアシルグリセロール(DG)に結合したグリセロ糖脂質に分類される(**図 3-9**)．セラミドはスフィンゴシン(長鎖塩基ともいう)が脂肪酸と酸アミド結合したものである．高等動物のスフィンゴ糖脂質は，その糖部分の違いによって，数多くの種類が存在する．ABO 式血液型抗原はフコースを含む糖脂質であり(糖タンパク質もある)，これらの糖鎖の合成は糖鎖合成酵素が担っており，その酵素の発現は遺伝的に規定されている．スフィンゴ糖脂質は生体のあらゆる組織に広く分布し，個々の糖脂質の構造には動物間の種特異性がほとんどない．この点はリン脂質も同じであり，種間で違うのは脂肪酸組成であることが多い．グリセロ糖脂質は植物界に広く分布し，高等動物ではわずかに脳に含まれ，またその硫酸化物(セミノリピド)は精巣に多く存在する．

c　ミセルと脂質二重層(図 3-10)

分子中に親水基と疎水基を併せもつ(両親媒性)糖脂質やリン脂質の水懸濁液に超音波をかけると，分子同士の親水部分と疎水部分がそれぞれ集合して微小な粒子(ミセル)をつくる．細胞膜などの生体膜もミセルと似た構造をとるが，生体膜はさらに脂質による二重層構造をとる．二重層間は脂質の疎水基同士が層外の水の圧力によって会合することを余儀なくされ(疎水結合)，一方，脂質の親水基は二重層の内外に局在する．生体膜はリン脂質，糖脂質，コレステロール，疎水基をもつタンパク質(膜タンパク質)などで構成されるが，リン脂質が主要構成分子である．生体膜中の糖脂質の糖鎖は生体膜の外側を向き，抗原抗体反応などの細胞の情報反応をつかさどる．疎水基をもつタンパク質としてホルモン受容体などの各種受容体やイオン輸送タンパク質などがある．細胞膜のこれらの分子は絶えず動いており(膜の流動性)，細胞膜を通じて細胞外の情報を細胞内に取り込んだり，細胞周囲の環境を常に把握している(第2章 **図 2-3** 参照)．

3　誘導脂質とその他の脂質

a　脂肪酸

脂肪酸は中性脂肪やリン脂質，糖脂質，あるいはコレステロールエステルなどの脂質を構成する生体の主要成分である．その構造は長鎖炭化水素鎖にカルボキシル基をもつため，カルボン酸である．脂肪酸は生体内における遊離した状態での存在量はエステル型に比べて少なく，血清中ではアルブミンに結合して存在する．

脂肪酸は不飽和結合（二重結合）の有無によって，**飽和脂肪酸**と**不飽和脂肪酸**に分けられる．不飽和脂肪酸の二重結合はシス型であり，トランス型は少ない（**図3-11**）．生体に見いだされる脂肪酸の炭素数は偶数個のものが多く（**表3-7**），これは脂肪酸の代謝と関連する．一般に中性脂肪（p.32 参照）を構成する長鎖脂肪酸が，飽和型では常温で固体（脂）になりやすく，不飽和

不飽和脂肪酸の抗酸化作用

一般に，二重結合にはさまれたメチレン基（$-CH=CH-CH_2-CH=CH-$）は酸化されやすく，酸素化された脂質は過酸化脂質になる．二重結合の多いEPAやDHAの高い抗酸化作用は，このメチレン基を多数もつことによる．これらの抗酸化作用はポリフェノール類のそれとは反応機序が異なる．

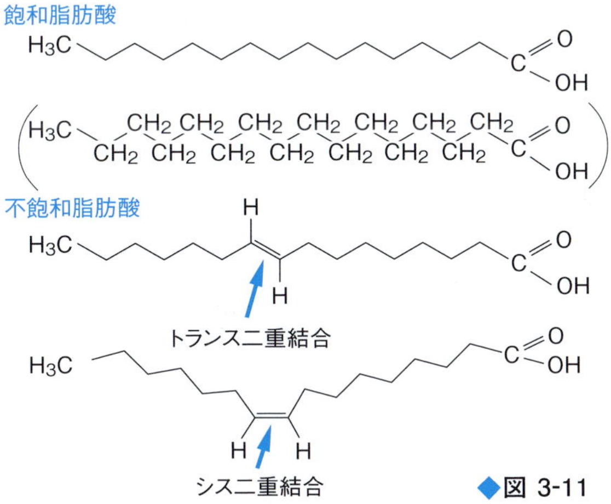

◆図3-11　脂肪酸の構造

◆表3-7　脂質に含まれる脂肪酸の種類

名　称	炭素数	不飽和数	化学式
酪酸	4	0	$CH_3(CH_2)_2COOH$
カプロン酸	6	0	$CH_3(CH_2)_4COOH$
カプリル酸	8	0	$CH_3(CH_2)_6COOH$
カプリン酸	10	0	$CH_3(CH_2)_8COOH$
ラウリン酸	12	0	$CH_3(CH_2)_{10}COOH$
ミリスチン酸	14	0	$CH_3(CH_2)_{12}COOH$
パルミチン酸	16	0	$CH_3(CH_2)_{14}COOH$
ステアリン酸	18	0	$CH_3(CH_2)_{16}COOH$
オレイン酸	18	1	$CH_3(CH_2)_7CH=CH(CH_2)_7COOH$
リノール酸	18	2	$CH_3(CH_2)_4CH=CHCH_2CH=CH(CH_2)_7COOH$
α-リノレン酸	18	3	$CH_3(CH_2CH=CH)_3(CH_2)_7COOH$
アラキジン酸	20	0	$CH_3(CH_2)_{18}COOH$
アラキドン酸	20	4	$CH_3(CH_2)_3(CH_2CH=CH)_4(CH2)_3COOH$
エイコサペンタエン酸(EPA)	20	5	$CH_3(CH_2CH=CH)_5(CH_2)_3COOH$
ベヘン酸	22	0	$CH_3(CH_2)_{20}COOH$
ドコサヘキサエン酸(DHA)	22	6	$CH_3(CH_2CH=CH)_6(CH_2)_2COOH$
リグノセリン酸	24	0	$CH_3(CH_2)_{22}COOH$

青文字の脂肪酸は必須脂肪酸を示す．

α-リノレン酸
α-リノレン酸は二重結合が 9，12，15 位にあり，γ-リノレン酸は 6，9，12 位にある．

型では液体(油)になりやすい．不飽和脂肪酸のうち，**リノール酸**，**α-リノレン酸**，**アラキドン酸**(アラキドン酸はリノール酸から体内で合成される)は体内で生合成できず，生体に必須であるため必須脂肪酸と呼ぶ．欠乏症として，皮膚症状や易感染などがみられる．リノール酸とα-リノレン酸は植物油に多量に含まれる．不飽和脂肪酸の不飽和数(二重結合の数)の多いものは酸素によって酸化を受けやすく，過酸化脂質の一種となって体内組織を傷害し，また老化やがんと関係するといわれている．

b　ステロイド(コレステロール，胆汁酸，ステロイドホルモン)

(1)　コレステロール

脂環式
炭素原子による環状化合物のうち，ベンゼン環などの芳香族化合物を除いた化合物のこと．

ステロイド骨格をもつ一連の化合物群を**ステロイド**といい，脂環式炭化水素の構造をもつ．環状炭化水素であるため疎水性である．**コレステロール**(**図 3-12**)は脂肪酸とエステル結合して存在することが多く，遊離型とともに血清中ではリポタンパク質に組み込まれている．血中コレステロールの濃度が高くなると動脈壁に沈着して粥状(アテローム)硬化症をまねき，またビリルビンとともに胆石の成分となる(コレステロール結石)．コレステロールは食餌から摂取されるが，肝臓でも合成され，生体膜を構成するほか，胆汁酸やステロイドホルモン，ビタミン D などの原料となる．

(2)　胆汁酸

胆汁酸は肝臓でコレステロールからつくられる胆汁の構成成分であり，複数の化合物(コール酸，デオキシコール酸，ケノデオキシコール酸，リトコール酸など)からなる．炭化水素鎖にカルボキシル基をもち，環内に水酸基をもつ構造が特徴である(**図 3-13**)．したがって，強い極性基をもつ両親媒性の物質であるため，生体では水に不溶性の脂質を乳化する界面活性剤としてリパーゼなどの脂質分解酵素の働きや消化管での脂質の吸収を助ける．胆管閉塞などで胆汁酸分泌が低下すると，脂溶性ビタミンの吸収が悪くなり，ビ

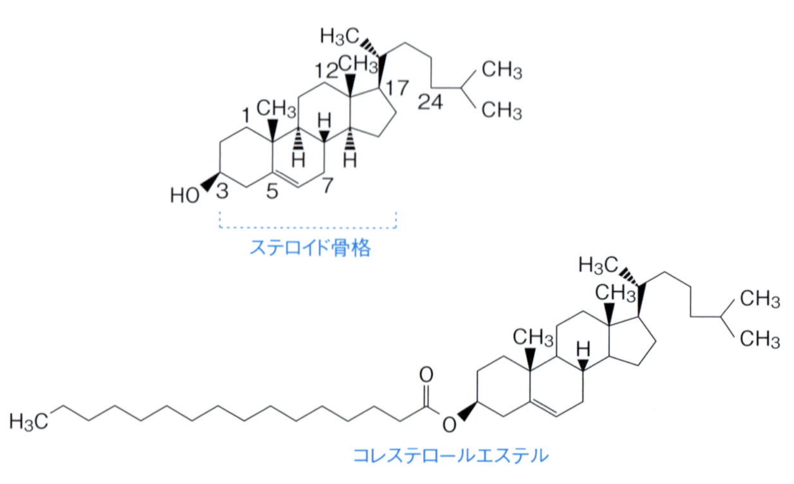

◆図 3-12　コレステロールの構造
▶◀は紙面より上方，▸▸◂◂は紙面より下方を示す．

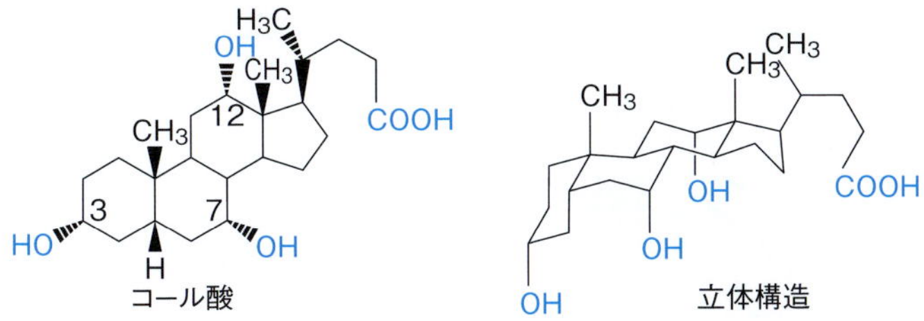

◆図 3-13　胆汁酸の構造
分子の下面(青文字部分)が親水性，上面が疎水性となる．

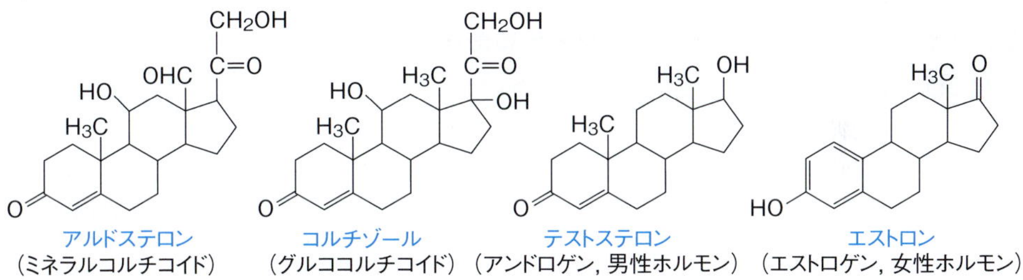

◆図 3-14　ステロイドホルモン

タミン欠乏症が生じる．

(3)　ステロイドホルモン

副腎皮質ホルモンや性ホルモンは**ステロイドホルモン**であり，それぞれの組織でコレステロールから合成される．副腎皮質ホルモンのアルドステロン(ミネラルコルチコイド，鉱質コルチコイド)は電解質代謝に，コルチゾール(グルココルチコイド，糖質コルチコイド)は糖代謝に関与する．男性ホルモン(アンドロゲン)や卵胞ホルモン(エストロゲン)はそれぞれ全く異なる官能基をステロイド骨格にもつ(図 3-14)．

c　脂溶性ビタミン

脂溶性ビタミンのうち，ビタミンDの前駆体(プロビタミンという)はステロイドである．エルゴステロールなどのステロイドが紫外線および体内の酵素反応により，活性型ビタミンDになる．ビタミンAはレチノールと呼ばれる炭化水素であり，プロビタミンAのβ-カロテンが分解してできる．ビタミンKはフィロキノンなどのキノン系の化合物であり，ビタミンEはトコフェロールが代表的である(ビタミンの項参照)．いずれも水に不溶性であり，胆汁酸で可溶化されて吸収されたり，タンパク質に受容されて運ばれる．

d　リポタンパク質(図 3-15)

(1)　種　類

脂質は水に溶けないため，血漿中では特別な存在様式をとっている．脂質とタンパク質の非共有結合性複合体のリポタンパク質粒子は組織間に脂質を

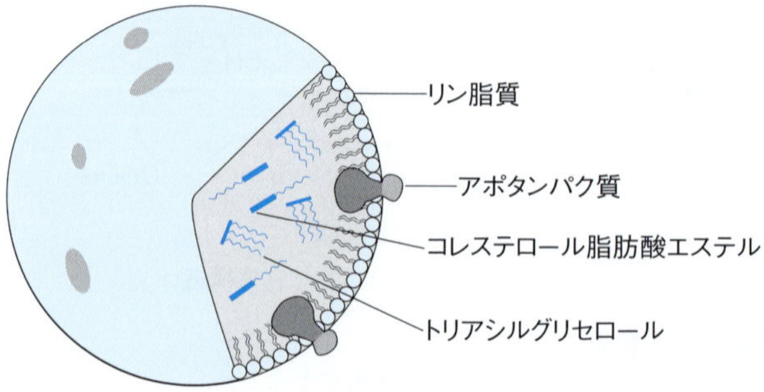

◆図 3-15　リポタンパク質の構造

◆表 3-8　リポタンパク質の性状，機能と組成成分

種　類		キロミクロン	VLDL	LDL	HDL
性状と機能	密度(g/mL)	0.96 以下	0.96-1.006	1.006-1.063	1.063-1.210
	直径(nm)	80-1,000	30-75	19-22	7.5-10
	起源	小腸	主に肝臓	VLDL	肝臓
	機能	食物中の TG の輸送	合成された TG の輸送	Chol を末梢組織へ輸送	Chol を末梢組織から肝臓へ輸送
組成(%)	トリアシルグリセロール(TG)	85	55	10	2-5
	コレステロール*(Chol)	4-6	12-19	45	18
	リン脂質(PL)	5	18	22	30
	タンパク質(PROT)	2	8	23	50
		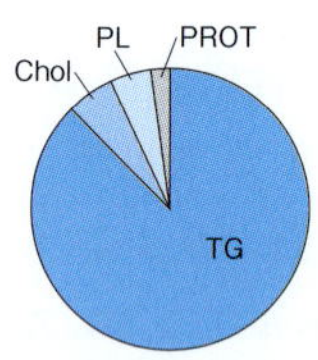	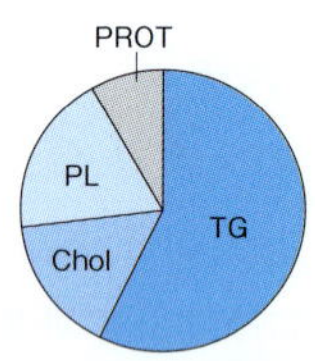	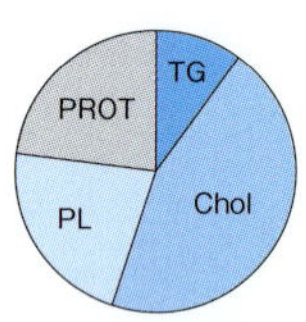	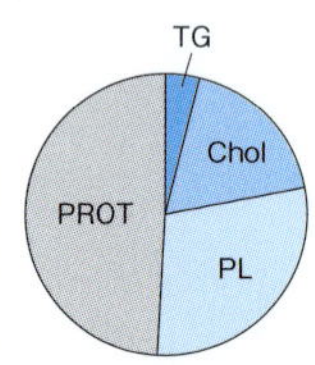

*遊離型とエステル型の総量.

運搬し脂質の代謝に寄与する．リポタンパク質は密度の違いにより分類され，密度の低い順に**キロミクロン**，**超低密度リポタンパク質(VLDL)**，**中間密度リポタンパク質(IDL)**，**低密度リポタンパク質(LDL)**，**高密度リポタンパク質(HDL)**があるが，粒子の大きさはこの順に小さくなる．粒子の表層にはリン脂質と遊離コレステロールのミセル膜にアポタンパク質が埋まり，粒子中心部にトリアシルグリセロール(TG)およびコレステロール脂肪酸エステルが含まれる．密度が低い粒子ほど TG が多く，そのほかの脂質とアポタンパク質が逆に少なくなる(**表 3-8**)．これらのうちいずれかの血中濃度の異常は，メタボリックシンドロームの構成要素である脂質異常症の原因となる(p.83 脂質の代謝参照)．

アポタンパク質
基本的にはある機能をもった部分を取り除いた「裸」のタンパク質のことをいうが，リポタンパク質では脂質を取り除いたタンパク質部分をいう.

(2)　働　き(第 4 章参照)

アポタンパク質は十数種類が知られており，各リポタンパク質によって構成する種類が異なる．キロミクロンは摂取した TG とコレステロールを輸送し，VLDL は内因性 TG の輸送に働く．VLDL から生成する LDL はコレステロールとリン脂質を肝臓から末梢組織へ輸送し，HDLはコレステロールのエステル化を助け，コレステロールエステルを末梢組織から肝臓に輸送する働きをもっている．LDLは動脈硬化を助長する因子として悪玉視され，逆にHDLはコレステロールを肝臓に運んで分解を促すため，動脈硬化を防ぐ因子として善玉視される．

3 アミノ酸とタンパク質

タンパク質はアミノ酸で構成され，糖質，脂質とともに三大栄養素の1つとなっている．栄養素はエネルギー源と身体の構成成分を提供するため，毎日摂取する必要がある．とくにタンパク質は，ほとんどすべての生体内反応をつかさどる酵素，ホルモンなどの生体情報を伝える受容体，あるいは筋などの身体の形成成分としてきわめて重要である．また，タンパク質は遺伝子の直接的な産物であるため，遺伝子の情報を生命活動に直接反映させる役割をもっている．

1 アミノ酸

アミノ酸は，アミノ基($-NH_2$)をもつカルボン酸である．タンパク質を構成するアミノ酸は，ほとんどがα-アミノ酸である．タウリンはカルボキシル基(-COOH)のかわりに硫酸基をもつアミノ酸である．

アミノ酸の接頭辞

カルボキシル基(-COOH)の隣りの炭素をα，その隣の炭素をβ，順にγ，δ，ϵという．アミノ酸はアミノ基の結合位置によって接頭辞が変わり，β-アラニンや神経伝達物質のGABA(γ-アミノ酪酸)もアミノ酸である．

a 構造と性質

(1) 構 造

アミノ酸の基本構造は，1つの炭素原子(α位の炭素)にアミノ基とカルボキシル基と水素および側鎖(R)が結合する構造をもつ(**図3-16**)．したがって，この炭素原子は不斉炭素であり，グリシン以外のアミノ酸は鏡像異性体，すなわちDL異性体をもつことになる．単糖類のDL異性体と同様に，くさび型投影式あるいはフィッシャー(Fischer)式投影式で，アミノ酸のアミノ基がD-グリセルアルデヒドの水酸基と同じ向きのもの(右側)がD-アミノ酸，L-グリセルアルデヒドの水酸基と同じ向きのもの(左側)がL-アミノ酸となる(**図3-16**)．

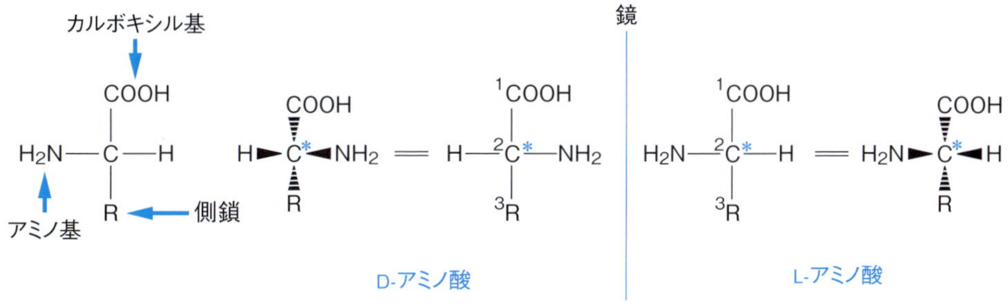

◆**図 3-16　α-アミノ酸の構造とDL異性体**

▶◀は紙面より上方，▮▮▮は紙面より下方を示す．C*は不斉炭素．

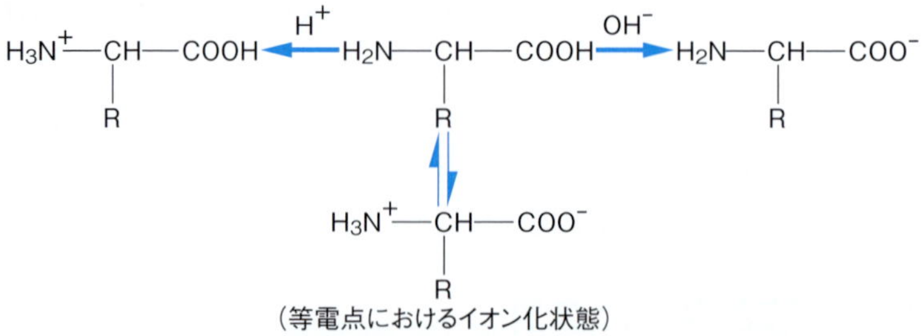

◆図 3-17　アミノ酸のイオン化

タンパク質を構成するアミノ酸はL-型であり，生体内のほとんどの単糖がD-型であることと好対照をなす．しかし，脳などにはD-アミノ酸の存在が知られている．

(2)　特　性

アミノ酸のアミノ基は酸性水溶液中で陽イオン(NH_3^+：アンモニウムイオン)に，塩基性水溶液中でカルボキシル基は陰イオンにイオン化する性質がある(**図 3-17**)．このように分子内に陽イオンと陰イオンを併せもつイオンを両性イオンといい，酸性と塩基性の両者の官能基をもつ物質を両性電解質という．アミノ基とカルボキシル基をそれぞれ陽イオンと陰イオンにイオン化させ，電荷が互いにうち消しあって中和状態にさせる pH を**等電点**(pI)といい，アミノ酸によって固有の pI 値をもつ(中性域であることが多い)．アミノ酸によって等電点が異なるのは，主に側鎖官能基の電気的な性質による．

b　種類と必須アミノ酸

(1)　種　類

アミノ酸は側鎖の違いによって分類され，20 種類ある(**表 3-9**)．アミノ酸の側鎖の違いがタンパク質の構造を特徴づけ，生体内での働きを決めている．側鎖の構造からアミノ酸を中性アミノ酸，酸性アミノ酸および塩基性アミノ酸に分ける．中性アミノ酸をさらに，側鎖が脂肪族か芳香族か酸アミド結合をもつかによって分ける．脂肪族アミノ酸の炭化水素側鎖が分枝したアミノ酸(分枝アミノ酸)や芳香族アミノ酸は，その側鎖が疎水基であることからタンパク質に疎水性を与え，膜タンパク質がその部分を膜に陥入して存在することの原因になる．また，側鎖に水酸基をもつアミノ酸はリン酸化されたり糖鎖が結合してタンパク質の機能に多様性をもたらす．タンパク質が 280 nm の紫外線を吸収するのは芳香族アミノ酸によるものである．また硫黄をもつアミノ酸はタンパク質が腐敗した時に発生する硫化水素の発生源となる．アミノ酸の検出にはニンヒドリン試薬が用いられる(アミノ酸分析など)．

(2)　必須アミノ酸

20 種のアミノ酸のうち，メチオニン，フェニルアラニン，リシン，トリ

◆表 3-9 α-アミノ酸の種類と構造

分類			名称と略号(一文字)	側鎖の構造 R:	特徴
中性アミノ酸	脂肪族アミノ酸		グリシン Gly (G)	$-H$	DL 異性体なし
中性アミノ酸	脂肪族アミノ酸		アラニン Ala (A)	$-CH_3$	
中性アミノ酸	脂肪族アミノ酸	分枝アミノ酸	バリン Val (V)	$-CH(CH_3)CH_3$	これらの疎水性アミノ酸は膜タンパク質の膜貫通部分に多い
中性アミノ酸	脂肪族アミノ酸	分枝アミノ酸	ロイシン Leu (L)	$-CH_2CH(CH_3)CH_3$	
中性アミノ酸	脂肪族アミノ酸	分枝アミノ酸	イソロイシン Ile (I)	$-CH(CH_3)CH_2CH_3$	
中性アミノ酸	脂肪族アミノ酸	水酸基アミノ酸	セリン Ser(S)	$-CH_2OH$	タンパク質中にあって，リン酸化されたり，糖鎖が結合する
中性アミノ酸	脂肪族アミノ酸	水酸基アミノ酸	トレオニン Thr (T) (スレオニン)	$-CH(OH)CH_3$	
中性アミノ酸	脂肪族アミノ酸	水酸基アミノ酸	(チロシン)		
中性アミノ酸	脂肪族アミノ酸	含硫アミノ酸	システイン Cys (C)	$-CH_2SH$	S-S 結合をつくる
中性アミノ酸	脂肪族アミノ酸	含硫アミノ酸	メチオニン Met (M)	$-CH_2CH_2SCH_3$	タンパク質の合成開始アミノ酸
中性アミノ酸	脂肪族アミノ酸	アミド性アミノ酸	アスパラギン Asn (N)	$-CH_2CONH_2$	Asn のアミノ基には糖鎖が結合する
中性アミノ酸	脂肪族アミノ酸	アミド性アミノ酸	グルタミン Gln (Q)	$-CH_2CH_2CONH_2$	
中性アミノ酸	イミノ酸		プロリン Pro (P)	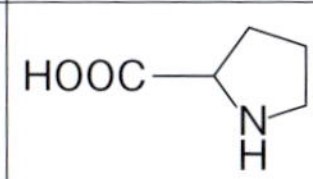 (全構造)	
中性アミノ酸	芳香族アミノ酸		フェニルアラニン Phe (F)	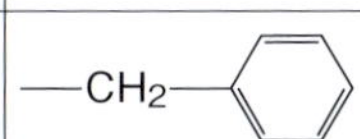	タンパク質の紫外線吸収はこれらのアミノ酸による
中性アミノ酸	芳香族アミノ酸		チロシン Tyr (Y)	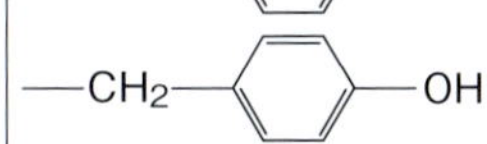	
中性アミノ酸	芳香族アミノ酸		トリプトファン Trp (W)	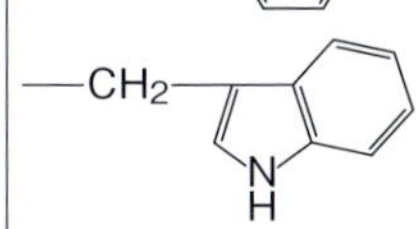	
酸性アミノ酸			アスパラギン酸 Asp (D)	$-CH_2COOH$	
酸性アミノ酸			グルタミン酸 Glu (E)	$-CH_2CH_2COOH$	
塩基性アミノ酸			リシン Lys (K)	$-CH_2CH_2CH_2CH_2NH_2$	
塩基性アミノ酸			アルギニン* Arg (R)	$-CH_2CH_2CH_2NHC(=NH)NH_2$	
塩基性アミノ酸			ヒスチジン His (H)	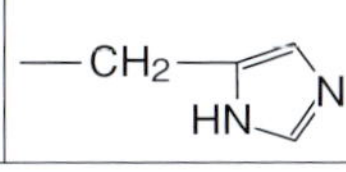	

青文字のものは必須アミノ酸.
*尿素回路をもたない動物の必須アミノ酸で，ヒトでは準必須アミノ酸.

プトファン，イソロイシン，ロイシン，バリン，ヒスチジン，トレオニン(スレオニン)の 9 種類のアミノ酸は生体内で合成することができず，絶えず摂取しなければならない．これらを**必須アミノ酸***(不可欠アミノ酸，アルギニ

* アルギニンも加えてアメフリヒトイロバスと覚える.

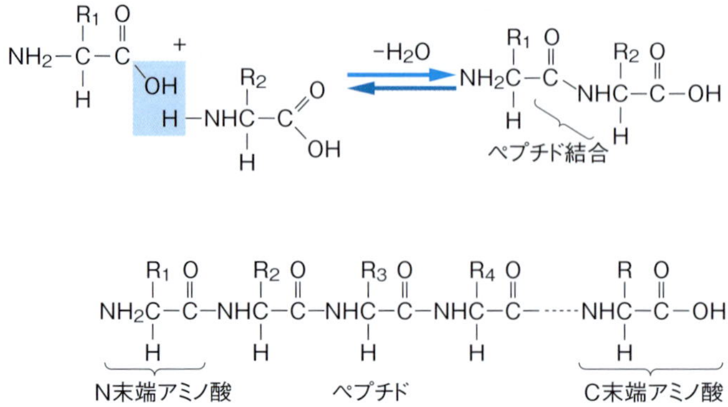

◆**図 3-18　ペプチド結合とペプチドの末端**

ンは準必須アミノ酸）という．

c　ペプチド結合

1つのアミノ酸のアミノ基と他のアミノ酸のカルボキシル基との間で脱水縮合したアミド結合をペプチド結合といい，生成物をペプチドという（**図 3-18**）．この結合（C−N）は回転しないため，タンパク質の立体構造にある程度の制約を与える．ペプチドを強酸で加水分解するとこの結合が切れて元のアミノ酸に戻る．2つのアミノ酸からできているペプチドをジペプチド，3つからできているものをトリペプチド，10個前後までのものをオリゴペプチド，それ以上からはポリペプチドというが，オリゴペプチドとポリペプチドの境界は厳密ではない．ポリペプチド鎖は枝分かれのない直鎖状である．したがって，核酸と同様に，固有のポリペプチドやタンパク質の構造は，個々のアミノ酸の結合順序（アミノ酸配列）によってのみ決まり，糖鎖のような結合の多様性はない．ポリペプチド鎖の両端には結合に関与しないアミノ基とカルボキシル基がそれぞれ遊離して存在するため，アミノ基側の最初のアミノ酸（N末端のアミノ酸）から順に並べ，カルボキシル基側の最後のアミノ酸（C末端のアミノ酸）で終わる表記法をとる（**図 3-18**）．

数を表す接頭辞

モノ（mono）は1つという意味．ジ（di），トリ（tri），テトラ（tetra），ペンタ（penta）は，それぞれ2，3，4，5を示す．

2　タンパク質

タンパク質は20種類のアミノ酸が総動員されて合成され，その配列と数は遺伝子によって定められている．生体内ではホルモンなどのような低分子のオリゴペプチドから，分子量が数百万のものまで多岐にわたる．それぞれのタンパク質は一定のアミノ酸配列をもち，あるものは機能タンパク質として，あるものは構造タンパク質などとして生体内の所定の場で機能する．遺伝子の情報が何らかの原因で正常に伝わらない場合などで，あるタンパク質の1つのアミノ酸がほかのアミノ酸に入れ替わっただけで，病態をまねくことが少なくない．とくにそれが酵素である場合には，物質の代謝が変化するため，代謝異常などのような深刻な症状を呈する（p.144 遺伝病の原因参照）．

a 構 造

あるタンパク質のN末端からC末端までのアミノ酸配列のことをタンパク質の**一次構造**という．異種のタンパク質間のアミノ酸配列の比較（相同性解析）やタンパク質の同定に用いられる．ポリペプチド鎖は構造的に一本の棒状ではあまり存在せず，部分的に**αらせん構造**（右巻き構造，αヘリックス構造）や分子内のほかのペプチド鎖とともに**βシート構造**をとる．これらの構造を安定化する結合は，水素結合などの非共有結合である．これらの構

column

先天性代謝異常症

単一遺伝子異常などが原因となって酵素タンパク質が正常に発現しない場合，その酵素が担う代謝反応に異常をきたし，病態がひき起こされることを先天性代謝異常症という（第5章6遺伝の生化学参照）．遺伝病の1つである．患者体液あるいは羊水などを用いた代謝物質の量や酵素活性の増減，DNA解析などで診断される．胎児期，新生時期および小児期に診断され，一部を除いて治療は困難であることが多い．多くの場合，神経性疾患を伴う．先天性代謝異常症は糖質代謝異常，脂質代謝異常，アミノ酸代謝異常，プリン塩基代謝異常，その他の代謝異常など，代謝物質によって分類されるが（**表1**），リソソーム加水分解酵素の異常（リソソーム病）による分類や特定の物質代謝の異常（ムコ多糖症，ガングリオシドーシスなど）による分類も用いられる．

◆表1 主な先天性代謝異常症と関連代謝物質および症状

先天性代謝異常症	関連代謝物質	症状
糖質代謝異常		
糖原病Ⅰ，Ⅱ	グリコーゲン	肝肥大，心肥大，筋拘縮
ハーラー症候群*1	デルマタン硫酸，ヘパラン硫酸	知能障害，骨変形，心筋症
ハンター病	デルマタン硫酸，ヘパラン硫酸	知能障害，骨変形，心筋症（症状はハーラー症候群より軽度）
脂質代謝異常		
ファブリ病*2	糖脂質	四肢疼痛，心不全，腎不全
ティーザックス病*2	糖脂質（ガングリオシド）	知能障害，運動機能障害
ニーマン・ピック病*2	リン脂質	肝肥大，けいれん
ゴーシェ病*2	糖脂質	発達障害，脾肥大
アミノ酸代謝異常*3		
フェニルケトン尿症	フェニルアラニン	知能障害，赤毛
メープルシロップ尿症	分枝アミノ酸（バリンなど）	運動機能低下，けいれん
アルカプトン尿症	チロシン	関節炎，色素沈着
プリン塩基代謝異常		
アデノシンデアミナーゼ欠損症	アデノシン，デオキシアデノシン	免疫不全
レッシュ・ナイハン症候群	ヒポキサンチン，グアニン	知能障害，けいれん，高尿酸血症
その他の代謝異常		
アイ・セル病*2	リソソーム酵素群	知能障害
ファンコニ症候群	腎尿細管の輸送タンパク質	成長遅延，骨形成異常，腎不全
高アンモニア血症	尿素回路酵素群	精神症状，嘔吐

*1 ムコ多糖症，*2 リソソーム病，*3 尿中の代謝脂肪酸で診断

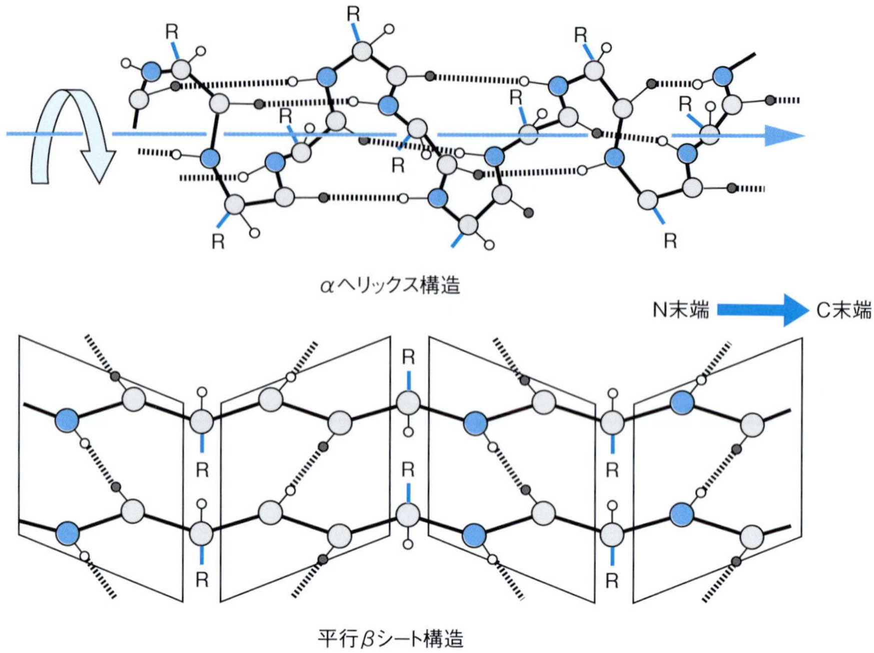

◆**図 3-19　タンパク質の二次構造**
┅は水素結合，━はペプチド結合を含む骨格鎖を示す．
●：窒素，○：炭素，●：酸素，○：水素，R：側鎖を示す．
αヘリックス構造は右回りのらせん回転をし，上方からみると筒状を呈する．
βシート構造には逆行性のものもある．矢印はN末端からC末端側への方向を示す．
［谷口直之，米田悦啓(編)：医学を学ぶための生物学，改訂第2版，南江堂，東京，2004より引用］

造をタンパク質の**二次構造**(**図 3-19**)という．二次構造によってポリペプチド鎖は折れ曲がったり，平面状になって多様な立体構造をとることが可能になる．さらに，ポリペプチド鎖は構成アミノ酸の側鎖の立体的な構造や電気的な性質およびそれらの相互作用(疎水結合など)に影響され，さらにポリペプチド鎖内のジスルフィド結合(S-S結合，システインのSH基による)も加わって，そのペプチドにとって最も安定な立体構造(コンホメーション)をとる．これをタンパク質の**三次構造**という．タンパク質がさらに四次構造をとる場合は，三次構造のことをサブユニット構造という．**四次構造**とは，同種あるいは異種のサブユニット構造が複数個集まって，非共有結合的に1つのタンパク質構造をとることをいう．タンパク質によっては四次構造をとらないものもある．二次構造以降の構造を高次構造という．タンパク質の構造を**図 3-20**にまとめた．

b　性　質

タンパク質の機能は，自身がとるべき高次構造を形成することによって初めて発現する．例えば，遺伝子組換え技術によって，あるタンパク質を合成できたとしても，それがそのタンパク質に固有の高次構造をとらない限り，そのタンパク質がもつはずの機能は発揮されない．タンパク質の高次構造

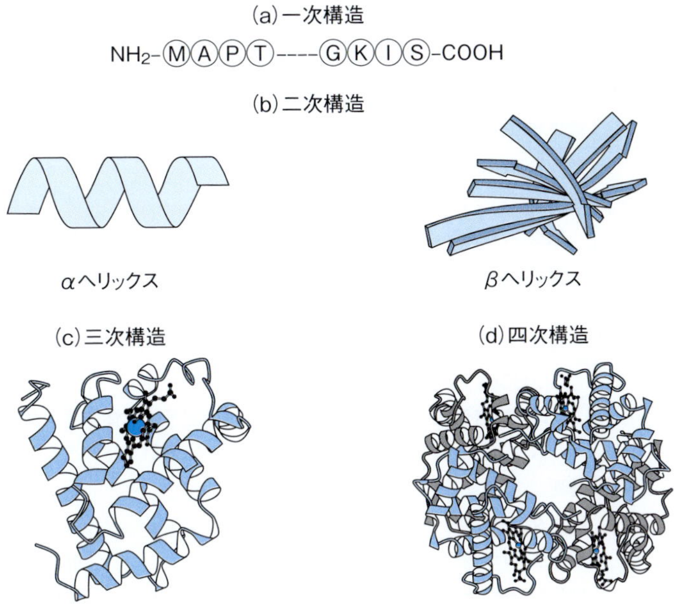

◆**図 3-20　タンパク質の構造のまとめ**
[Jeremy M. Berg: Biochemistry, 原著第 5 版. W.H. Freeman and Company, New York, USA, 2002 より改変]

は，元来が S-S 結合と非共有結合(水素結合，疎水結合，静電的相互作用)に基づくため，種々の条件で容易かつ不可逆的に破壊される(一次構造は変化しない)．この高次構造の喪失をタンパク質の変性といい，変性剤(高濃度の尿素や界面活性剤)，強い酸や塩基，高温，物理的な力などによって起こる．タンパク質は加熱による熱変性や胃酸による酸変性によって，消化されやすくなる．

c　分　類

タンパク質は，① 形状，② 組成，③ 機能から整理することができる(**表 3-10**)．形状による分類では，球状タンパク質と繊維状タンパク質に分けられ，前者は水に可溶性のものが多く，酵素類がこれに入る．後者は水に難溶性で構造タンパク質などがこれに相当する．組成による分類では，アミノ酸のみからなる**単純タンパク質**と，糖鎖や脂質などと結合した**複合タンパク質**に分けられる．生体内では後者のタンパク質の数が多い．機能による分類では，酵素，輸送，収縮，調節，防御，貯蔵，構造の各タンパク質になる．これらの機能を見渡すと，タンパク質は生命活動に必要な多くの生理機能をもつことがわかる．

◆表 3-10　タンパク質の種類

分　類		タンパク質例	備　考
形状	球状タンパク質	多くの酵素	水に溶けやすい
	繊維状タンパク質	コラーゲン，フィブリノーゲン	水に溶けにくい
組成	単純タンパク質	アルブミン	アミノ酸のみからなる
	複合タンパク質		アミノ酸以外の物質が結合する
	糖タンパク質	コラーゲン，免疫グロブリン	糖鎖が結合する
	核タンパク質	ヒストン，リボソーム	核酸と結合したり，核内に存在する
	リポタンパク質	キロミクロン，LDL，HDL	脂質と結合する
	金属タンパク質	フェリチン，トランスフェリン	金属イオンをもつ
	フラビンタンパク質	コハク酸デヒドロゲナーゼ	フラビン誘導体を補欠分子族にもつ
	リンタンパク質	カゼイン，各種増殖因子受容体	リン酸化されている
	ヘムタンパク質	ヘモグロビン，シトクロム	ヘムと結合している
機能	酵素	ペプシン，トリプシン	生体内の反応を触媒する
	輸送タンパク質	ヘモグロビン，アルブミン	ガスや脂質を運ぶ
	収縮タンパク質	アクチン，ミオシン	筋収縮
	調節タンパク質	ペプチドホルモン，増殖因子	生体反応を調節する
	防御タンパク質	免疫グロブリン	生体防御に働く
	貯蔵タンパク質	フェリチン，カゼイン	生体物質を貯蔵する
	構造タンパク質	コラーゲン，ケラチン	生体の構築

4 ● 核　酸

核酸は主に細胞の核に含まれる，リン酸と糖と塩基からなる生体成分である．一部は細胞質や，量は少ないがミトコンドリアにもみられる．核酸は，遺伝情報の保存と伝達，タンパク質の生合成，細胞増殖のほか，その誘導体は生体内で種々の生理機能を果たしており，生命活動の根源にかかわっている．

1 ヌクレオチド

核酸は**モノヌクレオチド**という1つの単位から構成される．モノヌクレオチドは**ヌクレオシド**と**リン酸**からなり，さらにヌクレオシドは糖と塩基からなる(**図 3-21**)．核酸にはデオキシリボ核酸(DNA)とリボ核酸(RNA)があり，いずれもモノヌクレオチド同士が糖とリン酸でつながった重合体(**ポリヌクレオチド**)である．DNA と RNA はヌクレオシドの部分，すなわち糖と一部の塩基が異なる(**表 3-11**)．

a 種類と構造

(1) 種　類

ヌクレオチド*の糖はいずれも五炭糖であり，DNA は**デオキシリボース**，RNA は**リボース**をもつ(**図 3-22**)．これらの糖の違いが DNA と RNA の名

* ここでいうヌクレオチドとは，モノヌクレオチド，オリゴヌクレオチド，ポリヌクレオチドを含むヌクレオチド全般を指す．

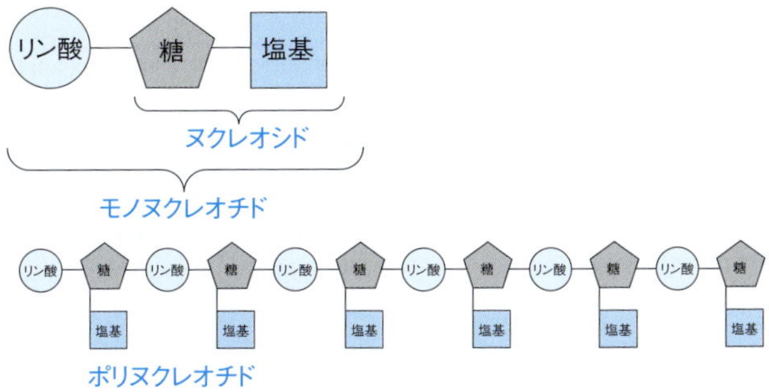

◆図 3-21　ヌクレオシド，モノヌクレオチド，ポリヌクレオチドの関係

◆表 3-11　核酸と塩基の種類

核　酸	プリン塩基	(略号)	モノヌクレオチド	ピリミジン塩基	(略号)	モノヌクレオチド
DNA	アデニン	(A)	dAMP	シトシン	(C)	dCMP
	グアニン	(G)	dGMP	チミン	(T)	dTMP
RNA	アデニン	(A)	AMP	シトシン	(C)	CMP
	グアニン	(G)	GMP	ウラシル	(U)	UMP

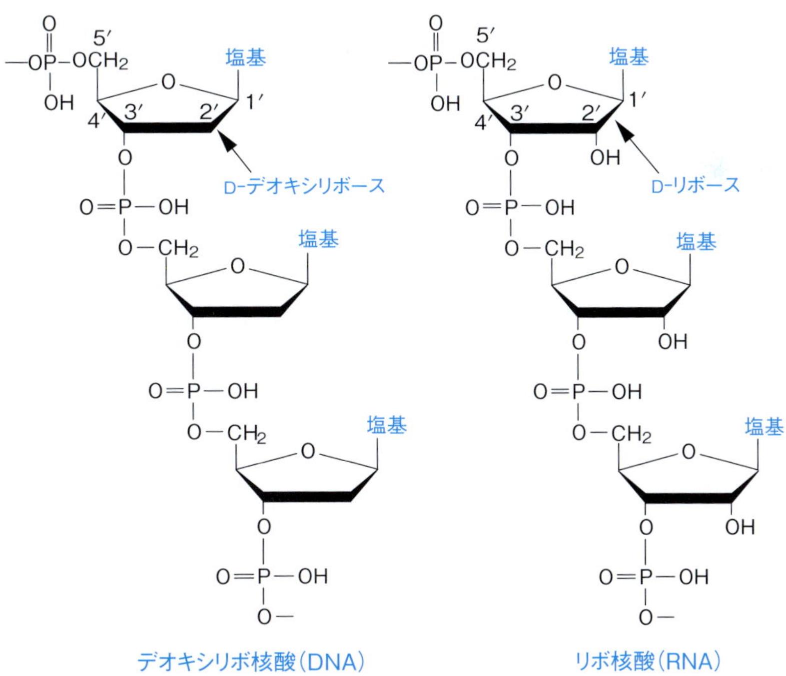

◆図 3-22　DNA と RNA の糖構造

称の起源になっている．DNA と RNA はそれぞれ別々の酵素(ポリメラーゼ)によって合成される．モノヌクレオチドのリン酸基は，リボースあるいはデオキシリボースの 5′ 位にエステル結合している．これらの五炭糖の 3′ 位の水酸基は，別のヌクレオチドの 5′ 位のリン酸基と結合してポリヌクレオチドをつくる(**図 3-22**)．ヌクレオシドの五炭糖の 5′ 位にモノリン酸，ジリン

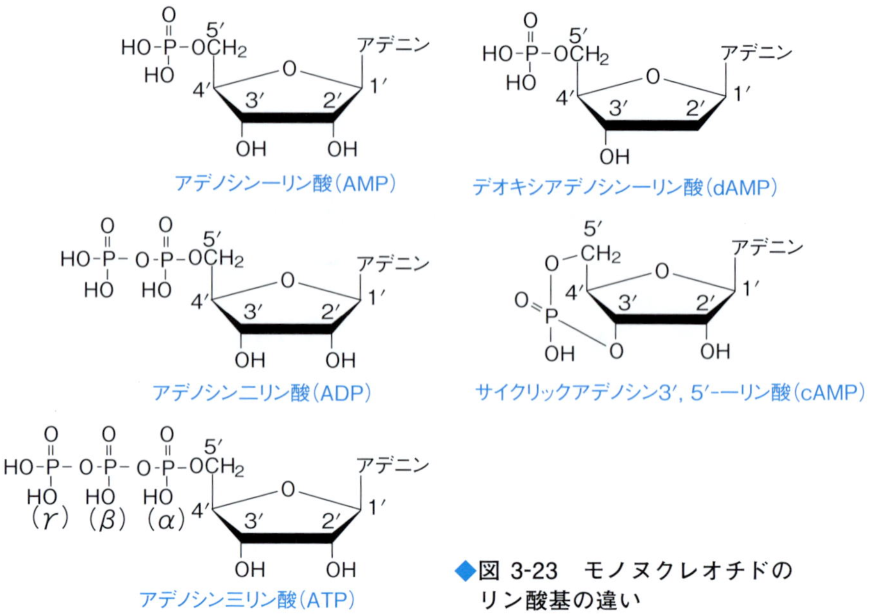

◆**図 3-23　モノヌクレオチドのリン酸基の違い**

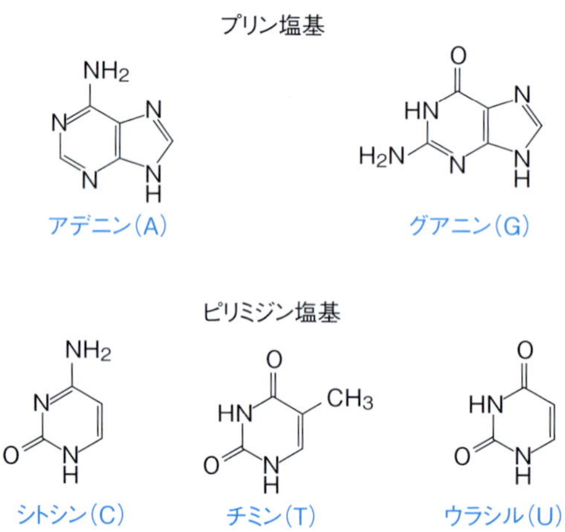

◆**図 3-24　塩基の構造**

酸，トリリン酸が結合したものをそれぞれヌクレオシド一リン酸(アデノシン一リン酸，AMPなど)，ヌクレオシド二リン酸(ADPなど)，ヌクレオシド三リン酸(ATPなど)といい，これ以上のリン酸基の延長はない(**図3-23**).

(2)　塩　基

DNAとRNAは，それぞれ4種類の塩基で構成され，そのうちの3種類は共通している(**表3-11**). DNAの塩基はアデニン(A)，グアニン(G)，シトシン(C)，チミン(T)であり，RNAの塩基はチミンのかわりにウラシル(U)が使われている．これらの塩基は，構造的に大きく2つに分けることができ，AやGのようなプリン骨格をもつプリン塩基と，C，T，Uのようなピリミジンを骨格とするピリミジン塩基に分類される(**図3-24**). 塩基はアミノ酸などから生合成される(p.103 ヌクレオチドの合成参照). 核酸がもつ遺伝情報の本体は，これら塩基の3つの組み合わせ，すなわち3つのヌクレオチドのならび(**コドン**)が1つのアミノ酸をコードすることにある．また，DNAは二重らせん構造をとるが，二本のポリヌクレオチド鎖を結びつけるのは，互いの鎖から露出する塩基同士(塩基対)が水素結合で結合しあっているからである(相補性)．核酸を構成するヌクレオチドはヌクレオシド一リン酸であり，DNAはdAMP，dGMP，dCMP，dTMP(水酸基がないことを示すためDNAのヌクレオチドには“d”を最初につける；**図3-23**)，RNAはAMP，GMP，CMP，UMPである(**表3-11**)．

b 働き

ヌクレオチドは核酸の構成単位としてのみならず，ヌクレオチド自身やその誘導体が生体内で重要な機能を果たしている．例えば，ヌクレオチドは補酵素A(CoA)，NAD，FADなどの補酵素類の構成成分であり，高エネルギーリン酸化合物のATPは生体反応のエネルギー発生物質である．また，UTPやGTPは単糖を活性化して生体が利用可能な誘導体にするために使われ(単糖はUDP-GlcやGDP-Manに変換されて活性化された後，生体で使用可能になる)，GTPやCTPはタンパク質や脂質の生合成の際の活性化に使われる．ATPやGTPからそれぞれ生合成されるサイクリックアデノシン3′,5′-一リン酸(cAMP)(**図3-23**)やサイクリックグアノシン3′,5′-一リン酸(cGMP)は，ホルモン情報などの細胞外の情報を細胞内に伝える二次情報伝達物質(セカンドメッセンジャー)として，あるいはタンパク質を修飾する際の補因子として働いている．

2 ポリヌクレオチド

ヌクレオチドが重合してポリヌクレオチドがつくられる．DNAはdATP，dGTP，dCTP，dTTPのデオキシリボヌクレオシド三リン酸からDNAポリメラーゼにより，またRNAはATP，GTP，CTP，UTPのリボヌクレオシド三リン酸からRNAポリメラーゼによって生合成される．ポリヌクレオチド鎖の両端のうち，五炭糖の5′位のリン酸がもはや別の五炭糖と結合していないヌクレオチド側を5′末端側といい，その方向を上流という．同じく，5′末端の反対側を3′末端側といい，その方向を下流という(核酸を縦に表記する場合は5′末端側を上にし，横書きする場合は5′末端側を左にする．二本鎖の場合は上の鎖の配列を5′→3′方向に書く)．

a DNA

DNAは真核細胞では主に細胞核内部に存在し(量は少ないが，ミトコンドリアにも存在する)，タンパク質合成のための設計図，すなわち遺伝情報を保存している．「遺伝子」とはDNAのことである．DNAの構造はRNAとは異なり，ポリヌクレオチドの二本鎖で構成され，互いに右巻きのらせん状に抱きあった二重らせん構造をとっている(**図3-25**)．二本のポリヌクレオチド鎖は，ヌクレオチドの配列方向が逆転しており(逆平行)，一方が5′→3′

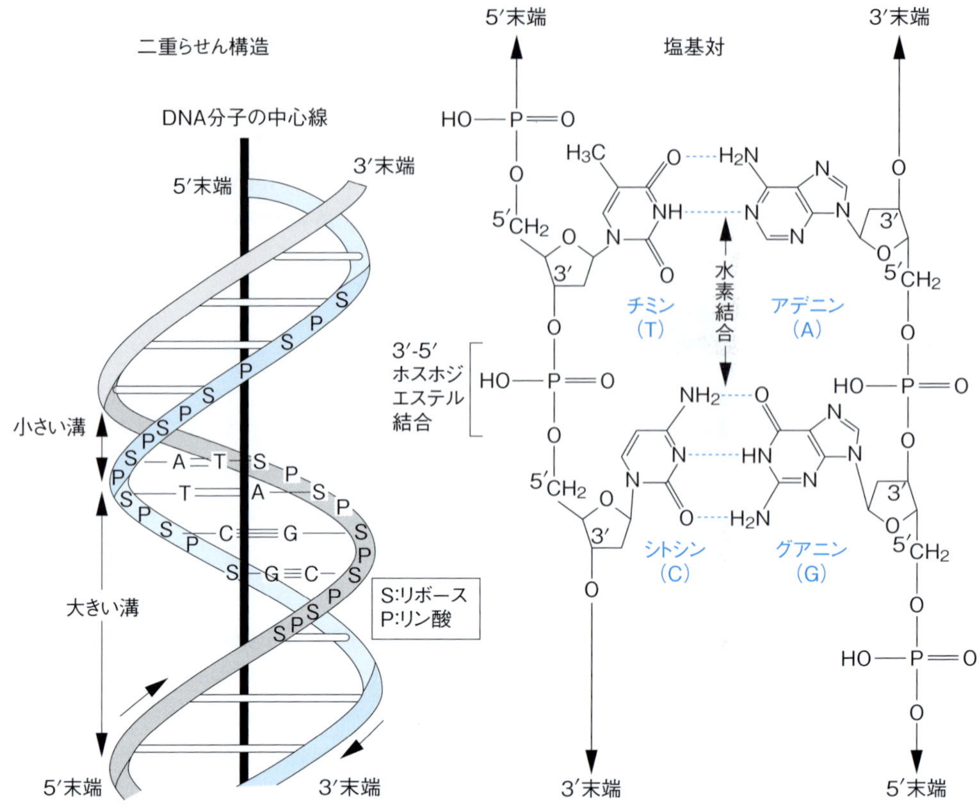

◆図 3-25　DNA の二重らせん構造と塩基対

であれば他方は 3′ → 5′ である．らせん構造の 1 回転はヌクレオチド 10 個分に相当する．

DNA の二本鎖構造は塩基間の水素結合で安定化している．この水素結合は，互いに相手の塩基が決まっており，これを塩基対という．A と T(RNA の場合は U)，C と G は互いに塩基対となる(**図 3-25**)．すべての塩基の骨格は平面構造であるため($-NH_2$ の $-N-H$ は平面とはかぎらないが，平面の角度を取り得る)，塩基同士の水素結合の形成には都合がよい．互いに対応する塩基対をもった二本のポリヌクレオチド鎖のことを相補的であるという．この関係は，DNA-DNA のみならず，RNA-RNA，DNA-RNA にも成り立つ．したがって，二本鎖のうち，片方のポリヌクレオチド鎖の塩基配列が決まれば，もう一方の配列も決まることになる．

共有結合とは異なり，水素結合は熱によって容易に切断される．したがって，DNA を加熱すると二本鎖は一本鎖に解離する．これを DNA の変性という．しかし，変性した DNA 鎖を適当な条件下に置くと，相補的な塩基対をもつ限り，元の二本鎖に戻る．この可逆性はタンパク質の変性と異なる．相補的でない DNA 鎖は二本鎖をつくらないため，DNA の解析にはこの性質が利用されている．細菌のプラスミドやミトコンドリアの DNA は 3′ 末端と 5′ 末端で結合した環状二本鎖構造をとっており，DNA 鎖はねじれている

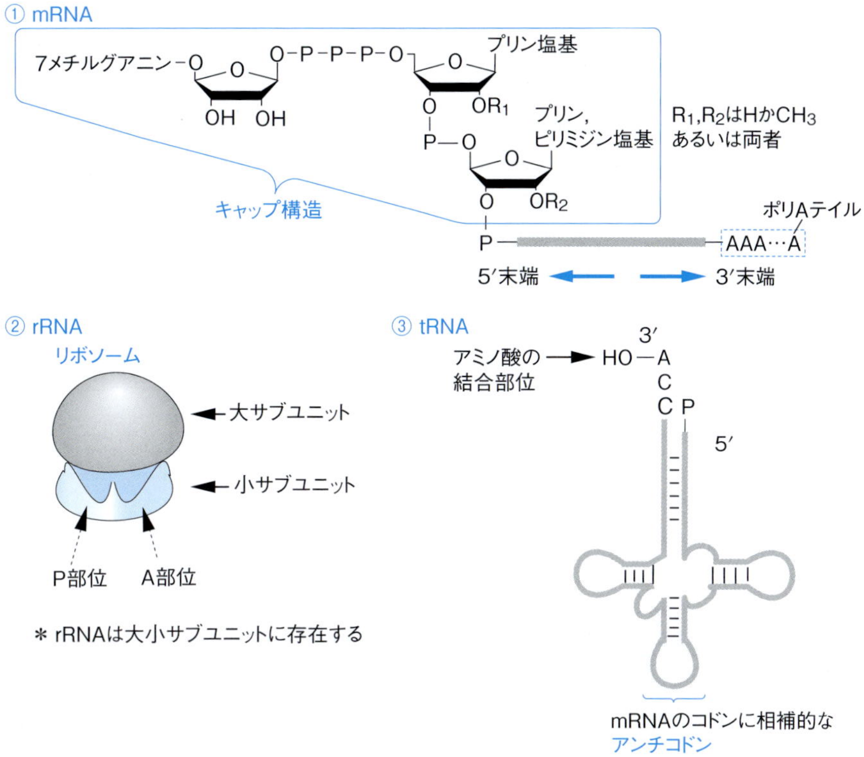

◆図 3-26　RNA（真核細胞）の構造

（スーパーコイル）．

b RNA

RNA は核内と細胞質内の両方に存在し，DNA がもつ遺伝情報を核から細胞質に取り出して，遺伝子産物であるタンパク質を生み出している．RNA の構造は，DNA とは異なって，一本鎖である．RNA は主に 3 種類に分けられる（**図 3-26**）．

① 伝令（メッセンジャー）RNA（mRNA）：核内の DNA がもつタンパク質のアミノ酸配列を写し取り（**転写**），その情報を核外に運ぶ RNA である．分子量は一定でない．構造上の特徴は，5′ 側にキャップ構造をもち，3′ 側にポリ A テイル（アデニンが 20 個以上連続する）がある．

② リボソーム RNA（rRNA）：最も多量に存在する RNA で，細胞質に存在し，種々のタンパク質と結合してタンパク質の合成の場であるリボソームをつくる．

③ 転移（トランスファー）RNA（tRNA）：ヌクレオチド 75 ～ 95 個からなる RNA で，対応するアミノ酸を細胞質から探しだし（**翻訳**），リボソームに運搬する．20 種類のアミノ酸に対応する以上の tRNA がある（1 つのアミノ酸に 2 つ以上の tRNA が対応するものもある）．構造は，ヌクレオチド鎖内で塩基が相補的に結合し，クローバーのような形をしている．tRNA の一部に，

◆表 3-12 DNA と RNA の違い

	DNA	RNA
全体構造	二本鎖	一本鎖
糖成分	デオキシリボース	リボース
ヌクレオシド塩基	A, G, C, T	A, G, C, U
所 在*	核内	主に核外
その他の特徴	転写調節部位	キャップ構造
機 能	複製	転写, 翻訳

*ヒトゲノムは核に存在するが, ミトコンドリアにもDNAは含まれている. RNAは, 働く場は細胞質であるが, DNAから転写されてできるので, 核内にも存在する.

特定のアミノ酸をコードしたコドンに相補的なアンチコドン(3塩基分)をもち, また, tRNAの3′末端のリボースにそのアミノ酸をエステル結合している.

表 3-12 にDNAとRNAの違いを示す.

5 ● ビタミン

三大栄養素だけを摂取しても, 栄養素が体内で円滑に利用されるわけではない. 微量ながらも効率よく物質代謝を進めるのに役立つ物質群があり, これがビタミン類である. 数多くあるビタミンのうち, 1つでも欠乏すると, 生体の維持や成長に少なからぬダメージを与え, 独特の欠乏症状をきたす. ホルモンとは異なり, ビタミン類は体内で合成されないものも多いため, 所定量を毎日摂取する必要がある.

1 種類と働き

ビタミン類は比較的低分子のものが多く, 脂溶性ビタミン[広い意味の脂質であるため, 水に溶けず, 有機溶剤(ベンゼン, クロロホルムなど)に溶ける]と水溶性ビタミンに分けられる. 体内でビタミンに変化するビタミンの前駆体をプロビタミンという.

a 脂溶性ビタミン

脂溶性ビタミンにはA, D, E, Kなどがある[*1](**図 3-27**).

*1 「脂溶性ビタミンはこれダケ(DAKE)」と覚える.

(1) ビタミンA(レチノール[*2])

*2 レチナ(網膜)にあるアルコールが語源.

【構造と特徴】 ビタミンA関連化合物をレチノイドといい, レチノール, レチナール, レチノイン酸からなるが, レチノールを一般にビタミンAという. プロビタミンAであるカロテンから小腸で合成される. 吸収に脂肪と胆汁酸を必要とし, 肝臓に貯蔵される. 血液中の運搬はレチノール結合タンパク質がおこなう.

【働 き】 視細胞の視覚タンパク質であるロドプシン(タンパク質であるオプシンとシス-レチナールからなる)を構成するほか, 成長促進, 精子形成,

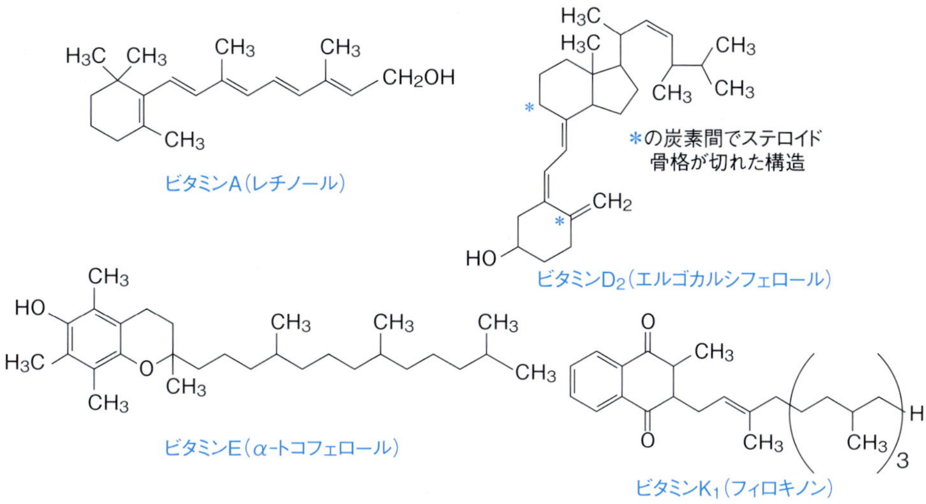

◆図 3-27 脂溶性ビタミン類の構造

上皮組織の保護作用をもつ.

【欠乏症と過剰症】 欠乏すると，暗順応が低下した夜盲症や眼球乾燥症をまねく．皮膚，粘膜の角質化や毛孔性角化症，易感染，発育障害も起こる．過剰摂取(1日の食事摂取基準の150倍以上)では，急性的には脳圧が亢進して，頭痛，嘔吐，悪心，下痢などを起こし，慢性的には四肢の疼痛性腫脹，神経過敏，脱毛，骨粗鬆症などを起こす.

【食　品】 植物性食品にはビタミンAは含まれない．プロビタミンAのカロテンが人参などの緑黄色野菜に多い．動物性食品にはビタミンAが含まれ，レバー，肝油，ウナギなどに多い.

(2) ビタミンD(カルシフェロール)

【構造と特徴】 ステロイド性プロビタミンである植物性のエルゴステロールと動物由来の7-デヒドロコレステロールに，紫外線が照射されると，それぞれビタミンD_2(エルゴカルシフェロール)とビタミンD_3(コレカルシフェロール)が合成される．これらはいずれも不活性であり，さらに肝臓と腎臓で酸化されて(1, 25-ジヒドロキシビタミンD_3などを生成)活性型となる.

【働　き】 カルシウムとリン酸の代謝調節にかかわり，生体内量の調節，小腸からの吸収，腎尿細管での再吸収，骨形成と骨吸収に重要である．免疫やがんとも関係する.

【欠乏症と過剰症】 摂取不足や日光の照射不足による欠乏症では，新生児や小児にくる病(p.160の脇組参照)をきたし，テタニーや発育障害が起こる．成人では骨軟化症を起こしやすい．過剰症(1日50 μg以上)としては，高カルシウム血症をきたし，慢性的に骨端部の石灰化や平滑筋などに石灰質が沈着する.

テタニー

血中カルシウム濃度の低下による体肢のけいれん．低カルシウム血症に起因し，上下肢の筋肉に疼痛性および強直性のけいれんが起こった状態で，意識は失われない．しびれることもある.

【食　品】 まぐろ脂身，うなぎ，乾椎茸

(3) ビタミンE(トコフェロール＊)

【構造と特徴】 抗不妊因子として見いだされ，トコフェロール，トコトリエ

＊ トコ(toco：分娩)フェロ(phero：力を与える)オール(ol：アルコール)が語源.

ノールおよびその誘導体を含む．肝臓と脂肪組織に貯蔵される．

【働　き】 フェノール性抗酸化作用をもち，不飽和性脂質の酸化を防ぐため，生体膜の脂質を保護したり，他の脂溶性ビタミンの酸化を防止する．精子形成に効果がある．

【欠乏症】 動物実験では，不妊や筋萎縮，溶血が認められている．ヒトでは神経性，筋性の身体症状が現れる．

【食　品】 アーモンド，小麦胚芽，なたね油

(4)　ビタミンK（フィロキノン）

【構造と特徴】 フィロキノン（K_1），メナキノン（K_2），メナジオン（K_3）などのナフトキノン系物質で，ビタミンK欠乏動物に対する抗出血作用をもつ物質の総称である．吸収に胆汁酸を必要とする．K_2 は腸内細菌が産生する．

【働　き】 血液凝固に関与することが名称の語源になっているが，抗血栓作用や骨の石灰化の調節因子としても働く．ビタミン依存性血液凝固因子［Ⅱ（プロトロンビン），Ⅶ，Ⅸ，Ⅹ因子］の生合成に必要である．

【欠乏症と過剰症】 欠乏症は，抗生物質連用者や新生児・乳児で起こしやすく，肝不全患者や胆道障害患者でも起こる．出血傾向や血液凝固時間の延長がみられる．過剰症では，溶血性貧血や高ビリルビン血症を生じる．血栓溶解作用のワルファリン投与者への使用は禁忌である．

【食　品】 緑黄野菜，植物油，豆類，魚介類，乳製品

＋新生児メレナ（真性メレナ）

生後1週間以内にみられる消化管出血で，タール便や吐血で発症する．肝臓機能の未熟性のためビタミンK依存性凝固因子の一過性の低下による．

＋乳児ビタミンK欠乏症

母乳中にはビタミンKが少ないため，生後30～60日の母乳栄養児に多い．症状としては頭蓋内出血による不機嫌，嘔吐，傾眠，けいれんなどである．治療としては新生児メレナと同様にビタミンKの投与をおこなう．

＋脚気

ビタミンB_1の欠乏による多発性神経炎のため，膝蓋腱反射の減弱・消失や下肢のしびれが起こることから「脚気」と呼ばれ，一般に白米を食するようになった江戸時代には「江戸患い」と呼ばれた．心機能不全による下肢の浮腫は脚気衝心（しょうしん）と呼ばれる．

b　水溶性ビタミン（図3-28）

(1)　ビタミンB_1（チアミン）

【構造と特徴】 アノイリンともいい，これ自身は不活性であるが，体内でピロリン酸化されてチアミンピロリン酸となった後，活性をもつ．

【働　き】 糖質代謝で生成するピルビン酸や α-ケトグルタル酸の脱炭酸酵素などの補酵素として重要である．

【欠乏症】 ＋脚気，視神経炎，浮腫，疲労感，筋肉痛，胃腸障害，ウェルニッケ脳症

【食　品】 米糠，酵母，小麦胚芽，豚肉，胡麻

(2)　ビタミンB_2（リボフラビン）

【構造と特徴】 フラビンにリビトールが結合したもので，光ですみやかに分解される．

【働　き】 体内でFMN（フラビンモノヌクレオチド）やFAD（フラビンアデニンジヌクレオチド）などの酸化還元酵素の補酵素となる．

【欠乏症】 口唇炎，口角炎，口内炎，舌炎，皮膚炎，発育障害をまねく．

【食　品】 酵母，レバー，卵，肉類

(3)　ビタミンB_6（ピリドキシン）

【構造と特徴】 ピリドキシン，ピリドキサール，ピリドキサミンの総称で，ピリジンを骨格とする．

【働　き】 いずれもピリドキサールリン酸になった後，アミノ酸代謝酵素（ト

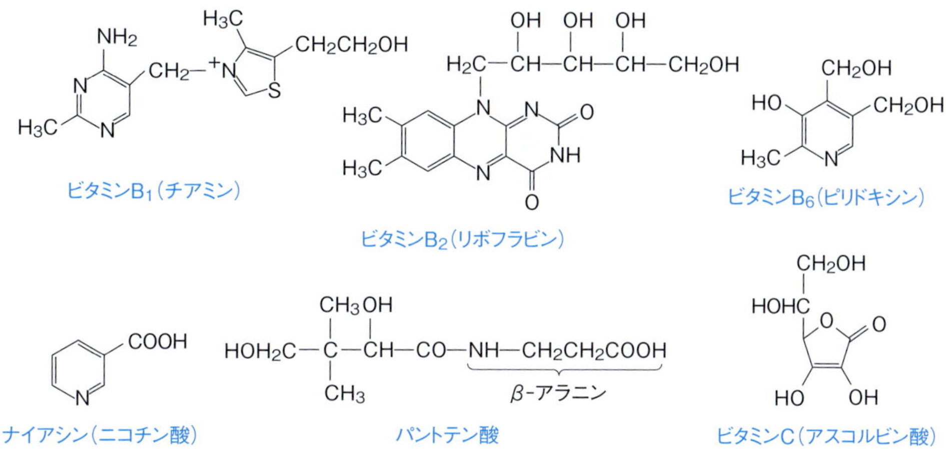

◆図 3-28 水溶性ビタミン類の構造

ランスアミナーゼや脱炭酸酵素など)の補酵素として働く．また，種々の酵素のリシン残基に結合して，活性を阻害する．

【欠乏症】 皮膚炎，貧血，乳児のけいれん

【食　品】 魚，肉，鶏卵，レバー

(4) ビタミン B_{12}(シアノコバラミン)

【構造と特徴】 コバルトを配位結合したポルフィリン骨格に，リボヌクレオチド様の物質が結合している．胃粘膜からの分泌タンパク質キャッスル(内因子)と結合し，回腸末端部から吸収される．血中ではタンパク質(トランスコバラミン)と結合して運ばれる．

【働　き】 造血の必要成分で，悪性貧血の治療に用いられる．

【欠乏症】 貧血(巨赤芽球性，大赤血球性)，神経症状．欠乏症のほとんどは内因子欠損(胃全摘患者など)による吸収障害である．

(5) ナイアシン

【構造と特徴】 ニコチン酸とニコチンアミドを指す．

【働　き】 酸化還元酵素の補酵素，NAD(ニコチンアミドアデニンジヌクレオチド)，NADP(ニコチンアミドアデニンジヌクレオチドリン酸)の構成成分となる．抗ペラグラ因子として，ペラグラの治療に用いる．

【欠乏症】 皮膚炎，認知症，中枢神経症状(錐体路・錐体外路症状，末梢神経障害など)，消化器症状(下痢)．

【食　品】 米糠，酵母，魚，乾椎茸

(6) パントテン酸

【構造と特徴】 パントイン酸と β-アラニンが結合したもの．

【働　き】 補酵素 A(CoA)の構成成分として物質代謝に広く作用している．

【欠乏症】 腸内細菌により合成されるため，ヒトでは通常起こらない．

【食　品】 酵母，胚芽，豆類

(7) ビオチン(ビタミン H)

【構造と特徴】 種々のアポ酵素と結合してビオチン酵素をつくる．

巨赤芽球性貧血(大球性性色素性貧血)

ビタミン B_{12} または葉酸の欠乏や薬剤などが原因で起こる．葉酸は 5-メチル-テトラヒドロフォレイトを経て，テトラヒドロフォレイト(THF)となるが，この段階でメチオニン合成酵素がホモシステインにメチル基を与えメチオニンが生成する．この酵素の補酵素がビタミン B_{12} である．ビタミン B_{12} が不足すると THF の合成が障害される．一方，THF は 5,10-メチレン-THF となり，DNA 合成に用いられるデオキシウリジン一リン酸(dUMP)からデオキシチミジン一リン酸(dTMP)が合成される時に，5,10-メチレン-THF は補酵素として働く．両ビタミンの欠乏は造血細胞における DNA 合成障害を起こす．

ペラグラ

日光が原因の発赤，水疱などの皮膚炎，激しい下痢，認知症などの精神症状をきたす．手足や顔面など日光のあたる部分に光線過敏のため紅斑を生じ，灼熱感や落屑を伴う．後に濃い褐色の色素沈着を残す．その他の症状として消化器症状や認知症，さらには中枢神経症状を伴う．

【働　き】 抗皮膚炎因子．炭酸固定反応の酵素の補酵素として作用する．
【欠乏症】 生卵白を過食すると起こるが，通常食生活では起こらない．
【食　品】 広く分布する．

(8) 葉　酸

【構造と特徴】 プテロイルグルタミン酸あるいはテトラヒドロ葉酸のことである．
【働　き】 抗貧血作用があり，アミノ酸代謝や核酸の塩基合成酵素の補酵素として働く．とくに，妊娠初期には比較的多量に摂取する必要がある．
【欠乏症】 巨赤芽球性貧血，心悸亢進，易疲労性，口角炎
【食　品】 レバー，ほうれん草などの新鮮な緑黄野菜

(9) ビタミンC（アスコルビン酸）

【構造と特徴】 還元力が強く（酸化されやすい），熱に弱い．
【働　き】 コラーゲン合成などの水酸化反応に働く（ヒドロキシプロリンの合成）．感染を防ぐ．抗酸化作用．メラニン色素の合成阻害．
【欠乏症】 壊血病をまねく．皮下出血，関節腫脹，易感染．
【食　品】 柑橘類，新鮮野菜，緑茶

壊血病

ビタミンCの摂取不足や腸管からの吸収障害などで起こる．ビタミンCはプロコラーゲンのプロリンやリシン残基の水酸化をおこなうプロリルヒドロキシラーゼやリシルヒドロキシラーゼの活性発現に必要である．ビタミンCが欠乏するとプロコラーゲンの水酸化が起こらず，成熟コラーゲンとしての三重らせん構造形成が阻害され，皮膚や粘膜，歯肉の出血，さらには骨組織の形成不全などが出現する．

(10) その他

ビタミンP，リポ酸，イノシトール（イノシット），コリン，カルニチン，パラアミノ安息香酸，ビオプテリン，フラボノイド類などがある．

2 ビタミンの利用

三大栄養素がエネルギーに変換される機構では，栄養素のうち糖質と脂質の分解物（アセチルCoA）はクエン酸回路を通り，そこで生じた電子と水素が最終的に電子伝達系（呼吸鎖）に入って酸化反応（酸化的リン酸化）に利用される．この電子を運ぶ物質が補酵素である．タンパク質においても，例えばアラニンとグルタミン酸はクエン酸回路の構成成分に変換されるが，ここでも補酵素が用いられる．クエン酸回路での反応の間に，水素と電子は補酵素に受け渡され，電子をもった補酵素は電子伝達系に向かう．補酵素の電子は電子伝達系を次々に受け継がれ，電子が伝達されてゆく．その間にATPが合成され，最終的に酸素は水に還元される．水溶性ビタミンのあるものは，これらの補酵素および電子伝達系にかかわる成分の一部を構成する物質である．したがって，補酵素を構成するビタミンが補給されないと，エネルギー通貨であるATPを効率よく生み出すことができなくなり，生命活動にも色々な不都合が生じてくる．エネルギー産生機構にかかわらず，ビタミンが構成する補酵素は生体内のほとんどの酸化還元反応や代謝反応に用いられている．図3-29に糖質・脂肪代謝に利用されるビタミンを示した．

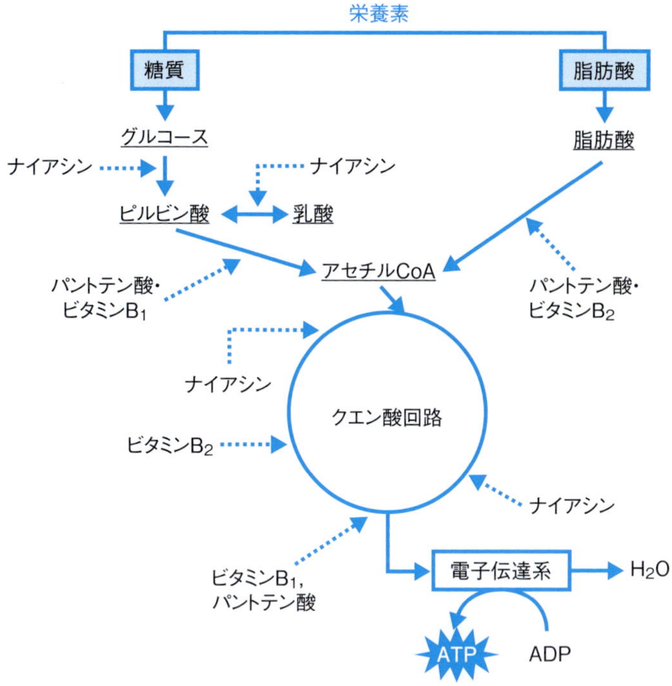

◆図 3-29　糖質・脂質代謝に利用されるビタミン類

練習問題

1. ヘキソースの異性体にはどのような異性体が考えられるか，グルコースを例にして答えなさい．
2. アルドースとケトースの例を示しなさい．
3. ラクトース，マルトース，スクロースを加水分解すると，それぞれどんな単糖が得られるか答えなさい．
4. デンプンとセルロースの同じ点と異なる点を答えなさい．
5. 必須脂肪酸とは何か答えなさい．
6. 油と脂の違いは何か答えなさい．
7. 硫黄原子を含むアミノ酸をあげなさい．
8. 芳香族アミノ酸をあげなさい．
9. タンパク質中で，リン酸化されるアミノ酸は何か答えなさい．
10. タンパク質の一次構造から四次構造までをそれぞれ説明しなさい．
11. 必須アミノ酸をあげなさい．
12. RNA と DNA の構造上の違いと，それぞれの働きを説明しなさい．
13. ヌクレオチドの遺伝情報以外の生理機能を述べなさい．
14. 脂溶性ビタミンをあげなさい．
15. くる病，壊血病，夜盲症は何のビタミン欠乏症か答えなさい．

第4章 代謝

学習目標

1. 生体内ではさまざまな代謝反応によって物質が化学変化を受けるが，それらの反応をつかさどる酵素の性質と働きを理解する．
2. 栄養素はエネルギー源として利用されるが，そのエネルギーはどのようにして生み出されるかを理解する．
3. 糖質，脂質，タンパク質はおのおの独自の代謝経路によって代謝され，最終的には1つの回路に導入されること，したがってこれらの栄養素は代謝的につながっていることを理解する．
4. 種々の物質の代謝は巧妙な調節機構によって調節されていることを理解する．
5. 栄養素から得られた物質は多様な他の生体機能物質に変換されることを理解する．
6. 生体内における水と無機成分の働きおよび必要性を理解する．
7. 生体内の水素イオン指数(pH)の維持機構と，その変調がもたらす病態を理解する．

ヒトが生まれてから老人になるまで，生体を構成する物質は常につくられては壊され，古いものは新しいものに替えられてゆく．これが新陳代謝(**代謝** metabolism)である．したがって，その時点の生体を形成し，平衡状態を保って定常状態(時間の変化に左右されずに変わらない状態)を維持することができるのは，代謝の回転のバランスによるものであり(**代謝回転**)，見かけ上は変わらない．

1 酵素と代謝

栄養素のように，外から生体に取り込まれ，生体の形成に使われている物質はすべて，生体内の化学反応によって生体が使いやすい物質につくり替えられる．筋肉や血液細胞，細胞小器官などの生体を構成する組織や細胞も，不必要となれば細胞内の分解装置によって分解されて，利用できるものは再利用され，それ以外は破棄される．この分解や合成も生体内の化学反応である．この反応を触媒するものが**酵素**であり，代謝をつかさどって生命活動を維持している．生体内における分解反応のことを**異化反応**(catabolism)，合成反応を**同化反応**(anabolism)と呼んでいる．異化は物質を廃棄可能な低分子(水，二酸化炭素，アンモニアなど)にまで分解することであるが，栄養素から化学エネルギー(主にATP)を取り出す反応系でもある．この化学エネ

触媒

触媒とはある化学反応の反応速度を高める物質のことで，基本的には反応前後でその物質が変化しないものをいう．触媒は車の排気ガスの無毒化や化学工業に広く利用されている．しかし，生体内の触媒である酵素の中には反応の進行中に変化を受けるものもある．

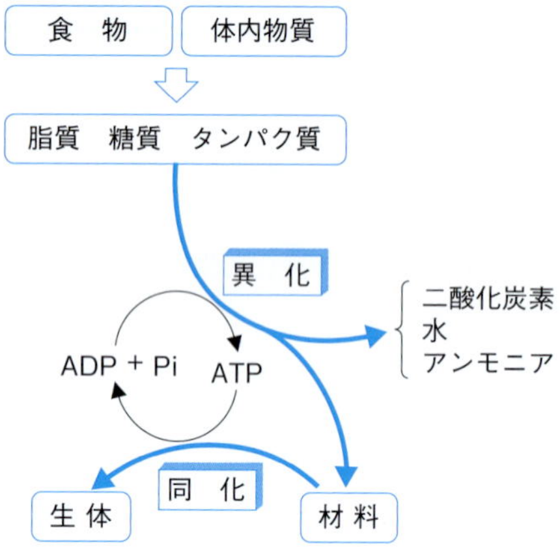

◆図 4-1　異化と同化

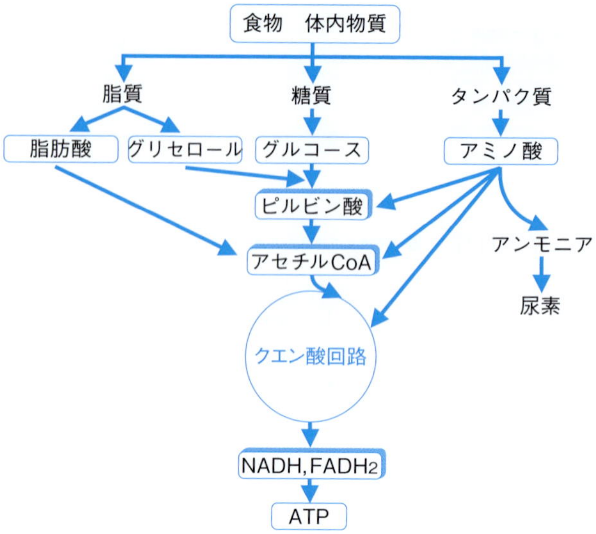

◆図 4-2　栄養素の中間代謝

ルギーは，同化反応や他のエネルギー要求反応の駆動エネルギーとして利用される．一方，同化は栄養素の分解成分や異化で生み出された物質を，生体に必要な成分につくり替える反応系である(**図 4-1**)．異化と同化は，生体が成長期か回復期かによって，あるいは老化や病気によってそのバランスが崩れる．物質の代謝は1つの反応だけで終わることは稀であり，ほとんどが多くの中間体を経る．この中間体を代謝中間体といい，この代謝を**中間代謝**という．また，この中間代謝の経路を単に代謝経路という．とくに，栄養素の代謝経路には多くの代謝酵素が働き，それに相当する以上の代謝中間体が産生される．異化過程の代謝中間体が多いことは，糖，脂質，アミノ酸間の相互変換あるいはその他の物質への変換によって，それだけ代謝の共通点があることを意味し，別の代謝経路に流れて変換が容易に起こることを示している(**図 4-2**)．

1　酵素の働き

a　酵素反応の条件

すべての酵素はタンパク質でできている．したがって加熱などで変性が起こると，酵素の働きは消失する(失活)．生体内の他の物質とともに，酵素自身も代謝回転の流れに乗っている．代謝回転の本質は，酵素による生体内の化学反応である．化学反応とは化学結合を切断したり，新たにつくることであり，化学結合にはイオン結合，共有結合，水素結合などがあるが，酵素が働く化学結合はほとんどが共有結合である．酵素反応の特徴は，酵素が少量でも反応が進むことであり，そのため酵素は生体内の触媒といわれる．

酵素反応には反応の pH や温度などの最適な条件(**至適条件**)があり，その条件で反応はすみやかにかつ効率よく進む．また，個々の酵素には決められ

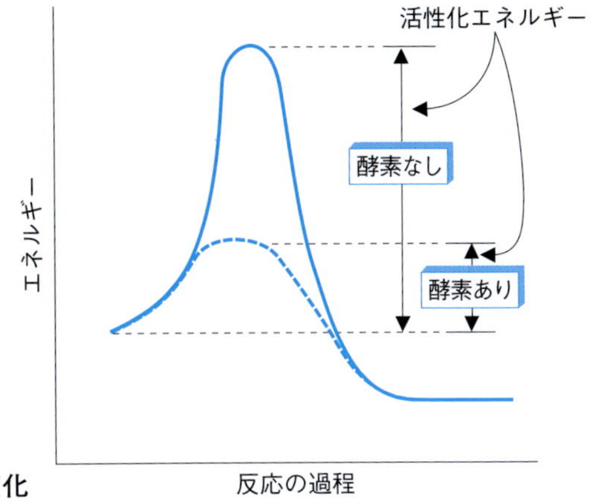

◆図 4-3 化学反応のエネルギー変化

た反応すべき物質(基質)があり，その選択性(**基質特異性**)は高いものから低いものまでいろいろあるが，目的とする反応以外は通常起こらない．反応の結果生じた物質を反応生成物という．一般に，酵素は触媒であるため，1つの反応が終わっても消費されずに次の反応をおこなうことができるが，反応後に修飾を受けて反応性を失うものもある．

b 酵素反応とエネルギー

一般的な化学反応で，ある物質とある物質を結合させる(合成反応)，あるいはある物質の結合を切断する(分解反応)場合のエネルギー図(**図 4-3**)をみると，反応前の物質(基質)が反応して反応生成物を与えるには，反応前の物質がもつエネルギーよりもさらに高いエネルギーの山を越えなければならない．これらのエネルギーの差を，反応の**活性化エネルギー**という．

酵素を使わない有機化学反応では，この活性化エネルギーを獲得するために，pH を変化させたり，熱や圧力あるいは金属などの触媒を加えて反応を進めることができる．あるいは，反応前の物質を修飾して活性化エネルギーを基質にあらかじめ与えることもする．しかし，生体内ではこのような過酷な条件を得ることはできない．酵素は，この活性化エネルギーをできるだけ低くして，反応の速度を速めるように働いている．反応生成物のエネルギーが基質より低いと，反応は反応生成物の方向に進みやすくなる．

2 酵素反応の速度論

a 酵素反応の速度

酵素反応には一方通行の反応(**不可逆反応**，S → P)と，一方通行およびそれに逆行する反応の両者をもつ反応(**可逆反応**，S ⇄ P)の 2 つがある．とくに可逆的な反応で，見かけ上，基質と反応生成物の濃度(例えば基質濃度は $[S]$ と表す)に変化がみられないほど，反応時間が経過したとする．この状態を「平衡状態にある」という．平衡状態の基質(S)と反応生成物(P)の濃度を

それぞれ $[S]$eq と $[P]$eq とすると，それらの濃度比を求めることができる．

$$[P]eq / [S]eq = Keq$$

*K*eq を平衡定数と呼ぶ．*K*eq の意味は，その反応系で *K*eq = 1 ならば平衡状態で基質と反応生成物の濃度が等しいことを示す．*K*eq = 2 ならば，反応生成物の濃度が基質の 2 倍になるまで反応は進み，*K*eq = 0.5 ならば反応生成物が基質の半量の時に反応は平衡状態になることを示す．この値は，物質がもつ特性と反応の様式と反応条件で決まり，酵素の種類とは無関係である．

酵素はある反応において，所定の *K*eq になるように反応を進め，すみやかに平衡状態に達するように働くのである．生体内の代謝系では，1 つの物質が連続した複数の酵素反応でいろいろな代謝中間体を経て，目的とする産物にたどり着く場合がある．この場合の個々の酵素反応には決まった *K*eq があり，反応生成物は次のステップの別の酵素反応の基質として使われるため，所定の *K*eq の値と常にずれることになる．そのため，一連の酵素反応は常に起こっていなければならないが，実際にはこのような系には，不可逆な酵素反応や律速酵素による反応（後述），反応生成物や他の因子による阻害などの調節機構が働いている．

b 酵素の活性

酵素の反応速度は，一定量の酵素あたり一定時間にどれくらいの反応生成物が生じたか（あるいはどれくらいの基質が消費されたか）で表す．一方，酵素の量は，酵素が純品であれば酵素タンパク量（mg）で表すことができるが，酵素を含む粗標品中の活性量で示すことがある．これは 1 分間（min）にどれくらいの生成物を生じたか，あるいは基質を消費したかで表される（例：μmol/min，国際単位）．この活性量を単位タンパク質量あたりに計算した値を比活性（μmol/min/mg）という．したがって，酵素の反応速度と活性は同じ量を表すことになる．

c *K*m と *V*max

酵素反応の酵素量を一定にし，基質濃度を変えて酵素活性（反応速度）を測定すると，基質濃度と酵素活性の間に**図 4-4** のような双曲線関係が得られる．この関係は，基質が低濃度の時は基質の濃度にほぼ比例して反応速度が増加するが，高濃度になって酵素が基質で飽和されてくると，反応速度の増加は鈍り，やがてある一定の値（*V*max）に限りなく近づくことを示している．一般に，酵素反応は酵素を E*，基質を S*，反応生成物を P*とすると，酵素は基質と結合して酵素－基質複合体（ES）を形成し，ついで基質が反応生成物に変化して酵素と解離する．したがって，

$$E + S \leftrightarrows ES \rightarrow E + P$$

の関係が成立する．この式に基づき，各反応の速度定数と反応速度の連立方程式を解くと，反応速度と基質濃度の間の関係が導かれる．

$$v = Vmax \times [S]/(Km + [S])$$

＊ E：Enzyme（酵素）
＊ S：Substrate（基質）
＊ P：Product（反応生成物）

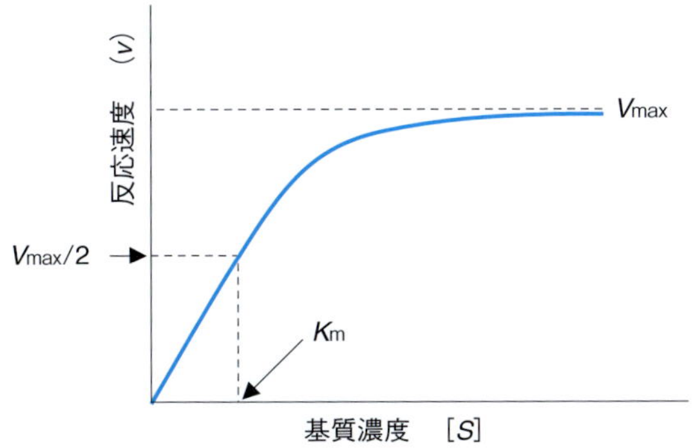

◆図 4-4　酵素の反応速度と基質濃度の関係

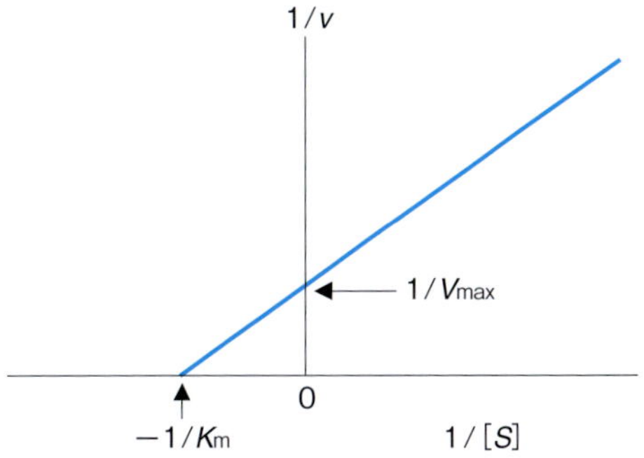

◆図 4-5　二重逆数プロット

この式を**ミカエリス・メンテンの式**という．*V*max を最大速度，*K*m をミカエリス定数という．この式に *K*m = [*S*] (*K*m が基質濃度と等しい時) を代入すると，*v* = *V*max(1/2) となり，*K*m は *V*max の半分の反応速度を与える基質濃度に等しいことになる(**図 4-4**)．個々の酵素反応において，*V*max は定数であり，*K*m も一定の値をとる．*K*m の値が小さいほど，基質濃度が低くても反応するので，その基質に対して反応が起こりやすい(酵素と基質の親和性が高い)ことを示す．逆に，*K*m 値が高い場合には反応性が劣る(親和性が低い)ことを意味する．このように，*K*m 値は 1 つの酵素に対して，異なる基質の反応性を比較することに用いられる．*K*m と *V*max を求めるには，ミカエリス・メンテンの式の逆数をとり，

$$1/v = (Km + [S]) / Vmax \times [S]$$

変形して　$1/v = (Km/Vmax) \times (1/[S]) + 1/Vmax$

となる．この式を**ラインウィーバー・バークの式**という．1/*v* を縦軸に，1/[*S*] を横軸にして，グラフ化(二重逆数プロット)すると，**図 4-5** の直線が得られる．この直線の 1/*v* 軸切片が 1/*V*max に，1/[*S*] 軸切片が −1/*K*m に相当する．

Km
例えばグルコースをリン酸化するグルコキナーゼは，グルコースに対して特異性は高いが親和性は低い(*K*m は高い．*K*m＝10^{-1})．この酵素は肝臓に多く，高濃度の血糖の処理に向いている．一方，ヘキソキナーゼはグルコースのほか，マンノースやフルクトースなどに働き，基質特異性は低いが親和性は高い(*K*m は低い．*K*m＝10^{-4})．脳など広く分布するが，血糖の調節には向かない．

3　酵素の反応機構

酵素は生体内の他の非酵素タンパク質と同様に高次構造をもっており，それによって反応性が生み出されている．高次構造は，酵素を構成するアミノ酸の側鎖，S-S 結合，金属などや補欠分子族，結合する糖鎖などによって維持されている．酵素反応が起こるのは，酵素タンパク質の中の高次構造部分であり，これを活性中心という．酵素が基質と結合して複合体を形成する場合，この関係は「鍵」と「鍵穴」に例えられる(**図 4-6**)．基質は立体的かつ化学結合的な親和性をもって，酵素の活性中心に結合し，これらの条件が満たされて初めて反応が起こる．この親和性が酵素の基質特異性を決める．この親和的な結合は，酵素と基質だけにとどまらず，抗原抗体反応や受容体とその結合因子(リガンド，例：ペプチドホルモン)などにもあてはまる．基質や結合因子との構造が似た物質(ホモログ)を，酵素や受容体と共存させて反

補欠分子族
酵素には反応に補酵素などの補因子を必要とするものがあり，そのうち酵素と強固に結合して離れないもの(変性させると離れる場合もある)を補欠分子族という(例：ヘム)．

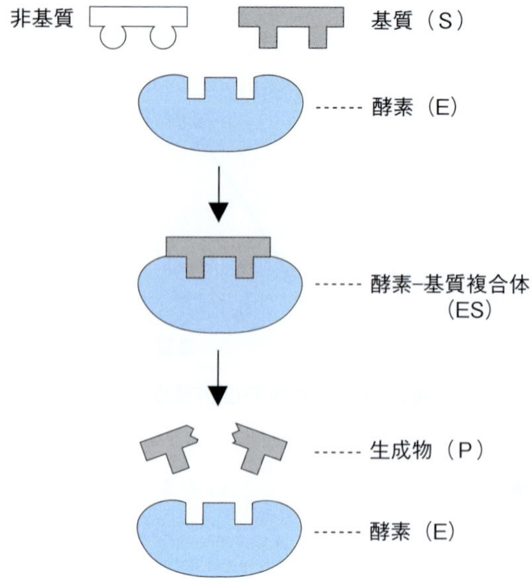

◆図 4-6　酵素反応の模式図

◆表 4-1　酵素の分類

分　類	反　応	酵素の例
酸化還元酵素 (オキシドレダクターゼ)	電子や水素の移動を伴う反応	乳酸デヒドロゲナーゼ シトクロム *c* オキシゲナーゼ
転移酵素 (トランスフェラーゼ)	アミノ基，糖，リン酸基を移す反応	ヘキソキナーゼ アスパラギン酸トランスアミナーゼ
加水分解酵素 (ヒドロラーゼ)	エステル，糖鎖，タンパク質などを分解する反応	アミラーゼ ペプシン
脱離酵素 (リアーゼ)	水や CO_2 を脱離して二重結合をつくる反応	アデニル酸シクラーゼ クエン酸シンターゼ
異性化酵素 (イソメラーゼ)	糖の異性化，リン酸基の転移をする反応	ホスホグルコムターゼ トリオースリン酸イソメラーゼ
合成酵素 (リガーゼ)	ATP の分解を伴って化合物を結合させる反応	ピルビン酸カルボキシラーゼ
輸送酵素 (トランスロカーゼ)	生体膜を介してイオン，分子を輸送する反応	カルニチン–アシルカルニチントランスロカーゼ

応させると，活性中心や結合部位に結合して本来の反応を阻害する物質がある．これを競合阻害剤といい，この関係を利用して薬剤として利用されている（例：H_2 ブロッカー*）．反応に基づく酵素の分類を**表 4-1** にまとめた．個々の酵素には分類番号（EC 番号）がつけられている．

* H_2 ブロッカー：ヒスタミン H_2 受容体拮抗薬

4　酵素活性の影響因子

酵素はタンパク質であるため，変性によって活性を失う．生体内では酵素反応に最適な条件を提供している場合が多い．

① 反応時間——反応速度は反応時間に比例して進むが，時間とともに低下する．これは，基質が消費されて濃度が低下したか，ある量以上の生成物が反応を阻害するか（product inhibition），pH の変化や酵素の失活が原因である．

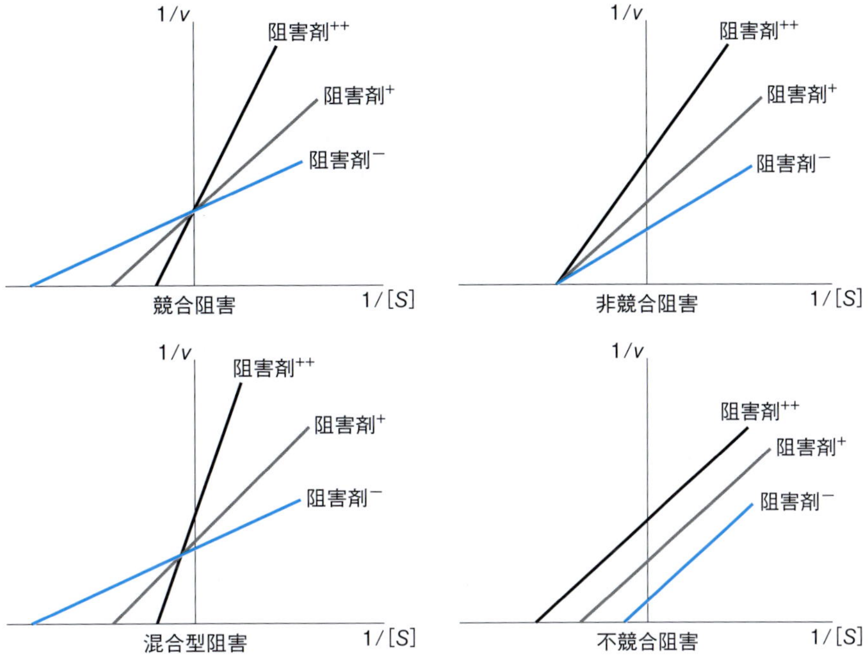

◆図 4-7　酵素反応の阻害様式
＋：多い，＋＋：さらに多い

② 酵素量——酵素の量に比例して反応が進むが，ある量を超えると速度の増加は鈍くなる．

③ 基質濃度——ある量以上の基質濃度で，速度は限りなく *V*max に近づく．

④ pH——個々の酵素には，最大の活性値を示す pH があり，これを**最適 pH**（**至適 pH**）という．例えば，胃のペプシンは pH2 で，小腸のトリプシンは pH8，アミラーゼは pH7 がそれぞれの最適 pH である．一般に，酵素が本来存在する組織や細胞内の pH 環境が最適 pH になることが多く，中性域で働くものが多い．

⑤ 温度——各酵素には，最大活性を示す最適な温度（**最適温度**）がある．一般的に化学反応は温度を上げると速度も上がる傾向があるが，それにも限界がある．生体内の温度は体温が上限であり，試験管で酵素反応をする場合は 37℃でおこなうことが多い．

⑥ 無機イオン——酵素には金属イオンが存在しないと反応しないものがあり，この酵素を金属酵素という．イオンは，Ca，Mg，Zn，Cu，Fe，Mn，Co などが代表的である．

⑦ 阻害剤——基質のホモログあるいは基質と無関係な物質（一般に阻害剤）が阻害することがあり，基質と阻害剤が競争して酵素の結合部位を取りあう阻害様式を**競合阻害**，結合部位とは無関係に阻害をもたらす**非競合阻害**，および *V*max や *K*m を変化させる**混合型阻害**がある．これらは二重逆数プロットが特徴的に異なる（**図 4-7**）．

ホモログ
構造類似体．構造的に似た物質のこと．抗がん剤の 5-FU は核酸塩基のウラシルのホモログである．

5 酵素活性の調節

生体内の代謝経路には多くの酵素が働いており，個々の代謝経路は複雑に絡みあって互いに影響しあっている．代謝経路と代謝経路を交差させるものが酵素であったり，代謝中間体であったりする．糖質の代謝を例にとると，肝臓はまず血糖値の維持に働き，血糖値が安定すると，余分なグルコースをグリコーゲンに変えて低血糖に備える(糖代謝)．グリコーゲンの貯蔵にも限度があり，グルコースは別の形，脂質につくり替えられて蓄えられる(脂質代謝)．このように，代謝は生体が置かれている状況によって変化するものであり，生体が必要とする物質をすみやかに供給することができるように準備している．生体全体からみると，これらの調節はホルモンなどの液性調節(化学調節)と神経調節によっておこなわれているが，調節機構の中心は酵素の活性調節である．個々の代謝経路にはその代謝経路全体の反応速度を決める，反応速度の遅い酵素が1つ以上存在し，これを**律速酵素**という．代謝経路の速度が律されることによって代謝中間体が停留し，別代謝経路への利用がはかられている．律速酵素に限らず，ほとんどの酵素の活性は種々の要因で調節され，生体では無益回路(異化と同化が同時に起こる反応で，見かけ上は出発物質と生成物の量が変わらず，反応熱だけが出る無駄な回路)を避けるためにも酵素活性が調節されて，無駄のない代謝を営んでいる．酵素活性の調節にはアロステリック調節，化学修飾による調節，酵素タンパク質の量による調節がある．

① **アロステリック調節**――酵素の活性中心とは別の場所(調節部位，アロステリック*部位)に，出発物質とは構造的に異なる調節因子(モジュレーター，エフェクター)が結合することによって，酵素活性が亢進(正の調節因子による)したり抑制(負の調節因子による)されたりする．このような酵素をアロステリック酵素という．調節因子と酵素の結合は非共有結合であり，また基質濃度と反応速度の関係はS字状の特徴的な曲線を示す．

* アロステリックとは「別の場所」という意味である．

アロステリック酵素の反応速度

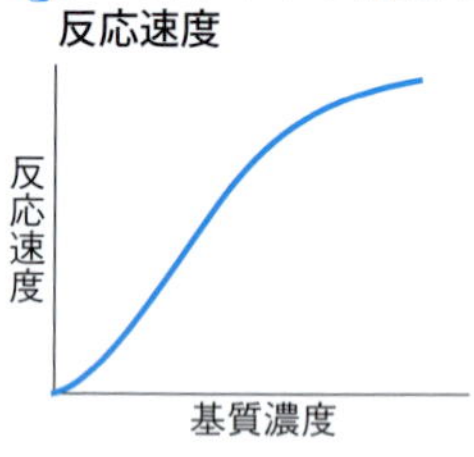

② **化学修飾による調節**――グリコーゲンの代謝酵素のように，酵素タンパク質がリン酸化あるいは脱リン酸化されることによって酵素活性が変化し，物質の異化と同化を調節するものがある．タンパク質をリン酸化する酵素をタンパク質キナーゼ(キナーゼとは，タンパク質や単糖のリン酸化を触媒する酵素名である)，脱リン酸化する酵素をホスファターゼという．リン酸化は，ATPをリン酸供与体として酵素のセリンやトレオニンの水酸基に対して起こる．受容体タンパク質ではチロシンにも起こる．

③ **酵素タンパク質の量による調節**――酵素反応は酵素の量に比例して反応速度が上昇する．酵素は他のタンパク質と同様に，その生合成は遺伝子産物としての調節を受け，一方，その分解はプロテアーゼなどのタンパク質分解酵素によっている．

6 臨床化学

細胞や組織が何らかの原因で炎症を起こしたり傷害あるいは破壊されると，酵素やそれらの現象に特徴的なタンパク質あるいは抗原が体液中(血液，尿，脳脊髄液など)に逸脱あるいは発現することがある．これらの逸脱酵素やタンパク質，抗原は疾病の診断や予後の判定あるいは腫瘍マーカーとして用いられている(**表 4-2**)．酵素による診断では，活性の増減のみならず，タンパク質の化学的な変化も貴重な情報を与えることがある．電気泳動法を利用した乳酸デヒドロゲナーゼ(LDH)のアイソザイムパターンは，心筋梗塞や急性肝炎の診断に用いられている(**図 4-8**)．また，先天性代謝異常症は，特定の酵素が遺伝子の異常によって正常な活性をもてない場合(酵素タンパク質が①合成されない，②合成量が少ない，③活性中心のアミノ酸配列が変化して活性が変化する，などの場合がある)に起こり，その酵素活性によって診断される．

アイソザイム(イソ酵素)
酵素タンパク質は異なるが同じ反応を触媒する酵素群のこと．酵素間の電気的性質や分子量などが異なる場合が多い．

◆表 4-2 疾患と診断に利用される逸脱酵素，タンパク質，抗原

逸脱酵素名	疾患名
GOT(AST)	心筋梗塞
GPT(ALT)	肝炎，肝細胞がん
γ-GTP(γ-グルタミルトランスペプチダーゼ)	肝炎，腫瘍
CK(クレアチンキナーゼ)	心筋梗塞，筋ジストロフィー
LDH(乳酸デヒドロゲナーゼ)	心筋梗塞，肝炎，腫瘍
AMY(アミラーゼ)	膵炎，膵管閉塞，耳下腺炎
リパーゼ	膵炎，膵管閉塞
ACP，PAP(酸性ホスファターゼ)	前立腺がん
ALP(アルカリ性ホスファターゼ)	骨疾患，骨肉腫，転移がん
タンパク質名，抗原名	**疾患名**
AFP(α-フェトプロテイン)	肝細胞がん，卵黄嚢腫瘍
CEA(がん胎児抗原)	がん全般
CA-19-9(がん関連抗原 19-9)	消化器がん，肺がん，卵巣がんなど
SLX(シリアル Lex-i 抗原)	肺がん，消化器がん
PSA(前立腺特異抗原)	前立腺がん
CRP(C-反応性タンパク)	各種炎症
HbA1c(糖化ヘモグロビン)	糖尿病

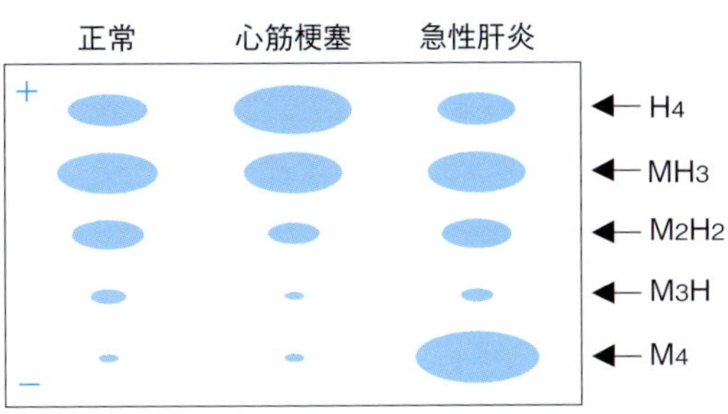

◆図 4-8 電気泳動法によるLDHのアイソザイムパターンと疾患(模式図)
アイソザイム＝イソ酵素．LDHのように，M型とH型の4つのサブユニットの組み合わせからなるものは，分子量や電荷がそれぞれ異なり，分離が可能になる．

column

カロリー

熱量の単位であり，栄養学的には熱量素（熱量を発する栄養素）が発生する生理的熱量（エネルギー）を指す．１カロリー＝ 4.184 J（J：ジュール）である．古典的には水１g を 1℃上げる熱量と定義された．ただし，水の比熱（単位質量の物質の温度を単位温度だけ上昇させる熱量のこと．単位 J/(kg・K)．K は絶対温度）は温度によって異なるため，0℃カロリー，4℃カロリー，15℃カロリーでそれぞれ熱量は異なるが 15℃カロリーを標準カロリーとしている．

column

カロリー計算 ― 所要エネルギー量

1 日あたりの所要エネルギー量は基礎代謝量と身体活動エネルギー量の和である．基礎代謝量とは安静状態で使用されるエネルギー量のことで年齢，性差によって異なり，体表面積（体重と身長によって求められる）に比例する．

近似的にはまず適正体重を求める（BMI の正常値を 22 とし，それに身長（m）の二乗を掛けて算出する）（例：身長 160 cm の場合，22 × 1.6 × 1.6 ＝ 56.3（kg））．次に，基礎代謝量は年齢と性差によって異なり（**表 1**），適正体重と基礎代謝基準値をかけて計算される．（例：身長 160 cm の 20 代女性の場合，56.3（kg）× 23.6 ＝ 1328（kcal））

◆表 1　各年齢と性差の違いによる適正 BMI 値

年　齢	男	女
18 ～ 29	24.0	23.6
30 ～ 49	22.3	21.7
50 以上	21.5	20.7

次に，所要エネルギー量＝（基礎代謝量）×（身体活動レベル）を計算する．身体活動レベルは年齢によって異なる（**表 2**）．

◆表 2　身体活動レベルの年齢差

身体活動レベル	18 ～ 69 歳	70 歳以上
低い（Ⅰ）	1.50	1.30
普通（Ⅱ）	1.75	1.50
高い（Ⅲ）	2.00	1.70

（例：身長 160 cm の 20 代女性で身体活動レベルが普通（Ⅱ）の場合，1328（kcal）× 1.75 ＝ 2324（kcal））

以上の計算は妊産婦や授乳婦には適用されない．

column

カロリー計算 — 所要カロリー数

三大栄養素の所要カロリー数は発生熱量(kcal/g)とエネルギー比率(%)から求められる．発生熱量は**表 1** のアトウォーター指数(食品のエネルギーの表示法でカロリー係数ともいう)が用いられる．

◆表 1　発生熱量とエネルギー比率

栄養素	発生熱量(kcal/g)	エネルギー比率*(%)
糖質	4.0	55 ～ 65
脂質	9.0	20 ～ 25
タンパク質	4.0	15

*栄養比率ともいう．食品や 1 回の食事でそれらの全エネルギーに対して各栄養素がどれだけ含まれるかを示す指標．年齢によって多少変化する．

(例：1 日の所要カロリー数を 2,300 kcal として，糖質の所要栄養素量は 2300×0.65/4.0＝374(g)，脂質は 2300×0.25/9.0＝64(g)，タンパク質は 2300×0.15/4.0＝86(g))

2 ● エネルギー代謝とその調節

生体は種々の栄養素を共通の化学エネルギーに変え，そのエネルギーを利用してあらゆる生命活動を営んでいる．各栄養素が化学エネルギーに変換されるには，個別の定められた代謝経路に入り込む必要がある．エネルギー代謝経路によって，栄養素がもつエネルギーは ATP などの高エネルギー化合物に変換され，場合に応じてそのエネルギーを分解してほかの生体反応に用いている．栄養素の代謝経路は複雑に入り組んでおり，また巧妙に調節されている．この複雑性や調節機構の存在が，生体の幅広い適応力を生み出す原動力となるのである．

1 生体エネルギー

a エネルギー通貨

生体反応はエネルギーの基本である自由エネルギーを減少させる方向にのみ進む(この場合の自由エネルギーは正の値をもつ．吸エルゴン反応という)．この反応を進めるために，吸エルゴン反応と共役して，エネルギー(ATP)分解反応で生じた自由エネルギーを供給する(自由エネルギーは負の値をもつ．発エルゴン反応という)物質が高エネルギー化合物であり，多くは ATP などのリン酸化合物である．ATP が加水分解すると，ADP とリン酸(Pi：無機リンの意味)を与え，約 8 kcal のエネルギーを発生する(**図 4-9**)．他の高エネルギー化合物やリン酸化合物の標準生成自由エネルギー量(**表**

共役

化学的には，酢酸→ $CH_3CO_2^-$ ＋ H^+ のように電離すると，$CH_3CO_2^-$ を酢酸の共役塩基，酢酸を共役酸という．また，ベンゼンなどのように二重結合あるいは三重結合が 1，3 位の位置あるいは連続する位置にある化合物を共役系という．一方，生化学ではある反応に付随して同時に起こる別の反応のことを共役反応といい，酸化的リン酸化における電子伝達系と ATP 合成反応がこれに相当する．

標準生成自由エネルギー量

化合物と反応に固有のもので単位物質量の化合物が単体から生成する時の熱力学的なエネルギー．

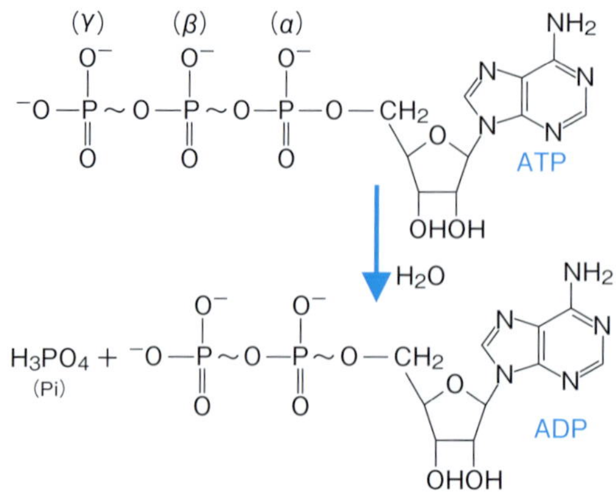

◆図 4-9 ATP の構造と分解

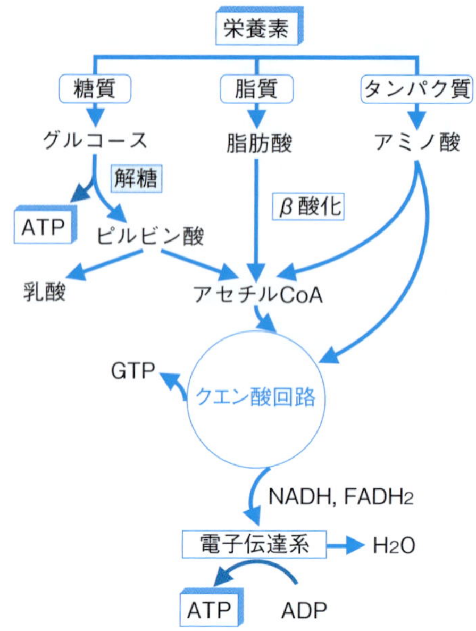

◆図 4-10 栄養素からの ATP 産生経路

◆表 4-3 代表的な化合物の標準生成自由エネルギー

化合物	標準生成自由エネルギー (kcal/mol)	代謝系
ホスホエノールピルビン酸	13.0	解糖
1,3-ビスホスホグリセリン酸	12.0	解糖
クレアチンリン酸	9.0	筋収縮
ATP	8.4	
アセチル CoA	7.7	クエン酸回路，脂肪酸合成など
グルコース 1-リン酸	5.0	解糖
グリセロール 3-リン酸	3.0	解糖

4-3)と比較すると，ATP の標準生成自由エネルギー量はほぼ中間位にある．これらの値は，ATP の値より高い化合物が分解する際には，その反応に ADP + Pi → ATP の反応が共役すると ATP が合成されることを示し，逆に，ATP の値より低い化合物の合成には ATP の分解エネルギーが利用可能であることを表している．

ATP はこのようにエネルギーという価値を背負って，吸エルゴン反応と発エルゴン反応に共通に往来するため，エネルギー通貨と呼ばれる．グルコースが嫌気的(酸素のない状態)に乳酸まで分解される経路(**解糖**)では，1 分子のグルコースから正味 2 分子の ATP が産生されるが，この経路では ATP のエネルギーより高い，2 つの高エネルギー化合物(1,3-ビスホスホグリセリン酸とホスホエノールピルビン酸)の分解反応(**脱リン酸化反応**)が ATP の合成に働いている．クレアチンリン酸はクレアチンがリン酸化されたものであり，筋肉中に大量に存在する．筋収縮の際には ATP が大量に消費され，その際にクレアチンリン酸がATPの再生を担っている．したがって，クレアチンリン酸はATPのエネルギー貯蔵体とみなすことができる．

b　ATP産生

栄養素からのATPの産生は，共通の最終経路を通っておこなわれる(**図4-10**)．糖質は最小単位のグルコースに分解された後，解糖によって正味2分子のATPを産生する．さらに，解糖で生じたピルビン酸は好気的条件下でアセチルCoAに変換された後，ミトコンドリアの**クエン酸回路**(**TCA回路**，**クレブス回路**)で酸化され，水素がNADとFADに渡される．ついで水素は呼吸鎖の電子伝達系で酸素を還元して最終的に水になるが，その際に酸化的リン酸化が起こり，1分子のNADHと$FADH_2$からそれぞれ3分子と2分子のATPが産生される(**図4-17**参照)．一方，脂質のグリセロールは解糖の中間体(グリセリン酸3-リン酸)につながり，脂肪酸はβ酸化によって大量のアセチルCoAを生み出す．脂肪酸はアセチルCoAの最大の供給源である．タンパク質はアミノ酸に分解後，アミノ酸の脱アミノ基反応や酸化反応によってアセチルCoAに変換され，またアミノ酸の一部はクエン酸回路の構成カルボン酸とつながっている．

3　糖質の代謝

ヒトが栄養素として利用可能な糖質は，デンプン，グリコーゲン，スクロース，ラクトース，マルトースおよびグルコースやフルクトースなどの単糖類である．利用可能か否かは，糖質を分解する酵素あるいは糖質を基質とする酵素をもつか否かで決まる．多糖やオリゴ糖は分解酵素によって単糖にまで分解され，小腸から肝臓へ送られて，血糖やグリコーゲンあるいは他の糖に変換される．糖質は①エネルギー源として，解糖からクエン酸回路に入ってATP産生に寄与し，②細胞や組織の構成成分として，糖鎖合成の材料に利用され，さらに③核酸やアミノ酸，脂質などの他の生体物質の合成に用いられている．

1　消化と吸収

a　口腔・胃・小腸

デンプンや二糖類は固有の分解酵素によって，構成単糖に分解される(**表4-4**)．口腔では咀しゃくによって表面積を増した食物中のデンプンが，唾液中のα-アミラーゼ(プチアリン)によって大まかに，あるいはデキストリンとマルトースにまで分解される．α-アミラーゼは胃液中の酸によって変性するため，糖質は胃では消化が止まる．小腸で再び膵臓から分泌されるα-アミラーゼ(ジアスターゼ)によって，マルトトリオースやマルトースにまで分解される．小腸壁には二糖分解酵素類(グリコシダーゼ)が存在し，最

◆表 4-4 糖質の分解酵素

分解酵素	基質糖質	分解産物
α-アミラーゼ(プチアリン)	デンプン	デキストリン
	グリコーゲン	マルトトリオース
グルコアミラーゼ	デキストリン	マルトトリオース，マルトース
デキストラナーゼ	デキストリン	グルコース，マルトース
マルターゼ	マルトース	グルコース
ラクターゼ	ラクトース(乳糖)	グルコース，ガラクトース
スクラーゼ(インベルターゼ)	スクロース(ショ糖)	グルコース，フルクトース

終的に単糖に分解され，吸収される(膜消化)．単糖類は空腸の微絨毛膜に存在する濃度勾配と能動ナトリウムポンプ(Na^+，K^+-ATP アーゼ)による輸送系によって吸収され，門脈を経て肝臓に送られる．

能動ナトリウムポンプ
濃度勾配に逆らってエネルギー(ATP の分解による)を用いて細胞の内外に物質を移動させる酵素．Na^+を細胞外に，K^+を細胞内に移動させる．

b 肝臓の働き

肝臓では，グルコースは ① 脳や筋肉に血糖として配送され，② 解糖で ATP 産生に利用され，③ グリコーゲンとしてグルコースを貯蔵し，④ 解糖から分枝したペントースリン酸回路での核酸の構成糖や，脂肪酸合成に使われる NADPH の産生およびグルクロン酸回路で抱合等に用いられるグルクロン酸の合成に利用される(**図 4-11**)．グルコース以外の単糖はモノヌクレオチド糖(活性糖)に変えられた後，グルコースやその他の糖に変換される．

抱合
ビリルビンやコール酸(胆汁酸の一種)など，水に不溶あるいは難溶な物質を水溶性にするため，肝臓でグルクロン酸やタウリンなどの水溶性化合物を結合させる反応のこと．肝臓における解毒反応の一部である．抱合化合物として硫酸やグリシンが抱合されたものもある．

活性糖
糖が代謝される時に誘導体化されること．

2 グリコーゲン代謝

肝臓はグルコースを血糖として各臓器に送り，過剰のグルコースはグリコーゲンとして肝臓と筋に貯蔵される．血糖値の低下に伴って，肝臓のグリコーゲンはグルコースに分解されて血液中に送られるが，筋肉のグリコーゲンは分解されても血液中には出ず，もっぱら筋肉運動のエネルギー源として消費される(p.79 糖新生参照)．

a グリコーゲン合成

グルコースがグリコーゲンに組み込まれるために，まず肝臓でリン酸化されてグルコース 6-リン酸(G6P)にならなければならない．G6P はグリコーゲン合成経路と解糖の両経路の出発物質である．どちらの経路を選択するかは，細胞内の ATP 濃度や G6P 量に左右され，エネルギー量が十分の場合は解糖が抑えられてグリコーゲン合成に向かう．G6P のリン酸基はホスホグルコムターゼ(この酵素は可逆的であり，G6P $\rightleftarrows$ G1P の反応を触媒する)によって 1 位に移されてグルコース 1-リン酸(G1P)となった後，グルコースの活性型である UDP-グルコースとなってグリコーゲン合成に利用される．グリコーゲンを合成する酵素にはグリコーゲンシンターゼ($\alpha1 \rightarrow 4$ 結合を形成)と分枝酵素($\alpha1 \rightarrow 6$ 結合を形成)の 2 種類があり，これらの共同作業でグリコーゲンが合成される(**図 4-12**)．

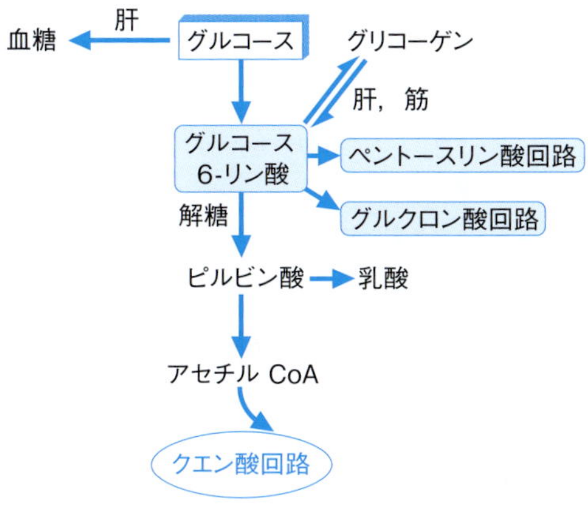

◆図 4-11 グルコースの代謝

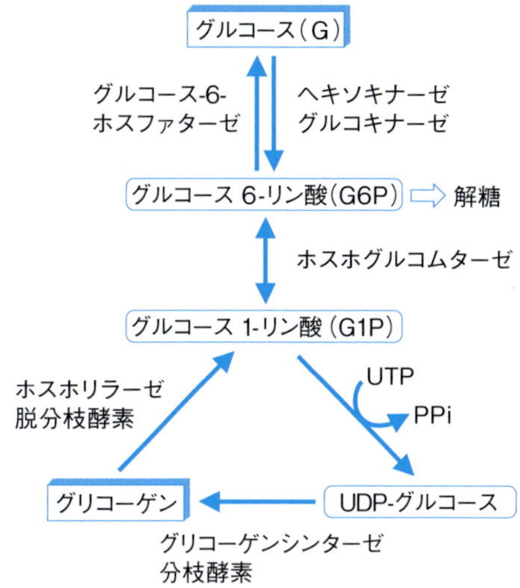

◆図 4-12 グリコーゲンの合成と分解

b グリコーゲン分解

血糖の補充やエネルギーが必要な場合はグリコーゲンが分解され，肝臓ではG6Pやグルコースに，筋肉ではG6Pとなって利用される．グリコーゲンの分解とその調節は，ホスホリラーゼによっておこなわれる．この酵素がグリコーゲンからATPのリン酸基をつけてG1Pとして切り出す．G1PからG6Pとなった後，G6Pは解糖に向かうか，あるいは肝臓でグルコース-6-ホスファターゼによってグルコースとなって血液中に放出される(**図 4-12**)．筋肉ではG6P→グルコースの反応が起らないため，グルコースはもっぱらエネルギー源として利用される．

グリコーゲンの合成と分解の調節には酵素自身のリン酸化がかかわっている(**図 4-13**)．分解反応のホスホリラーゼはホスホリラーゼキナーゼによってリン酸化されて活性型になるが，ホスホリラーゼキナーゼはcAMP-依存性プロテインキナーゼによってリン酸化されることにより，ホスホリラーゼをリン酸化する．一方，グリコーゲンシンターゼはリン酸化されることによって不活性型となる．したがって，グリコーゲンの分解の亢進と合成の抑制は同時に起こり，分解と合成は同時に起こらない仕組みになっている．リン酸化されたホスホリラーゼとグリコーゲンシンターゼはホスホプロテインホスファターゼによって脱リン酸化を受け，それぞれ不活性型と活性型になる．このことは，酵素タンパク質のリン酸化がグリコーゲンの合成と分解をスイッチしていることを示している．また，cAMPは間接的に血糖値上昇に働いている．

3 解糖と糖新生

グルコースがその分解反応でATPを生み出す過程を解糖といい，肝臓と脳ではピルビン酸を，筋肉と赤血球では乳酸を最終的に産生する(ただし，

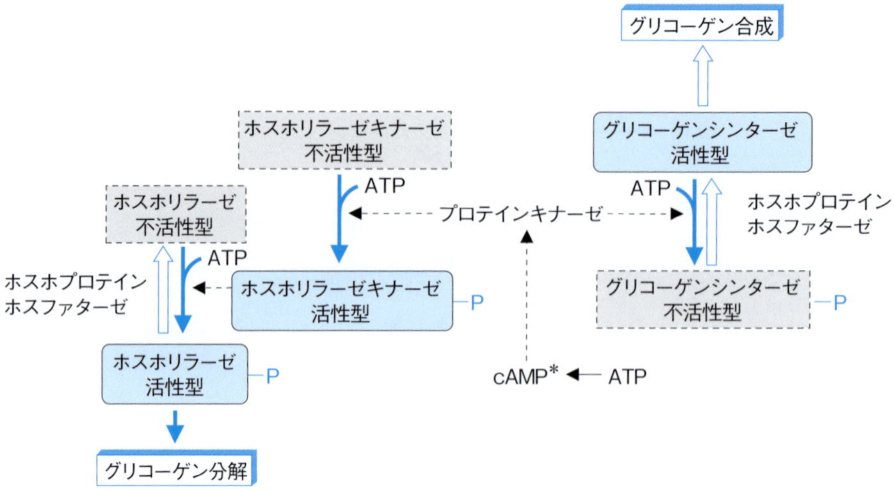

◆図 4-13　グリコーゲンの合成と分解の調節

➡は分解反応，⇨は合成反応を示す．分解反応が進む時は合成反応が止まり，合成反応が進む時は分解反応が止まる．

*cAMP は，グルカゴン，アドレナリンがアデニル酸シクラーゼを活性化することによって ATP から合成される．

筋肉が常に乳酸まで解糖をおこなっているのではない）．とくに激しい筋肉運動では酸素の供給が間にあわず（嫌気的条件），乳酸が筋肉細胞に蓄積する．解糖ではグルコース 1 分子から正味 2 分子の ATP を生み出すが，ATP 産生のほかに，種々の代謝中間体をもたらすことに生理的な意義がある．とくに，好気的な条件下では解糖はピルビン酸が最終産物となり，ピルビン酸がアセチル CoA となって**クエン酸回路**（**TCA 回路**，**クレブス回路**）に入る．そこで酸化反応を受けて水素原子が取り出され，電子伝達系で酸化的リン酸化に供与されて大量の ATP を生み出す．一方，グリコーゲンの貯蔵量には限りがあり，5 ～ 6 時間で使い果たされる．グルコースの供給不足は，グルコースのみをエネルギー源とする脳や赤血球にとって重大である*．これを防ぐために，グリセロール，乳酸，アミノ酸などからグルコースがつくられる糖新生の仕組みが生体に備わっている．

* ミトコンドリアのない赤血球は，解糖からのエネルギーで活動する．また，がんでは解糖全般の酵素活性が上昇する．

a　解　糖（図 4-14）

(1)　解糖の反応

解糖はグルコースのリン酸化から始まる．この反応①はヘキソキナーゼ（グルコキナーゼ）によって触媒される不可逆反応である．この反応①は ATP を 1 分子消費し，解糖の律速反応の 1 つでもある．G6P はフルクトース 6-リン酸（F6P）に異性化され，ついでホスホフルクトキナーゼによってフルクトース 1,6-二リン酸（FDP）となる．この酵素反応③も不可逆反応で ATP を 1 分子消費し，かつ律速反応である．次に，六炭糖の FDP はアルドラーゼにより，三炭糖のジヒドロキシアセトンリン酸とグリセルアルデヒド 3-リン酸に分解するが，前者はホスホトリオースイソメラーゼによって後者に異

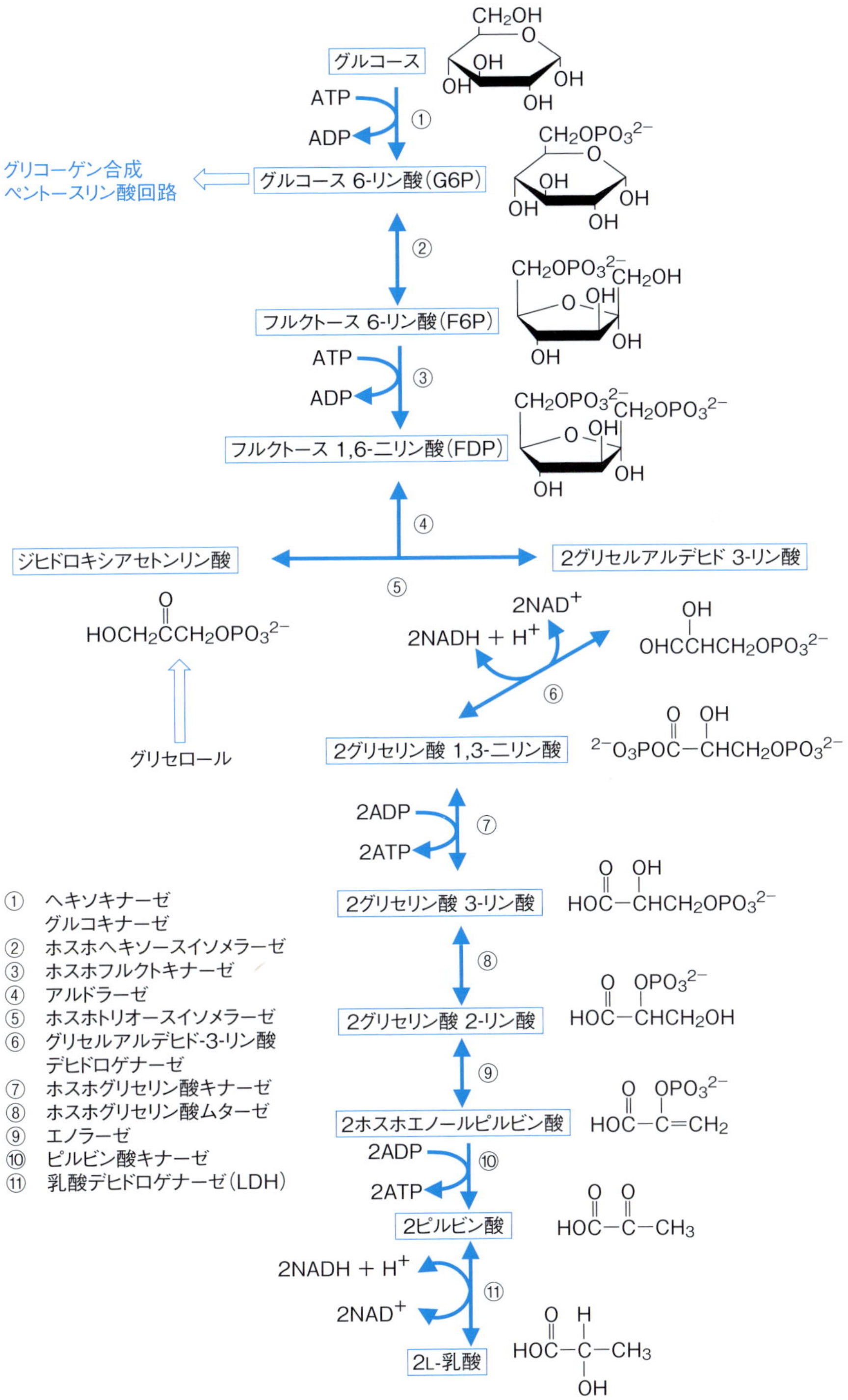

グルコース
ATP
ADP
①
グリコーゲン合成
ペントースリン酸回路
グルコース 6-リン酸(G6P)
②
フルクトース 6-リン酸(F6P)
ATP
ADP
③
フルクトース 1,6-二リン酸(FDP)
④
ジヒドロキシアセトンリン酸
2グリセルアルデヒド 3-リン酸
⑤
2NAD+
2NADH + H+
⑥
グリセロール
2グリセリン酸 1,3-二リン酸
2ADP
2ATP
⑦
2グリセリン酸 3-リン酸
⑧
2グリセリン酸 2-リン酸
⑨
2ホスホエノールピルビン酸
2ADP
2ATP
⑩
2ピルビン酸
2NADH + H+
2NAD+
⑪
2L-乳酸
① ヘキソキナーゼ
グルコキナーゼ
② ホスホヘキソースイソメラーゼ
③ ホスホフルクトキナーゼ
④ アルドラーゼ
⑤ ホスホトリオースイソメラーゼ
⑥ グリセルアルデヒド-3-リン酸
デヒドロゲナーゼ
⑦ ホスホグリセリン酸キナーゼ
⑧ ホスホグリセリン酸ムターゼ
⑨ エノラーゼ
⑩ ピルビン酸キナーゼ
⑪ 乳酸デヒドロゲナーゼ(LDH)

◆図 4-14 解糖

性化するため，グルコース1分子から後者が2分子生成することになる．グリセルアルデヒド3-リン酸はカルボン酸(グリセリン酸1,3-二リン酸)に酸化されるとともにリン酸基が1つ付加される．この時にNAD^+が水素受容体となって$NADH + H^+$[水素分子(H：H)はH：$^-$がNAD^+と結合して，NADHとH^+になる]となる(肝臓，心臓，腎臓の場合．脳，筋肉では$FADH_2$となる)．ついで，リン酸基がホスホグリセリン酸キナーゼによってはずされ，ATPを2分子産生する．グリセリン酸3-リン酸はグリセリン酸2-リン酸を経てホスホエノールピルビン酸となり，リン酸基がはずれてピルビン酸となる．最後の反応⑩も不可逆であり，ATPを2分子産生し，また律速反応である．3-ホスホグリセリン酸は脂質由来のグリセロールからも合成される．ピルビン酸は乳酸デヒドロゲナーゼによって還元されて乳酸となるが，この時，水素供与体としてNADHが使われるため，NAD^+とNADHの収支は嫌気的な解糖では正味ゼロになる．

(2) 解糖の要約

解糖の一連の反応は細胞質で起こり，要約すると，① グルコースのリン酸化とリン酸基の異性化，② フラノース環への異性化，③ 三炭糖への分解，④ カルボン酸への酸化，⑤ 脱リン酸化と還元であり，グルコース1分子からピルビン酸とATPが2分子ずつ産生することになる．②のグルコース(ピラノース環)からフラノース環への異性化(G6P → F6P)は，一見無駄のようにみえるが，一般に五員環構造(フラノース環)は六員環に比べて分子内の結合に歪みがかかって，分解されやすい状態になり，エネルギーも比較的高い．また，摂取されたフルクトースはF6Pから解糖に入るため，フラノース環への異性化は重要なステップである(精子はフルクトースを栄養源とする)．

b　クエン酸回路(図4-15)

解糖で生じたピルビン酸は好気的条件下でミトコンドリア膜を通過してマトリックスに入り，ピルビン酸デヒドロゲナーゼによってアセチルCoAとなる．アセチルCoAはミトコンドリア膜を通過できない．この反応①は不可逆反応であり，NADとCoAが用いられて脱炭酸化が起こる．アセチルCoAはクエン酸回路の構成メンバーであるオキサロ酢酸と縮合してクエン酸となり，回路に入る．クエン酸回路が一巡する間に，アセチルCoA 1分子から5原子の水素が，3分子のNADHと1分子の$FADH_2$として受け継がれる．クエン酸回路では，最初の反応①，②を触媒するピルビン酸デヒドロゲナーゼ，クエン酸シンターゼとオキサロコハク酸からα-ケトグルタル酸への反応④を触媒するイソクエン酸デヒドロゲナーゼおよび反応⑤を触媒する2-オキソグルタル酸デヒドロゲナーゼが不可逆であり，クエン酸回路を調節している．クエン酸回路から2分子の二酸化炭素と高エネルギー化合物のGTP(ATPに相当)が1分子産生する．

縮合
分子同士が結合する際に水あるいは中性分子を脱離して結合する反応．

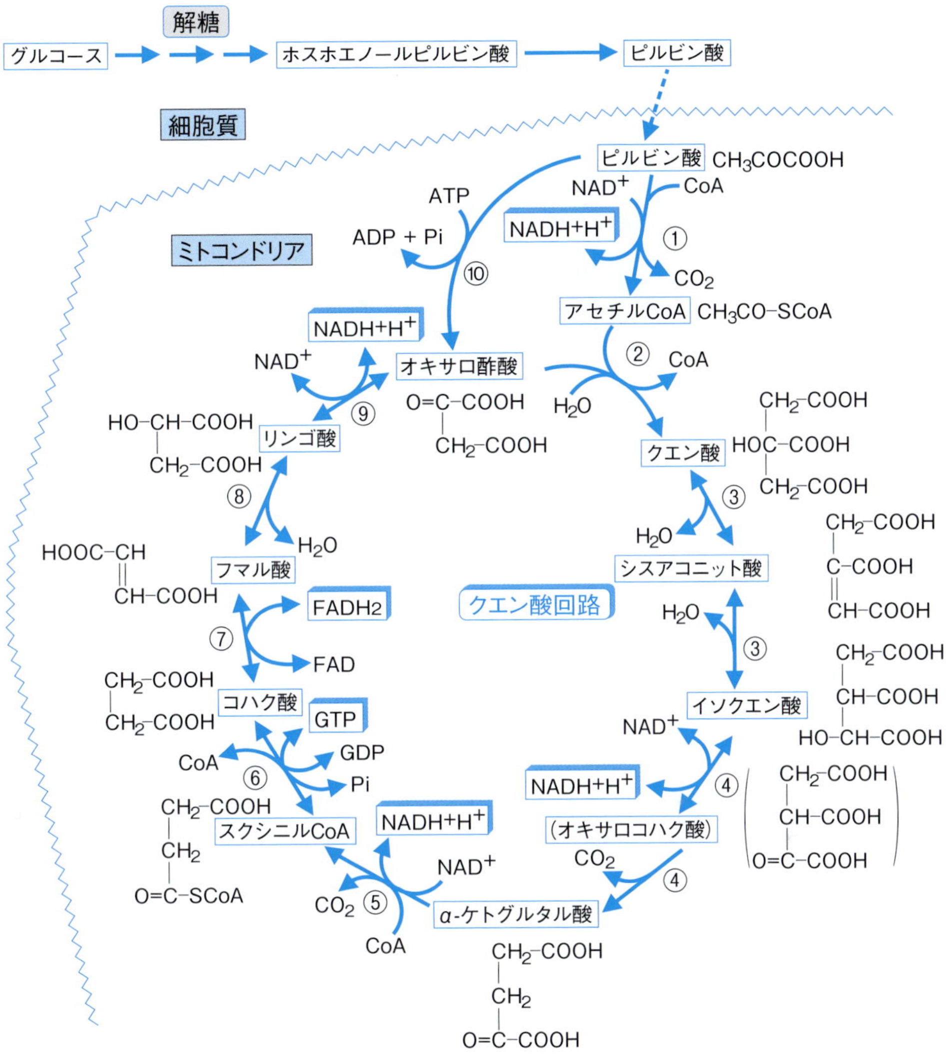

①ピルビン酸デヒドロゲナーゼ, ②クエン酸シンターゼ, ③アコニターゼ, ④イソクエン酸デヒドロゲナーゼ, ⑤2-オキソグルタル酸デヒドロゲナーゼ, ⑥スクシニルCoAシンテターゼ, ⑦コハク酸デヒドロゲナーゼ, ⑧フマラーゼ, ⑨リンゴ酸デヒドロゲナーゼ, ⑩ピルビン酸カルボキシラーゼ

◆図 4-15 クエン酸回路

c 電子伝達系(図 4-16)

(1) ATP の産生

NAD と FAD に渡された電子は，ミトコンドリア内膜に局在する電子伝達体を移動しながら ATP を産生し，最終的に酸素を還元して水になる．これが電子伝達系であり，呼吸鎖とも呼ばれる．電子伝達体はシトクロム系(ヘモグロビンと同様にヘムをもち，$Fe^{3+} + e^- \rightarrow Fe^{2+}$ のように電子が鉄を移動する)のタンパク質からなり，電子が移動する間に酸化還元反応が繰り返される．酸化還元反応が起こると酸化還元電位は降下し，自由エネルギーが放出される．このエネルギーが ADP から ATP への合成に利用される．これが

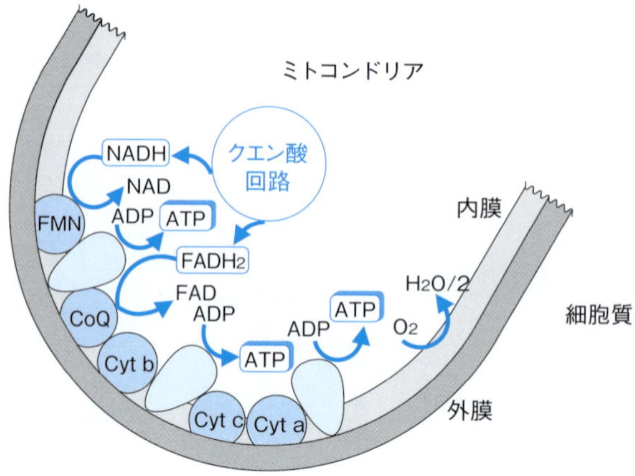

◆図 4-16　電子伝達系
CoQ：コエンザイム Q

酸化的リン酸化反応であり，ミトコンドリア内膜の ATP 合成酵素によっておこなわれる．ATP は細胞質の ADP と交換的に細胞質に移動して，種々の反応に使われる．

(2)　ATP 産生量

最終的に，NADH から 3(2.5) 分子，$FADH_2$ から 2(1.5) 分子の ATP が産生する．1 分子のグルコースが好気的に完全に酸化されて電子伝達系を進み，水と二酸化炭素になったとすると，脳，筋肉では ATP は 2 分子消費されて 38(31) 分子産生するため，正味 37(31) 分子の ATP が生み出されることになる．肝臓，腎臓，心臓では 40(33) 分子の ATP が産生するが，正味 38(31) 分子となる(**図 4-17**)．これらの ATP の産生量は，NADH のミトコンドリア膜通過の障害を解除するための 2 つのシャトル(後述)のいずれを通るかによって決まる．

ある種の薬物や毒物は電子伝達系や酸化的リン酸化反応を阻害して，生命を脅かすことがある(**図 4-18**)．

d　2 つのシャトル

好気的な条件下での解糖では，ピルビン酸が NADH を消費して乳酸に進まないため，NADH が細胞質に蓄積することになる．解糖は NAD^+ を供給しないと進まず，NAD や NADH はミトコンドリア膜を通過できない．これを解決する経路が 2 つ用意されており，1 つは**グリセロールリン酸シャトル**であり，もう 1 つは**リンゴ酸-アスパラギン酸シャトル**である(**図 4-19**)．いずれも，細胞質の NADH がミトコンドリア膜を通過できるグリセロール 3-リン酸(G3P)やリンゴ酸に水素を預けて，ミトコンドリア内で処理させている．これらのシャトルを経由しなければならない原因は，ミトコンドリア膜が物質の通過を厳密に規制しているためである．ジヒドロキシアセトンリン酸や G3P，ピルビン酸，リンゴ酸，α-ケトグルタル酸，アスパラギン酸，グルタミン酸は通過できるが，アセチル CoA やオキサロ酢酸，NAD(H)，$FAD(H_2)$ は通過できない．

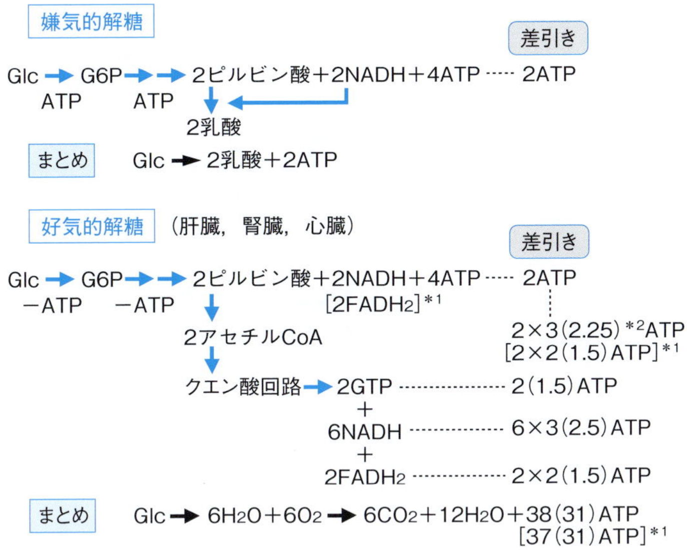

◆図 4-17　ATP の産生

*1 脳，筋肉の場合．*2 グリセロールリン酸シャトルにおいて，膜の H^+ 移動による産生量の減少による．

P/O 比（酸素 1 原子あたり生成する ATP の数）は古典的には NADH が 3ATP，$FADH_2$ が 2ATP の産生量としていたが，近年，ミトコンドリア膜のプロトン（H^+）移動（ATP 合成量の減少）の概念が導入され，本図では NADH が 2.5ATP，$FADH_2$ が 1.5ATP による産生量（カッコ内の数字）も示した．

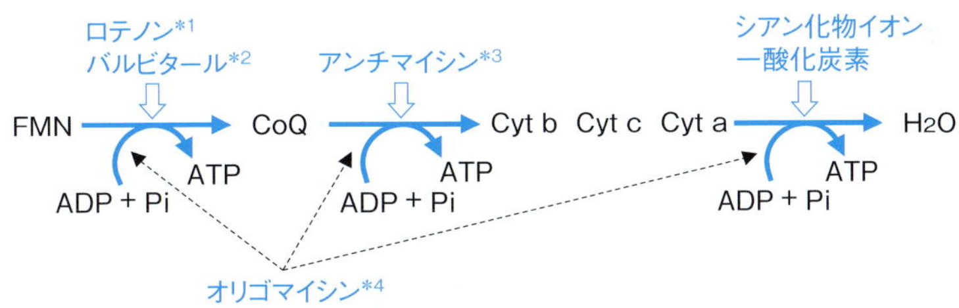

◆図 4-18　電子伝達系の阻害剤

*1 植物の根や茎に含まれ，農薬や殺虫剤として用いられる薬物．
*2 合成睡眠薬．商品名ベロナール．
*3 放線菌などが産生する抗真菌性抗生物質．
*4 放線菌が産生する抗真菌性および抗腫瘍性抗生物質．

e　糖新生（図 4-20）

(1)　糖新生の意義

糖原性
グルコース合成原料となるアミノ酸．

解糖の産物であるピルビン酸や乳酸，糖原性アミノ酸，クエン酸回路の構成カルボン酸など，糖質以外の物質からグルコースを合成する代謝系を糖新生という．主に肝臓と腎臓でおこなわれ，空腹時の血糖値の維持は肝臓における**糖新生**による．

(2)　糖新生の反応

解糖およびクエン酸回路を逆行すればグルコースは合成されるはずであるが，これらの代謝系には不可逆反応があり，またミトコンドリア膜の通過に

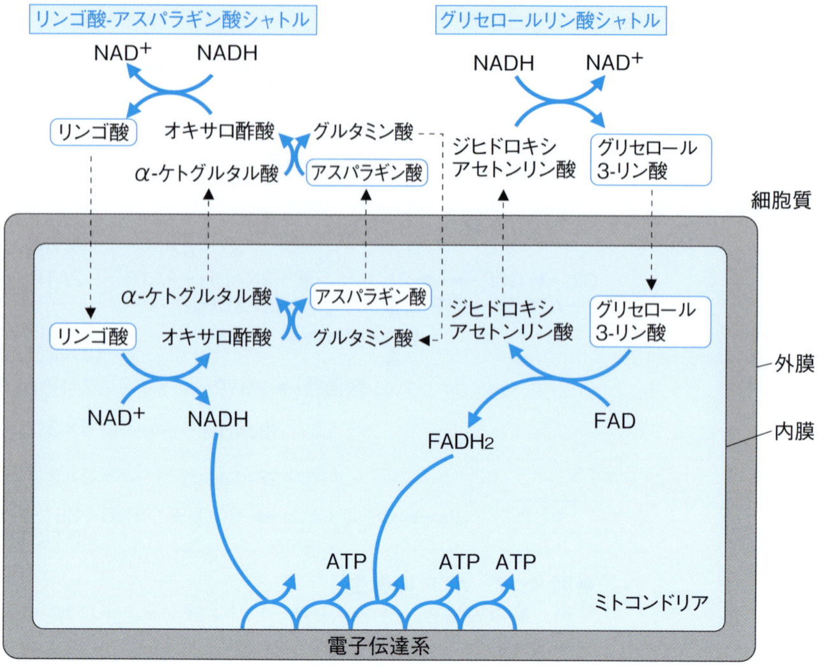

◆図 4-19 グリセロールリン酸シャトルとリンゴ酸-アスパラギン酸シャトル

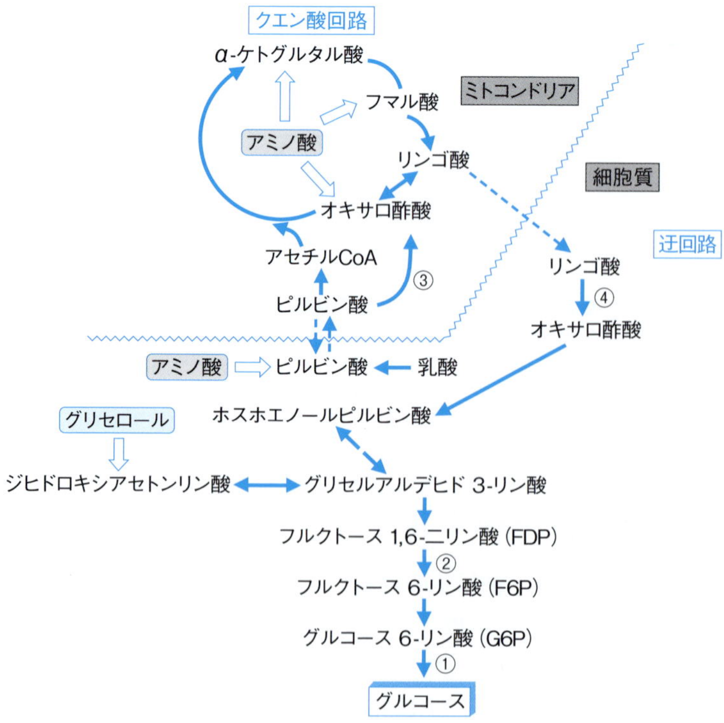

◆図 4-20 糖新生

は選択性がある．これらを解決して糖新生をおこなうために，解糖の逆行反応を触媒する酵素や迂回路が用意されている．すなわち，① G6P からグルコースへの脱リン酸化反応，② FDP から F6P への脱リン酸化反応，③ミトコンドリア内でピルビン酸がオキサロ酢酸を経由してリンゴ酸に変換され，④リンゴ酸が細胞質に移って再びオキサロ酢酸となり，ホスホエノールピルビン酸に変換される迂回路である．筋肉には①の酵素(グルコース 6-ホスファターゼ)がない．解糖が活発な筋肉細胞などでは，嫌気的な条件下で大量の乳酸が蓄積するが，乳酸は血液中に放出されて肝臓に運ばれる．肝臓で糖新生により乳酸からグルコースが合成され，血液中に放出されて再び筋肉に供給される．これを**乳酸回路**(**コリ回路**)という．アミノ酸，とくにアラニンもアミノ基転移反応の後，糖新生でグルコースに変換される．

4　ペントースリン酸回路とグルクロン酸回路(図 4-21)

解糖の中間体であるグルコース 6-リン酸から，**ペントースリン酸回路**(**ヘキソースリン酸回路**や**ホスホグルコン酸回路**ともいう)と**グルクロン酸回路**が側路として分岐し，生体を構成する重要な素材を提供する．いずれも細胞質で起こる．ペントースリン酸回路では，脂肪酸合成に必須な補酵素である NADPH がグルコース 1 分子あたり 2 分子産生する．さらに，この回路から核酸の糖部分であるリボースや 2-デオキシリボースが供給される．この回路は解糖の F6P と G3P に連絡する．グルクロン酸回路では G6P が G1P を経て UDP-グルコースとなるが，ここまではグリコーゲン合成経路と同じである．UDP-グルコースは UDP-グルクロン酸に変換されて，グルクロン酸が活性型となる．UDP-グルクロン酸は薬物代謝の解毒機構のグルクロン酸抱合に利用されるほか，グリコサミノグリカンの生合成に用いられる．中間体の UDP-グルコースは他の糖の活性型である糖ヌクレオチドに変換される．グルクロン酸回路はペントースリン酸回路と連絡するため，これらの回路は解糖とともに密接に関係しあっていることがわかる．

解毒

解毒とは水に不溶な物質(ベンツピレン，PCB，DDT など)に P450 などの解毒酵素によって水溶性官能基(水酸基やアミノ基)が導入され，さらに水溶性物質によって抱合されて水溶性物質に修飾され，排泄されることをいう．抱合物質にはグルクロン酸のほか，硫酸，グリシン，タウリンなどが知られている．

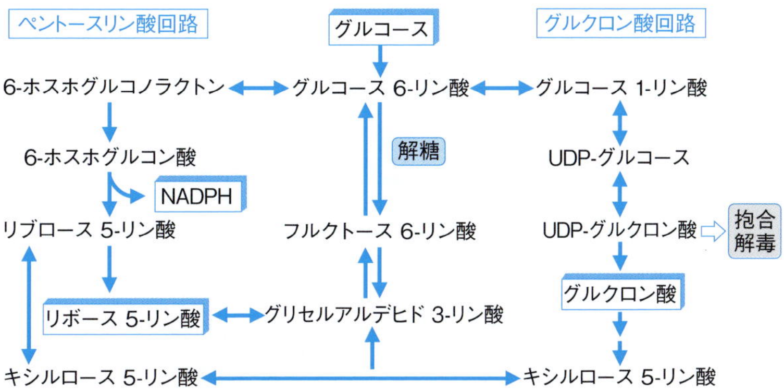

◆図 4-21　ペントースリン酸回路とグルクロン酸回路

グルコース輸送担体
各組織の細胞膜にはグルコースを通過させる輸送担体(GLUT)が存在する．GLUTは5種類知られており，GLUT 1は赤血球，脳，腎など，2は肝，腎など，3は脳，腎，脂肪組織など，4は骨格筋，脂肪組織など，5は小腸に存在する．このうち，GLUT 4はインスリンによってグルコースの取り込みが制御されており，また肝細胞にはこの担体がないのでインスリンとは無関係にグルコースの取り込みがおこなわれる．

5 血糖調節と糖尿病

a 血糖値

脳を含む神経組織や赤血球はグルコースが主なエネルギー源である．血液中のグルコース濃度(**血糖値**)は，解糖，糖新生，グリコーゲン代謝の調節機構によって一定に保たれている(正常な血糖値は，空腹時で～110 mg/dL)．この調節には膵臓，副腎，下垂体から分泌される数種のホルモンがあたり，神経系によっても支配されている．

b 血糖調節(図4-22)

(1) 高血糖

血糖値が上昇すると，高血糖の情報が膵臓のランゲルハンス島B(β)細胞に伝えられる．そこからインスリンが血中に放出され，肝臓でグリコーゲン合成と解糖を促進させ，糖新生を抑制してグルコースを低下させるように働く．インスリンは筋肉や脂肪組織にも作用してグルコースの取り込みを促進し，解糖を促して血糖値を正常範囲におさめるように作用している．血液中のグルコースは腎糸球体で濾過されるが，通常近位尿細管ですべて再吸収される．高血糖の調節機構が破綻して，血糖値が尿細管の再吸収閾値(180 mg/dL)を持続的に超えると，糖が尿中に遺漏する(尿糖)．

(2) 低血糖

血糖値が低下すると，抗インスリンホルモンが血糖値を高めるように，グルコースを中心とする代謝系に働きかける．抗インスリンホルモンにはグルカゴン，グルココルチコイド(糖質コルチコイド)，アドレナリン，成長ホルモン，チロキシンなどがある．低血糖になると，膵臓ランゲルハンス島A(α)細胞からグルカゴンが分泌され，グリコーゲンの分解や糖新生を促進し，解糖を抑えてグルコースの血中濃度を高めるように作用する．同時に，グルココルチコイド(コルチゾール)が副腎皮質から分泌され，タンパク質の分解を

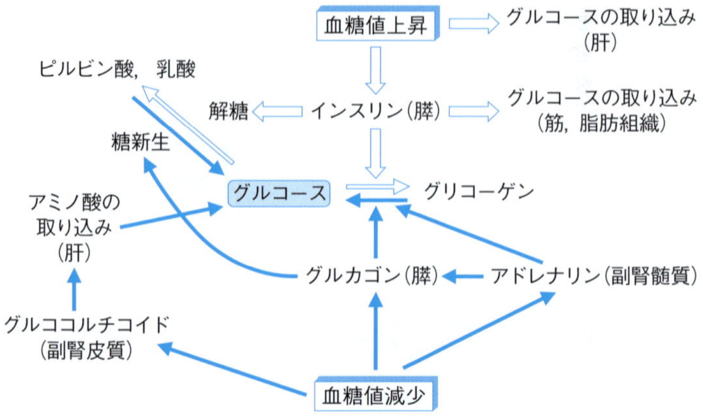

◆図4-22　血糖調節

促して肝臓へのアミノ酸の取り込みを促進させ，糖原性アミノ酸からの糖新生を亢進させる．また，肝臓以外の組織に働きかけてグルコースの消費を抑えるように作用する．さらに，副腎髄質からアドレナリン(エピネフリン)が分泌され，グルカゴンと同じ効果をもたらすほか，グルカゴンの分泌も促進する．アドレナリンは筋肉にも働きかけてグリコーゲンの分解を促し，解糖で生じた乳酸が糖新生によってグルコースに再生される．これらのホルモンのほかに，下垂体前葉から分泌される副腎皮質刺激ホルモンはグルココルチコイドの上位ホルモンであるため，間接的に血糖値を高めるように働いている．また，成長ホルモンはインスリンと拮抗的に働く．

c 糖尿病

糖尿病は，インスリンの欠乏あるいはその作用不全によって血糖調節が破綻[前者をインスリン依存性糖尿病(1 型糖尿病)，後者をインスリン非依存性糖尿病(2 型糖尿病)というが，後者が多い]し，高血糖が持続的に続いて尿中に糖を生じる病気である．同じ尿糖を生じる腎性糖尿とは原理的に異なり，血糖値が腎閾値以下でも腎尿細管(近位尿細管)の再吸収の障害で尿糖が生じる．糖尿病では糖代謝の異常のみならず，その他の代謝全般の障害や全身性の合併症をまねく．とくに，脂質は糖代謝を補うために大量に消費され，過剰に生成したアセチル CoA がケトン体を生み出して血液を酸性に傾ける(ケトアシドーシス)．

糖尿病の合併症
糖尿病の治療が上手くいかない場合，タンパク質の糖化，small LDL や酸化 LDL による血管の内皮細胞の機能障害を介して血管障害が起こる．細小血管障害により網膜症，腎症および神経障害が，大血管障害により心筋梗塞，脳梗塞および壊疽などが起こる．このように糖尿病合併症は血管病ともいえる．

糖尿病の原因は，肥満，過栄養，ストレスなどの後天的な素因や遺伝的な素因が知られている．症状は体重減少や高血糖による浸透圧の上昇による多尿，口渇などがみられる．糖負荷試験(75 g のグルコースを経口摂取させ，経過時間ごとに血糖値の増減の推移を追跡する)によって判定される．

4 脂質の代謝

食物に含まれる脂質の大部分は中性脂質であり，そのほとんどをトリアシルグリセロール(TG)が占める．TG はエネルギー源としての脂肪酸をもつため，エネルギー貯蔵物質として重要である．リン脂質やコレステロールは生体膜を構成する物質であり，またコレステロールや脂肪酸には種々の生体物質や生理活性物質に変換されるものがある．

1 消化と吸収

a 消化と吸収(図 4-23)

脂質は小腸で胆汁酸とミセルをつくり，膵臓から分泌される酵素によって分解される(**表 4-5**)．脂質類から脂肪酸が共通して遊離し，トリアシルグリセロール(TG)，コレステロールエステル，リン脂質からそれぞれモノアシルグリセロール(MG)やジアシルグリセロール(DG)，コレステロール，リ

脂質異常症

従来，高脂血症と呼ばれていた脂質類の高濃度の蓄積がもたらす病態は，HDL-コレステロールの低下でもひき起こされるため，脂質異常症と改められた．脂質異常症には高LDL-コレステロール血症（140 mg/dL 以上），低HDL-コレステロール血症（40 mg/dL 未満），高トリグリセリド血症（150 mg/dL 以上）がある．また，生活習慣（喫煙，運動不足，糖尿病など）によって高脂質状態となる脂質異常症は，食生活の是正などで改善される可能性が大きいが，LDL の代謝異常などで起こる先天的な家族性脂質異常症（I型〜III型がある）は治療が困難な場合が多い．

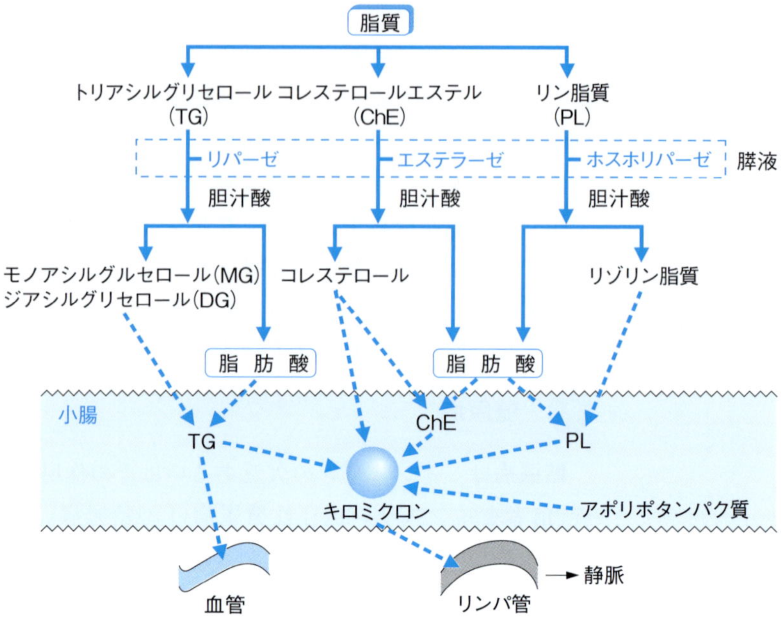

◆図 4-23　脂質の消化と吸収

◆表 4-5　脂質の分解酵素

酵　素	脂　質	分解産物
リパーゼ（ステアプシン）	トリアシルグリセロール	脂肪酸，モノアシルグリセロール
コレステロールエステラーゼ	コレステロールエステル	脂肪酸，コレステロール
ホスホリパーゼ A_2	リン脂質	脂肪酸，リゾリン脂質

ゾリン脂質が生成する．これらの分解産物は胆汁酸の助けを借りて小腸粘膜から吸収される．脂肪酸のうち，比較的短鎖のもの（炭素数 10 以下）は門脈を経由して肝臓に送られるが，長鎖のもの（炭素数 11 以上）は小腸上皮細胞で TG に再合成される．合成された TG はコレステロールやリン脂質とともにキロミクロン（脂肪球）に取り込まれ，小腸リンパ管から胸管を経由して静脈角から左鎖骨下静脈に入り，大循環に合流する．キロミクロンは肝臓には取り込まれず，脂肪組織や筋肉に取り込まれる．空腹時などエネルギーの供給が不十分な場合は，脂肪組織などの TG がリパーゼによって加水分解され，遊離する脂肪酸がエネルギー源となる．リパーゼの作用はアドレナリン，グルカゴン，成長ホルモンなどによって促進され，インスリンで阻害される．グリセロールもリン酸化後，酸化されて解糖に入る．

b　脂質の運搬（p.90 参照）

血液中の総脂質濃度が 590 mg/dL 以上になると，血漿が乳濁する．食事などで血液中の脂質が一時的に増加するが，血液が各臓器を巡るうちにキロミクロンの脂質が清澄因子（リポタンパク質リパーゼ）によって加水分解され，正常な脂質濃度に戻る（**表 4-6**）．清澄因子は脂肪組織，筋肉，肺などで

◆表 4-6 血清中の脂質の基準値

脂 質	基準値(mg/dL)
総コレステロール	120 ～ 220
中性脂肪(TG)	60 ～ 160
脂肪酸(遊離型)	5 ～ 20
リポタンパク質	200 ～ 500
HDL-コレステロール	男 30 ～ 70
	女 45 ～ 80
リン脂質	150 ～ 200

とくに多く，末梢血管の内皮細胞膜に局在する．

胆汁酸は肝臓でコレステロールから合成され，胆汁として胆嚢に貯留される．胆汁酸の分泌に何らかの障害があると，脂質の消化・吸収が妨げられて下痢をきたし，また脂溶性ビタミンの吸収障害による欠乏症を起こす．さらに，胆汁色素も排泄障害を併発して，黄疸を起こす．

2 脂肪酸の分解(図 4-24)

a 脂肪酸のエネルギー産生

脂肪酸が完全に二酸化炭素にまで分解されると**呼吸商**は 0.7 となり，糖質(呼吸商 1)やタンパク質(呼吸商 0.8)より小さい．これは単位量あたりの燃焼に，脂肪酸がより多くの酸素を必要とすることを示す．脂肪酸は単位重量

column

呼吸商(respiratory quotient，RQ)

栄養素がエネルギーに変換する際に排出された二酸化炭素量を消費した酸素量で割った値(体積比)のことで，三大栄養素により値が異なる．糖質では，例えばブドウ糖のエネルギー変換の式を示すと，

$$C_6(H_2O)_6 + 6O_2 \rightarrow 6CO_2 + 6H_2O + \text{エネルギー}$$

であり，RQ は$(6CO_2) \div (6O_2) = 1.0$ となる．糖質は炭素と酸素の原子数が等しく，消費する酸素と生成する二酸化炭素が等しいため呼吸率が高い．

一方，脂質は構成する脂肪酸が異なるため，その鎖長によって呼吸商も少し異なる．脂肪酸がすべてパルミチン酸(炭素数 16)の脂質では，

$$2C_{51}H_{98}O_6 + 145O_2 \rightarrow 102CO_2 + 98H_2O + \text{エネルギー}$$

となり，$RQ = 102/145 \fallingdotseq 0.7$ となる．

タンパク質は体内で完全燃焼しないので，計算は糖質，脂質の場合とは異なるが約 0.8 である．

◆表 1 三大栄養素の呼吸商と発生熱量

栄養素	呼吸商	発生熱量(1 g あたり)
糖質	1.0	4
脂質	0.7	9
タンパク質	0.8	4

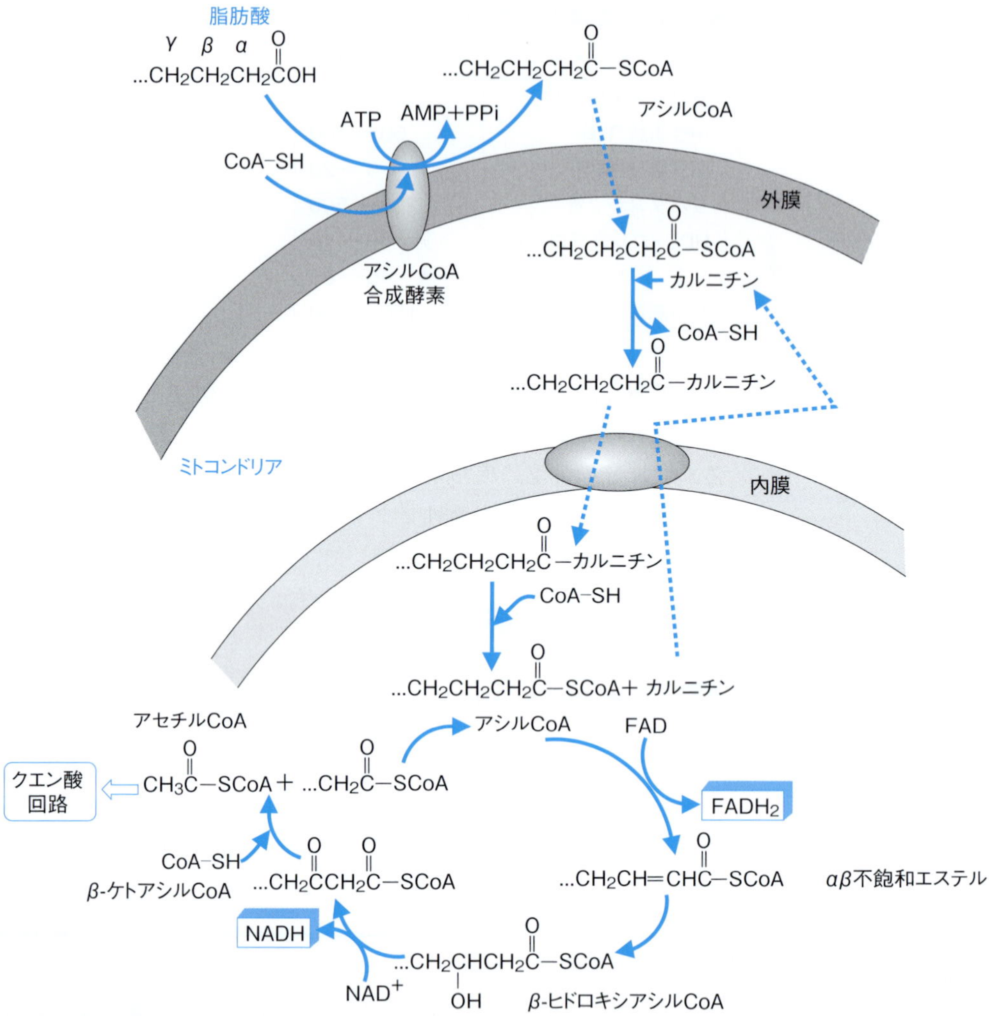

◆図 4-24　脂肪酸のβ酸化

あたりのエネルギー産生量が最も多く(TG で 9 kcal/g)，また ATP の産生率も最も多い．

b　β酸化

脂肪酸はミトコンドリアでの**β酸化**により，アセチル CoA に分解される間に NADH と $FADH_2$ を産生し，また最終産物のアセチル CoA はクエン酸回路に入って，ともに酸化的リン酸化によって ATP 合成に利用される．飽和脂肪酸からアセチル CoA までの経路を 3 段階に分けると，① 細胞質中の脂肪酸がミトコンドリア外膜にある酵素によって脂肪酸の活性型(アシル CoA)となった後，外膜を通過する．② 外膜と内膜の間でアシルカルニチンとなった後，内膜を通過する．③ アシルカルニチンが内膜内で再びアシル CoA となった後，β酸化を受けてアセチル CoA を生成する，となる．脂肪酸の分解にこのような複雑な経路をとるのは，アシル CoA がミトコンドリ

アシル
アシルとは，脂肪酸のカルボキシル基の水酸基がとれて何かと結合することを示す脂肪酸の誘導体の一般名(R-CO-)である．アセチル(CH_3CO-)もアシルである．CoA の反応基は-SH であり，アセチル CoA(CH_3CO-SCoA) はチオエステルである．CoA を CoASH と書く場合もある．

ア内膜を通過できないためである．②のカルニチンは脂肪酸の担体（輸送体）であり，内膜内で脂肪酸を CoA にひき渡した後，内膜外に戻って再利用される．③の反応では，アシル基の β 位に水酸基およびカルボニル基が導入されるため，β 酸化の名前があてられているが，その前の反応で α 位と β 位との間に二重結合（トランス型）が導入される．これを $\alpha\beta$ 不飽和エステルというが，これを生成する酸化反応で $FADH_2$ が 1 分子産生する．ついで，二重結合に水が付加して β-ヒドロキシアシル CoA となり，水酸基が酸化されて β-ケトアシル CoA となる．この酸化反応でも NADH が 1 分子産生する．最後は β-ケトアシル CoA の α 位と β 位の炭素間が切れてアセチル CoA 1 分子と炭素数が 2 個減少したアシル CoA 1 分子が生成する．新たなアシル CoA は再び β 酸化され，アセチル CoA を順次産生する．結果，2n 個の炭素数をもつ脂肪酸は n−1 回（最後のアシル CoA はアセチル CoA となる）の β 酸化により，その間にアセチル CoA を n 個，$FADH_2$ と NADH をそれぞれ n−1 個生じることになる．

c ATP 産生量

パルミチン酸（炭素数 16 個）が β 酸化を受けて産生する ATP 量を計算してみると，

β 酸化 7 回転で $FADH_2$（1 分子 = 2（1.5）ATP）7 分子 = 14（10.5）ATP

NADH（1 分子 = 3（2.5）ATP）7 分子 = 21（17.5）ATP

アセチル CoA （1 分子 = 12（9.75）ATP[*1]） 8 分子 = 96（78）ATP となり，合計 131（106）分子の ATP を生産することになる．

不飽和脂肪酸はシス二重結合の β 酸化の 1 回転手前で，二重結合が導入されてジエン[*2]となる．ついで，二重結合の異性化や組み換えが起こった後，還元されてモノエン[*3]（トランス型）となり，通常の β 酸化を受ける．

*1 アセチル CoA1 分子から，3NADH と $1FADH_2$ と 1GTP（1 または 0.75ATP に相当）がクエン酸回路で生じる（p.76 参照）．

*2 二重結合を 2 つもつ炭化水素．

*3 二重結合を 1 つだけもつ炭化水素．

3 ケトン体

アセチル CoA はすべてクエン酸回路に入るのではなく，一部は同じミトコンドリア内の**ケトン体**合成経路（**図 4-25**）に入る．ケトン体は，2 分子のアセチル CoA から合成されるアセト酢酸，それが脱炭酸したアセトンおよび還元された β(3)-ヒドロキシ酪酸の 3 物質である．このうち，β-ヒドロキシ酪酸にはケトン基がない．アセトン以外のケトン体は，心筋やグルコースの供給不足の脳で，再度アセチル CoA となって，エネルギー源となる．肝臓ではケトン体をアセチル CoA に変換する機構がないため，飢餓状態で β 酸化が亢進したり，糖尿病で過剰のグルコースに対応できない場合では，大量のアセチル CoA がクエン酸回路の処理能力を上回り，ケトン体が大量に合成される．このケトン体が脳や筋肉の利用能力以上になると，血液中に増量し，**ケトーシス（ケトン血症）**となる．ケトン体のうち，アセトン以外はカルボン酸であるため，ケトーシスが進むと血液中の pH の緩衝作用（p.112 参照）を上回り，糖尿病にみられる**代謝性アシドーシス（ケトアシドーシス）**

ケトーシスの臨床症状

臨床症状を伴うケトン体の増量をケトーシスといい，ケトン血症やケトン尿症がある．症状は高浸透圧性利尿により，水や電解質の喪失による脱水，尿毒症，血液量減少によるショックをもたらし，嘔吐を頻発する．強い代謝性アシドーシスをもたらすため，部分的にクスマウル呼吸で代償される．

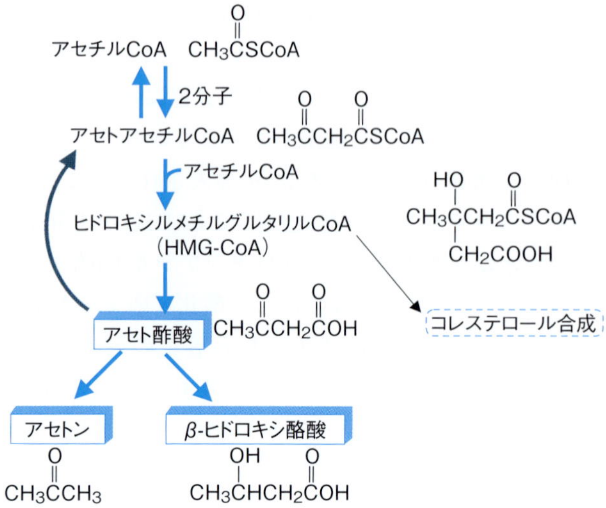

◆図 4-25　ケトン体の生合成と代謝

となる.

4 脂肪酸の生合成(図 4-26)

脂肪酸はアセチル CoA から肝臓で合成されるが，β 酸化の逆反応ではない．脂肪酸合成の粗原料として，アセチル CoA をもたらすグルコースが重要である．

脂肪酸合成は細胞質でおこなわれる．ミトコンドリア内で合成されたアセチル CoA はミトコンドリア膜を通過できないため，クエン酸に変換されて膜を通過し，再度アセチル CoA となって脂肪酸合成に使用される．アセチル CoA はマロニル CoA に炭酸化され，マロニル CoA が脱炭酸すると同時にアセチル CoA のアセチル基が結合する．ついで，NADPH の存在下で還元されてブタノイル CoA(炭素数 4)となった後，順次マロニル CoA の 2 炭素ずつが，合成されたアシル CoA の CoA 側から炭素鎖を伸ばしてゆく．このように，脂肪酸の合成も分解も，CoA 側の炭素鎖から反応が進む．合成が進んだ炭素鎖の末端 2 炭素のみがアセチル CoA 由来であり，残りの炭素はすべてマロニル CoA に由来する．

アナボリックステロイド

タンパク質同化作用を有するステロイドの総称．ステロイドは経口投与しても胃酸で変化しないため安易に服用できる．とくに筋肉増強作用の強い男性ホルモン，あるいはその誘導体の服用がプロ，アマを問わずスポーツ界で問題視されてきた．これらの物質あるいはその代謝物は尿などのガスクロマトグラフィーや液体クロマトグラフィーで高感度に検出される．

5 コレステロール代謝

a コレステロールの働き

コレステロールはステロイド骨格をもつ脂質で，摂取したコレステロールのほとんどがそのまま小腸から吸収される．キロミクロンに組み込まれた後，リンパ管から大循環に入る．コレステロールの役割は，① 細胞膜の構成成分であり，膜を剛直にする．② 胆汁酸の原料となる．③ 性腺ホルモンや副腎皮質ホルモンなどのステロイドホルモンの原料となる．④ ビタミン

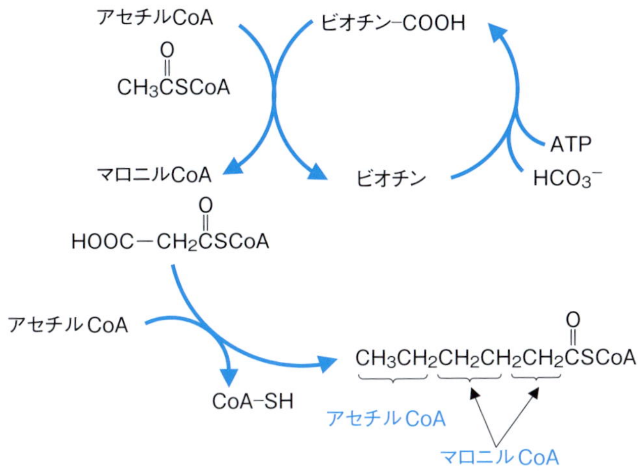

◆図 4-26　脂肪酸の生合成

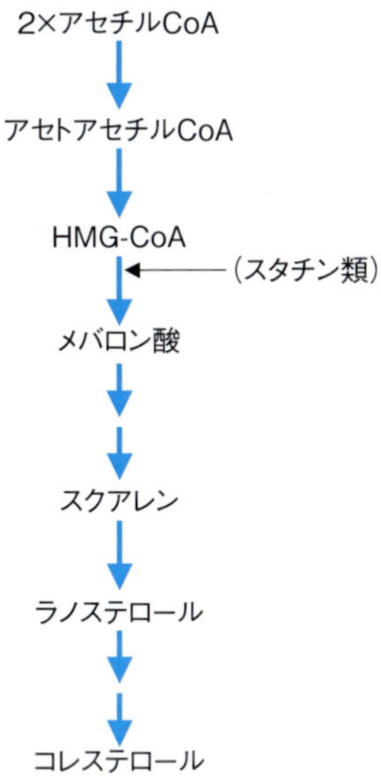

◆図 4-27　コレステロールの生合成

Dの前駆体(プロビタミン)となる．

b　コレステロールの生合成(図 4-27)

コレステロールは主に肝臓でつくられ，十分に摂取された場合には合成が止まるが，飢餓状態では合成反応が起こる．2分子のアセチルCoAからアセトアセチルCoAを経てヒドロキシルメチルグルタリルCoA(HMG-CoA)が合成され，さらにHMG-CoAレダクターゼによってメバロン酸となる(メバロン酸経路)．メバロン酸からさらに縮合を繰り返して，炭素数26のスクアレンとなった後，環化してラノステロールになり，さらに数段階の還元を経てコレステロールに至る．還元反応にはNADPHが用いられる点が特徴的である．HMG-CoAレダクターゼがコレステロール合成系の律速酵素であり，その阻害剤*は高コレステロール血症の治療薬に利用されている．

* プラバスタチンなどのスタチン類が知られている．

c　細胞内コレステロールの調節

細胞内のコレステロール量が減少すると，HMG-CoAレダクターゼの活性が高くなってコレステロール合成が亢進する．同時にLDL受容体の合成も促進され，血液中(細胞外)のLDLが細胞内へ取り込まれやすくなる．これらによって細胞内のコレステロール量の増加が起こる．逆に，細胞内のコレステロールが過剰になるとHMG-CoAレダクターゼの活性が抑制され，同時にLDL受容体の合成も抑制されて細胞内へのLDLの取り込みが押さえられる．細胞内の過剰な遊離コレステロールはACAT(アシルCoA-コレステロールアシルトランスフェラーゼ)によってコレステロールエステルに変換されて細胞内に貯蔵される．

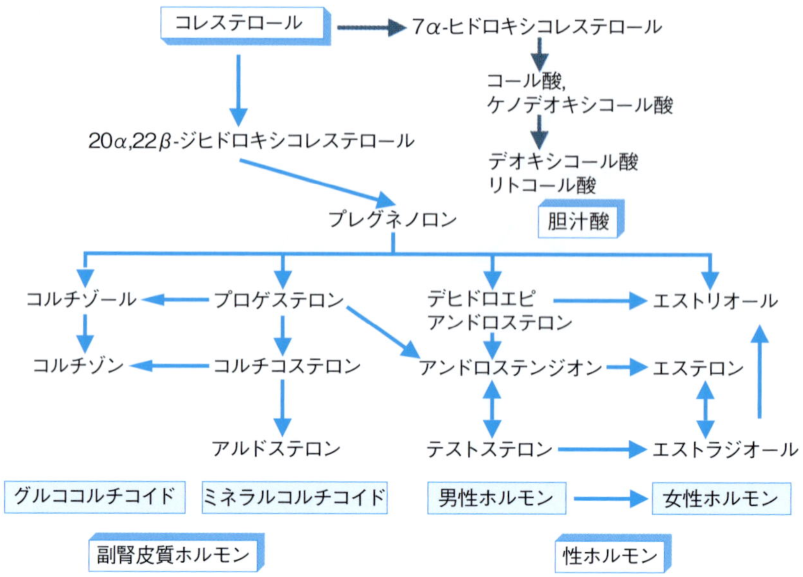

◆図 4-28　胆汁酸とステロイドホルモンの生合成

6 胆汁酸とステロイドホルモンの生合成(図 4-28)

胆汁酸は，コレステロールが7α-ヒドロキシコレステロールとなり，これから数段階を経てコール酸とケノデオキシコール酸が別々に合成される．これらの胆汁酸はグリシンまたはタウリンと抱合して存在する(一次胆汁酸)．これらが腸内細菌でそれぞれデオキシコール酸とリトコール酸に変化する(二次胆汁酸)．

ステロイドホルモンは，コレステロールが数段階で20α，22β-ジヒドロキシコレステロールに変換されるところから始まり，この側鎖が酵素的に切断されてプレグネノロンとなる．プレグネノロンはステロイドホルモン合成の共通の前駆体であり，これから副腎皮質ホルモンと性ホルモンが合成される．

7 リポタンパク質の代謝とコレステロールの調節

血清中のトリグリセリド，コレステロールは食事性由来(外因性，キロミクロンに取り込まれる)および肝臓での合成由来(内因性，VLDL に取り込まれる)に区別される(図 4-29)．

a 外因性

食事性のトリグリセリドはほぼすべて小腸から吸収されるが，コレステロールは共存する脂肪に溶けているか胆汁酸に分散されているかによって吸収率が異なる．吸収されたこれらの脂質は小腸でキロミクロンに合成されて血中に入り，そこでアポリポタンパク質*E(アポ E)とアポリポタンパク質C2(アポ C2)(表 4-7)を結合する．C2 は毛細血管内皮細胞に存在するリポ

＊ アポリポタンパク質はリポタンパク質が分離したタンパク質のことをいう．

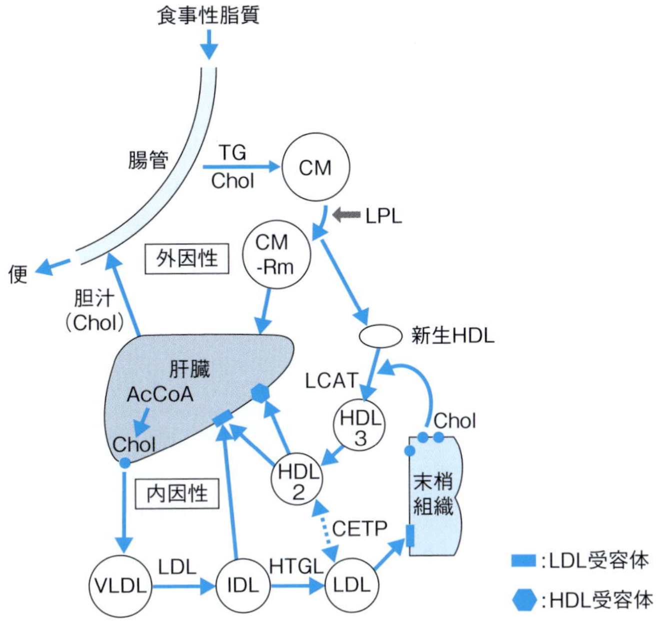

◆**図 4-29　脂質とリポタンパク質**

HTGL：肝性トリグリセリドリパーゼ，CETP：コレステロールエステル転送タンパク，CM-Rm：キロミクロンレムナント，Chol：コレステロール

◆**表 4-7　ヒトアポリポタンパク質の性質**

アポリポタンパク質	リポタンパク質	分子量(Da)	合成部位	機能
A1	CM, HDL	28k	小腸，肝臓	LCAT の活性化
A2	HDL	17k	小腸，肝臓	LDL 受容体結合，他の肝臓受容体結合
B100	VLDL, LDL	549k	肝臓	TG, Chol の輸送，LDL 受容体結合
B48	CM	264k	小腸	TG の輸送
C1		6,600	肝臓	LCAT の活性化
C2	CM	8,850	肝臓	LPL 活性化
C3		8,800	肝臓	
E	CM, VLDL, HDL	34k	肝臓，小腸	LDL 受容体結合，他の肝臓受容体結合

CM：キロミクロン，LCAT：レシチンコレステロールアシルトランスフェラーゼ，LPL：リポタンパク質リパーゼ，TG：トリグリセリド，Chol：コレステロール

タンパクリパーゼ(LPL)を活性化してキロミクロンのトリグリセリドを分解し，キロミクロンを小型化してキロミクロンレムナントにする．キロミクロンレムナントのアポEは肝臓に存在するアポE受容体に結合することにより肝臓に取り込まれて代謝される．とくにコレステロールは肝臓で細胞膜や胆汁酸の原料として利用されたり胆汁中に排泄される．肝臓はコレステロール排泄の唯一の組織である．

b　内因性

肝臓で合成されたトリグリセリドとコレステロールはVLDL粒子の合成原料として粒子に取り込まれる．VLDLのトリグリセリドはLPLによって加水分解を受け，小型化してIDLとなる．IDLはアポEを介して肝臓のLDL受容体を経由して肝臓に取り込まれる．IDLの一部は肝性トリグリセリドリパーゼ(HTGL)によってトリグリセリドが分解され，コレステロールに富むLDLに変換される．LDLはアポB100を介して末梢組織の細胞膜のLDL受容体に結合し，細胞内に取り込まれてコレステロールを末梢組織に供給する．IDLはメタボリックシンドロームの患者に生じやすく，動脈硬化を進めて血栓症をひき起こすリポタンパク質として注目されている．

c HDL

小腸や肝臓から分泌されるアポリポタンパク質A1(アポA1)を多量に含む新生HDLは，末梢組織の細胞膜からコレステロールをひき抜いてレシチンコレステロールアシルトランスフェラーゼ(LCAT：肝臓で合成)によりコレステロールエステルを生成する．新生HDLは次第に形を変えてHDL3となり(リモデリングという)，さらにコレステローエステルを増してHDL2に変化する．HDL2のコレステロールエステルはHDL受容体を介して肝臓に取り込まれる．このように，HDLは末梢組織で不必要なコレステロールを肝臓に戻し，末梢での蓄積を防いでいる．肝臓でのコレステロールは前述のように胆汁酸に変換されるか胆汁中に分泌されて排泄される．HDL2のコレステロールエステルはLDL，VLDL，IDLのトリグリセリドと交換され，さらにHTGLによって再度HDL3や新生HDLに戻される経路も知られている．

8 プロスタグランジン

プロスタグランジンは精液に含まれるオータコイド(神経伝達物質やホルモンとは異なり，限られた場所で細胞間の情報を伝達する物質で，局所ホルモンとも呼ばれる)の1つで，前立腺やほかの組織に広く分布する．子宮筋の収縮や末梢血管の拡張など，多様な作用をもっている．プロスタグランジンはアラキドン酸からシクロオキシゲナーゼ(COX)によって，トロンボキサンとともに合成される．アラキドン酸はリン脂質からホスホリパーゼA_2によって遊離される．これらの酵素は副腎皮質ホルモンによって阻害されるため，プロスタグランジンの生成が抑制される．また，アスピリンはCOXの反応を阻害し，鎮痛効果をもたらす．白血球や肥満細胞では，アラキドン酸はリポキシゲナーゼによってロイコトリエンとなる．ロイコトリエンには気管支収縮作用があり，気管支喘息発作の起因物質とみなされている．

5 アミノ酸とタンパク質の代謝

タンパク質は消化管で消化後，アミノ酸となって吸収され，遺伝子情報に基づく生体固有のタンパク質合成の材料となり，また糖質や脂質，活性物質などへの変換の素材として利用されている．

1 タンパク質の消化と吸収(図 4-30)

タンパク質の消化(分解)とは，**ペプチド結合**(-CO-NH-)を切断する反応を意味する．この反応を触媒するペプチドおよびタンパク質の分解酵素の一般名をそれぞれペプチダーゼおよびプロテアーゼと呼ぶ．タンパク質の消化は胃と小腸の2ヵ所でおこなわれる．消化されて生成したアミノ酸あるいはジペプチド，トリペプチドは小腸粘膜上皮で消化，吸収され，門脈を経て肝臓に送られる．

a 胃の消化作用

(1) 胃の消化反応

口腔内で咀しゃくされたタンパク質は，胃底腺の壁細胞(傍細胞)が分泌する胃酸(塩酸)によって酸変性を受ける．酸変性によって，タンパク質は分解されやすくなる．また，胃酸の分泌はヒスタミン(ヒスチジンから合成される)，アセチルコリン，ガストリン(胃幽門部前庭部のG細胞から分泌されるホルモン)によって促進される．変性したタンパク質は，胃底腺の主細胞が分泌するペプシノーゲンがペプシンになった後に，ペプシンによって大まかに分解される．ペプシノーゲンは分解活性がないペプシンの不活性型前駆体(-ogen や pro- は前駆体という意味の接尾語や接頭語)であり，ペプシン

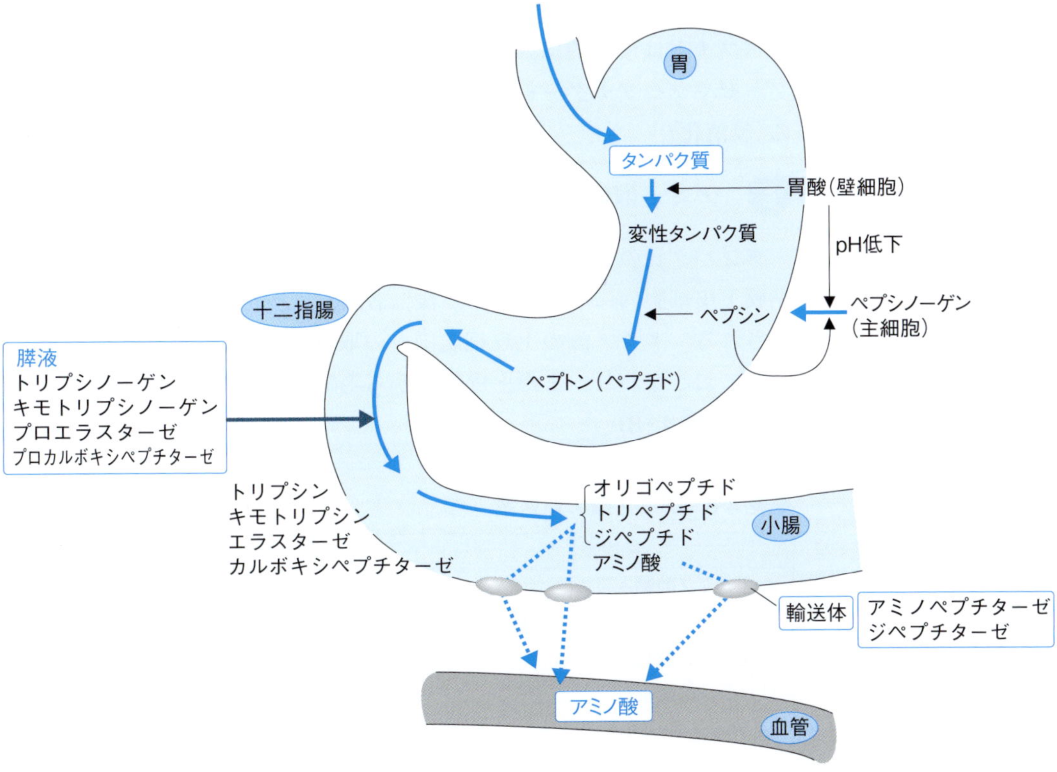

◆図 4-30　タンパク質の消化

自身によって前駆部分（ペプチド）が切断されて活性型になる．タンパク質の分解反応は胃の蠕動運動によって促進される．ペプシンの至適 pH は約 2 であり，胃酸中で最も作用を発揮する．胃の内腔はムチン質からなる粘膜と，胃の副細胞が分泌する粘液で覆われ，自己消化を防いでいる．

(2) 胃　液

胃酸の過剰分泌やその他の因子*で消化性潰瘍をきたすことがある．この場合にはヒスタミン受容体の拮抗剤 H_2 ブロッカーやプロトンポンプ阻害剤が治療に用いられる．

＊ヘリコバクター・ピロリ（ピロリ菌）およびストレスなどによる相乗効果が知られている．

乳児の胃液には凝乳酵素のレンニン（キモシン）が含まれ，乳を凝固させてカゼインをパラカゼインに変え，ペプシンの作用を助ける．

b 小腸の消化作用

胃で部分的に分解を受けた酸性のタンパク質消化物（ペプトン）は，十二指腸に開口するファーター乳頭部から排出された膵液を受けて中和される．胃酸の中和には膵液中の炭酸水素ナトリウム（重炭酸ソーダ，$NaHCO_3$）があたる．膵液中にはトリプシン，キモトリプシン，エラスターゼの前駆体（それぞれトリプシノーゲン，キモトリプシノーゲン，プロエラスターゼ）が含まれ，活性型となって小腸で作用する．いずれの酵素もペプチド鎖内側のペプチド結合を切断するエンド*ペプチダーゼであり，反応の至適 pH は中性付近である．これらの酵素で分解後，さらに膵液中のカルボキシペプチダーゼ A あるいは B でオリゴペプチド（2 ～ 8 アミノ酸）にまで分解される．これらのペプチドは最終的に，小腸粘膜上皮細胞の内腔面に固定するアミノペプチダーゼやジペプチダーゼによってアミノ酸，ジペプチド，トリペプチドとなる（膜消化）．

＊エンド（endo）：鎖の内側
エキソ（exo）：鎖の外側

c アミノ酸の吸収

タンパク質の分解産物であるアミノ酸，ジペプチド，トリペプチドは小腸粘膜上皮細胞内に取り込まれ，後二者はペプチダーゼによってアミノ酸に分解される．アミノ酸の上皮細胞内への取り込みは，Na^+ イオンチャンネルを通じておこなわれ，また上皮細胞から毛細血管内への移動は 5 種類の輸送系による（**表 4-8**）．

ハートナップ病
小腸上皮および腎尿細管における中性アミノ酸輸送体の異常で，実際にはトリプトファン吸収不全のためニコチン酸欠乏をきたし，ペラグラ様皮疹や小脳失調症，精神運動発達遅延が起こる．無症状例も多い．

◆表 4-8　アミノ酸の輸送系

輸送系	輸送アミノ酸
中性アミノ酸輸送系	Leu, Ala, Val, Met, Phe, Ile, Tyr, Trp
塩基性アミノ酸，シスチン輸送系	Arg, Lys, シスチン
酸性アミノ酸輸送系	Asp, Glu
グリシン輸送系	Pro, Gly
β-アミノ酸輸送系	β-Ala, タウリン

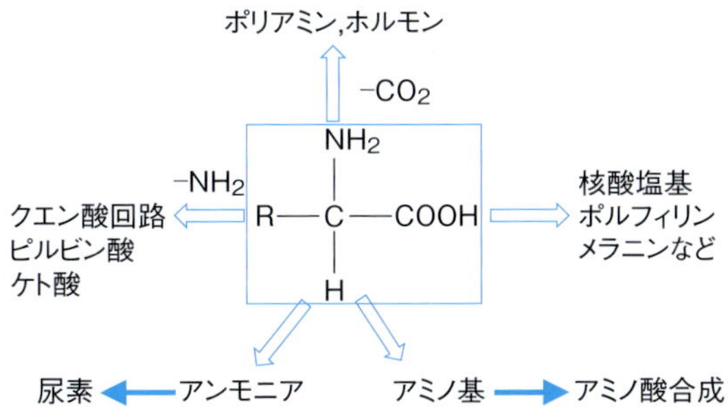

◆図 4-31 アミノ酸の代謝

2 アミノ酸の代謝

α-アミノ酸はタンパク質の構成素材として利用される．アミノ酸のアミノ基は，アミノ基転移反応によってα-ケト酸に渡されて別のアミノ酸に再利用され，一方，酸化的脱アミノ基反応によって生じたアンモニアは尿素回路によって尿素に固定されて排泄される．また，脱アミノ基反応で生じたケト酸やピルビン酸はクエン酸回路に入ってATP産生や糖新生，脂質合成に使われる．アミノ酸は，脱カルボキシル基反応によってポリアミンやホルモンなどの情報伝達物質につくり替えられるほか，核酸塩基などの素材として利用される(**図 4-31**)．

アンモニアの処理

ヒトなどの哺乳類はアンモニアを尿素として排泄するが，魚類などの水生動物はそのままアンモニアを水中へ排泄している(尿素回路がない)．また，鳥類，は虫類，昆虫類は尿酸に変えて糞として排泄している．これらの違いは水分の摂取環境の違いによるといわれている．

a アミノ酸の分解

アミノ酸の分解は，アミノ基とカルボキシル基が個別に脱離する．

(1) アミノ基の反応

アミノ酸のアミノ基の反応には，アミノ基転移反応と酸化的脱アミノ基反応がある．アミノ基転移反応はアミノ基がケト酸に転移する反応であり，この反応にビタミンB_6由来のピリドキサールリン酸がアミノ基の担体として使われる(**図 4-32**)．この反応を触媒する酵素群*は2種類あり，1つはα-ケトグルタル酸をアミノ基受容体とするグルタミン酸トランスアミナーゼであり，他方はピルビン酸を受容体とするアラニントランスアミナーゼである(**図 4-33**)．肝機能検査に用いられる**GOT**[グルタミン酸オキサロ酢酸トランスアミナーゼまたはアスパラギン酸アミノトランスフェラーゼ(AST)]は前者，**GPT**[グルタミン酸ピルビン酸トランスアミナーゼまたはアラニンアミノトランスフェラーゼ(ALT)]は後者に属する酵素である．それぞれの反応で，α-ケトグルタル酸がグルタミン酸に，ピルビン酸がアラニンになる結果，反応前のアミノ酸がケト酸に変換する．

* アミノ基転移酵素はトランスアミナーゼやアミノトランスフェラーゼという．

(2) 尿素回路

トランスアミナーゼで生じたグルタミン酸はグルタミン酸デヒドロゲナーゼによって，NADの存在下，酸化的に脱アミノ基反応を受けてアンモニア(NH_3)を生じる(**図 4-34**)．この反応はミトコンドリア膜内で起こる．生じたアンモニアは肝臓の**尿素回路**(**オルニチン回路**)によって解毒されて排泄さ

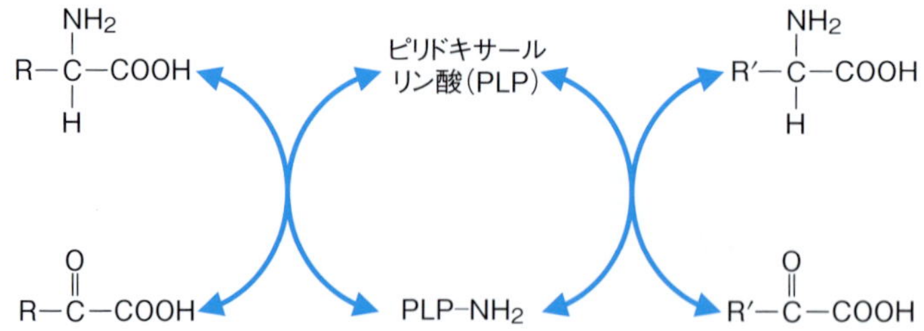

◆図 4-32 アミノ基転移反応

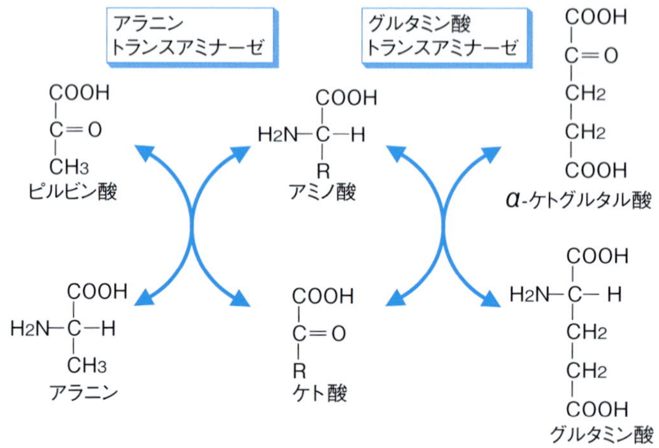

◆図 4-33 トランスアミナーゼの反応

れる．尿素は血液中や尿中の代表的な非タンパク性窒素である．尿素回路の反応(**図 4-35**)はまず，ミトコンドリア内でアンモニアがATPのエネルギーで二酸化炭素と結合してカルバモイルリン酸となることから始まり，ついでオルニチンと反応してシトルリンとなる．シトルリンはミトコンドリア膜を通過して細胞質に移り，アスパラギン酸と縮合してアルギニノコハク酸に変換される．アルギニノコハク酸がアルギニンとフマル酸に分解され，アルギニンがアルギナーゼで分解されて尿素とオルニチンを産生する．オルニチンはミトコンドリアに戻って再利用される．したがって，尿素の2つのアミノ基は，それぞれアンモニアとアスパラギン酸に由来する．1日約120 gのアミノ酸から25～35 gの尿素が産生される．肝硬変など，肝臓におけるアンモニアの処理に障害があると，アンモニアの血中濃度が高まり(**高アンモニア血症**)，肝性昏睡をひき起こす．尿素回路では尿素のほかにクレアチンも合成している．合成されたクレアチンは血中に放出される．その後，筋肉に入ってリン酸化されてクレアチンリン酸として貯蔵され，エネルギーが必要な時にはATPを産生してクレアチンに戻る．

(3) カルボキシル基の反応

アミノ酸のカルボキシル基は脱炭酸反応を受けてアミンになる．

$$RCH(NH_2)-COOH \rightarrow RCH_2NH_2 + CO_2$$

（アミノ酸）　　　　　（アミン）

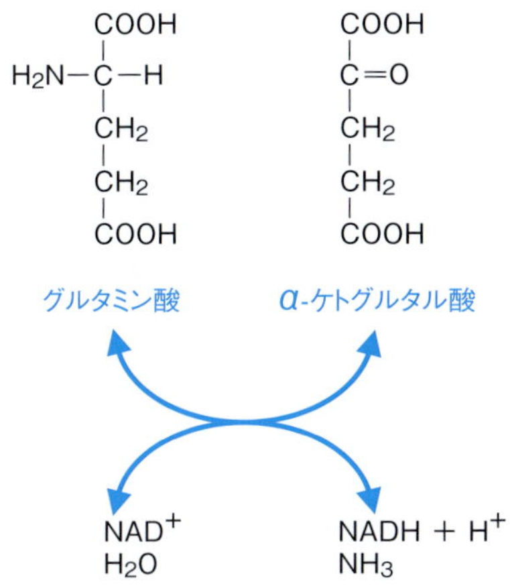

◆図 4-34　グルタミン酸デヒドロゲナーゼの反応

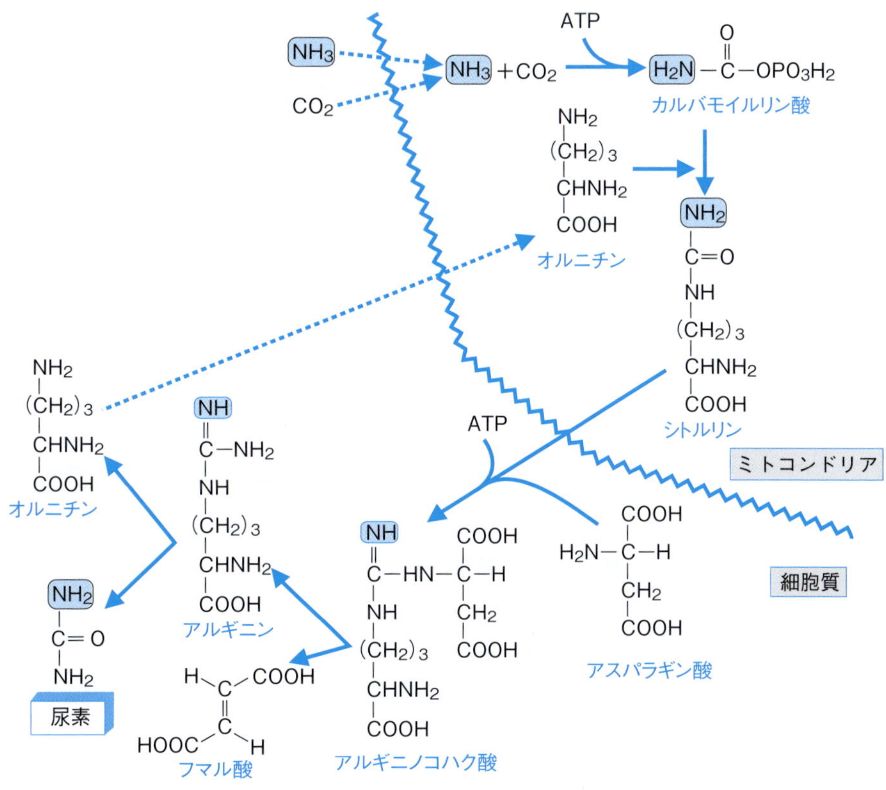

◆図 4-35　尿素回路

この反応によって，アミン性ホルモンや神経伝達物質が産生する．

b　アミノ酸の生合成(図 4-36)

非必須アミノ酸(体内で合成されるアミノ酸をいう)は肝臓で解糖，クエン酸回路，尿素回路の代謝中間体を経由して酵素的に合成される．また，非必須アミノ酸のチロシンは必須アミノ酸のフェニルアラニンから合成される．

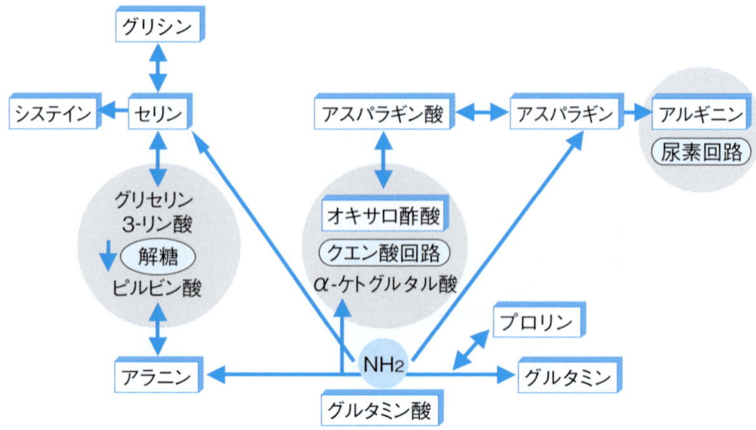

◆図 4-36　非必須アミノ酸の合成

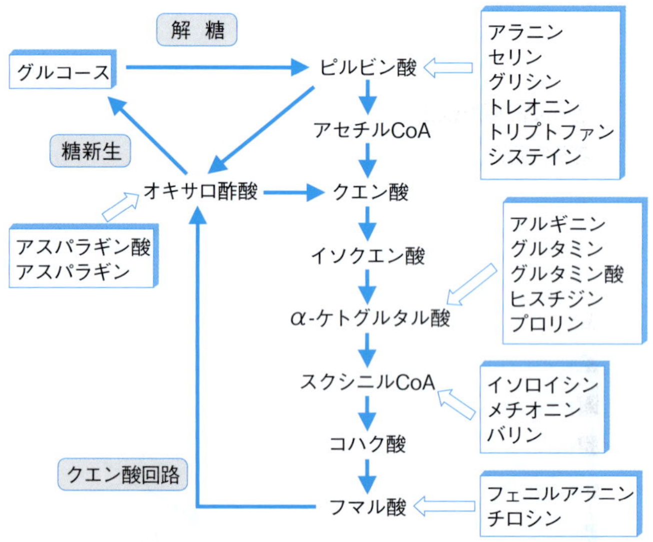

◆図 4-37　糖原性アミノ酸の代謝

アミノ酸が解糖やクエン酸回路と連絡することは，アミノ酸がこれらの回路を通じて糖や脂質に変換されることを示している．

c　ケト酸の代謝

アミノ酸の脱アミノ基反応で生じた α-**ケト酸**は，アミノ基を失う前のアミノ酸によって異なる代謝経路を通る．1つは，糖原性アミノ酸がたどる経路(**図 4-37**)で，ピルビン酸やクエン酸回路の代謝中間体に変換されて，ATP 産生あるいは糖新生に向かう．糖原性アミノ酸には，ロイシンとリシンを除く他のアミノ酸が属する．アラニンは糖新生能の高いアミノ酸であり，ピルビン酸に変換された後，グルコースの合成に利用される．もう1つは，ケト原性アミノ酸がたどる経路で，ロイシンとリシンがこれに属し，それぞれアセト酢酸とアセトアセチル CoA を生じる．

◆表 4-9　アミノ酸から合成される化合物

化合物	原料アミノ酸
プリン塩基	アスパラギン酸，グリシン，グルタミン
ピリミジン塩基	アスパラギン酸
ポルフィリン	グリシン
ヒスタミン	ヒスチジン
ニコチン酸(NAD$^+$)，セロトニン	トリプトファン
アドレナリン，チロキシン，メラニン	チロシン
γ-アミノ酪酸(GABA)	グルタミン酸

◆表 4-10　アミノ酸の代謝異常症

代謝異常症	原因アミノ酸	異常酵素	症　状
フェニルケトン尿症	フェニルアラニン	フェニルアラニンをチロシンにする酵素(フェニルアラニン-4-モノオキシゲナーゼ)	劣性遺伝で，知能障害をもたらす．
アルカプトン尿症	チロシン	チロシン代謝の中間体．ホモゲンチジン酸の酸化酵素(ホモゲンチジン酸-1, 2-ジオキシゲナーゼ)	尿がアルカリで黒化する．マレイルアセト酢酸の生成酵素の欠損．
カエデ糖尿症(メープルシロップ尿症)	分枝アミノ酸	鎖に分枝鎖をもつアミノ酸の分解酵素(分枝ケト酸デヒドロゲナーゼ複合体)	尿がカエデ糖臭をもつ．
高シュウ酸尿症	グリシン	グリシンからのグリオキシル酸の異化酵素(α-ケトグルタル酸 - グリオキシル酸カルボリガーゼ)	リシンの代謝異常によるシュウ酸の蓄積．尿路結石から腎不全を起こす．
白皮症	チロシン	チロシンからメラニンを合成する酵素(チロシナーゼ)	皮膚が乳白色になる．

d　アミノ酸由来の生体物質

アミノ酸は，核酸の塩基部分やヘムタンパク質のポルフィリンなどの生体化合物の合成材料となる(**表 4-9**)．

3　アミノ酸の代謝異常(表 4-10)

アミノ酸の代謝に何らかの障害があって，代謝されなかったアミノ酸や異常な代謝産物が尿や血液に検出されることがある．アミノ酸の代謝異常では，尿中の脂肪酸などの代謝産物やアミノ酸を調べたり，独特の症状で診断され，小児期に発見されるものが多い．代謝異常は，先天的に代謝酵素の活性が弱かったり，欠損することが原因である．

4　窒素平衡

三大栄養素のうち，窒素を含むものは主にタンパク質であり，タンパク質中の窒素量は約 16 重量％である．したがって，ある物質の窒素量を 100/16 倍すると，その物質のタンパク質量が概算できる．正常な成人では，摂取した窒素量と排泄した窒素量は等しくなり，この状態を**窒素平衡**にあるという．一方，成長段階にある小児やタンパク質を必要とする妊産婦では，摂取窒素量が排泄窒素量を上回り，この状態を正の窒素平衡状態という．逆に，身体の消耗時などの場合は排泄窒素量が摂取窒素量を上回るため，負の窒素平衡にあるという．尿中の窒素分として，尿素，尿酸，アンモニア，クレアチニン，アミノ酸などがある．このうち，尿酸のみが核酸のプリン塩基の代謝物であり，他はすべてアミノ酸が代謝されたものである(プリン塩基もアミノ酸から合成されるため，広義にはすべてアミノ酸の代謝物ともいえる)．

6 三大栄養素と代謝

生体内の代謝反応は個々の反応が独立しておこなわれているのではなく，種々の代謝経路が複雑に絡みあって同時に進行している．したがって，生体が置かれている環境や身体状況に応じて，代謝反応は巧妙な調節機構を用いて生体を維持している．

1 糖質と脂質とタンパク質の関係

グルコース，脂肪酸，アミノ酸は，共通の酸化回路であるクエン酸回路で直接あるいは間接的に合流する(**図 4-38**)．したがって，糖質，脂質，タンパク質は代謝的にクエン酸回路でつながることになる．これらの異化反応では，グルコースは嫌気的な解糖で乳酸と ATP を生じるが，好気的な条件下ではピルビン酸と ATP，NADH を産生し，アセチル CoA を経てクエン酸回路に入る．クエン酸回路では NADH，$FADH_2$，GTP を産生し，前二者は電子伝達系で酸化的リン酸化に供給されて大量の ATP を生み出す．脂肪酸は β 酸化により分解される過程でアセチル CoA，NADH，$FADH_2$ を生じ，クエン酸回路，電子伝達系により酸化反応を受ける．アミノ酸の脱アミノ基反応で生じたケト酸や，アラニンはピルビン酸に変換されてクエン酸回路に

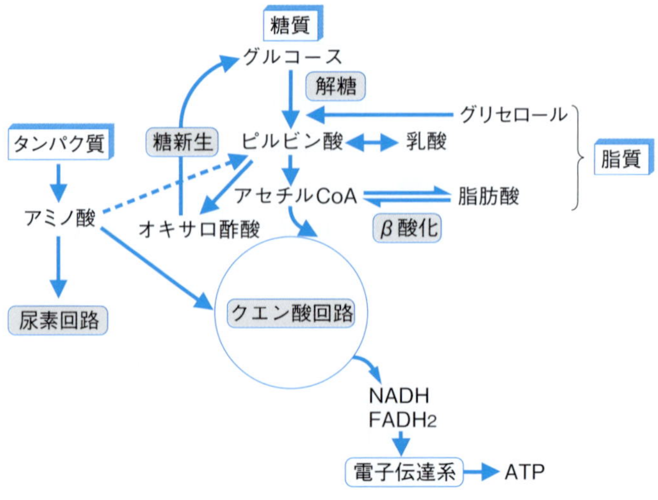

◆**図 4-38　栄養素の代謝連絡**

入って酸化される．このように，異化反応はエネルギー産生に向かう途中で，アセチル CoA などの重要な代謝中間体を提供する過程でもある．一方，糖質，脂質，タンパク質の同化反応では，グルコースは糖新生系で乳酸やアミノ酸から合成され，グリコーゲンとなって貯蔵される．アミノ酸は遺伝子情報にしたがってタンパク質に組み込まれる一方で，核酸やその他の生体物質の材料となっている．糖質やアミノ酸から産生されるアセチル CoA は，脂肪酸やコレステロールの生合成に使われている．これらの代謝反応のうち，クエン酸回路，β酸化，電子伝達系，ケトン体合成系などの酸化還元反応はミトコンドリアで起こり，解糖，ペントースリン酸回路，脂肪酸の合成などは細胞質で起こる．

2 代謝調節

メタボリックシンドローム（代謝症候群）

近年，脳梗塞や心筋梗塞などの誘発危険因子として注目されており，内臓脂肪型肥満（腹囲測定）に加えて高血糖（空腹時血糖 110 mg/dL 以上），高血圧（拡張期血圧 85 mmHg 以上かつ / または収縮期血圧 130 mmHg 以上），脂質異常症（LDL-コレステロール 140 mg/dL 以上または HDL-コレステロール 40 mg/dL 未満，またはトリアシルグリセロール 150 mg/dL 以上）の状態をいう．

生体の物質代謝では，代謝産物が十分に産生された場合には無駄な消費を回避するため，酵素の活性を調節して合理的に利用しようとする調節機構が備わっている．各代謝経路には，その経路全体の代謝速度を決める反応速度の遅い律速酵素が 1 つ以上存在する．代謝の調節には律速酵素が重要であるが，その代謝経路の個々の酵素自身にも調節される性質が備わっている．前述のアロステリック調節因子や酵素タンパク質のリン酸化による調節，酵素タンパク質自身の合成と分解による調節などが，酵素の活性の強弱あるいは有無を左右している．また，ある代謝経路で，代謝反応が進んで生成された下流の生成物が，上流の酵素の活性を阻害することがある．これを**フィードバック阻害**（図 4-39）というが，この阻害による調節も代謝経路全般あるいはほかの代謝経路と関連して重要である．例えば，解糖のホスホフルクトキナーゼは解糖の最終産物である ATP によって阻害されるが，一方でこの酵素はフルクトース 2, 6-ビスリン酸［FDP（フルクトース 1, 6-ビスリン酸）と異なる］によって活性化される．

a 臓器の代謝

(1) 脳

脳では血糖のみをエネルギー源としているが，飢餓時には脂肪酸からのケトン体が使われる．脳では好気的に解糖が進むため，大量の酸素を消費す

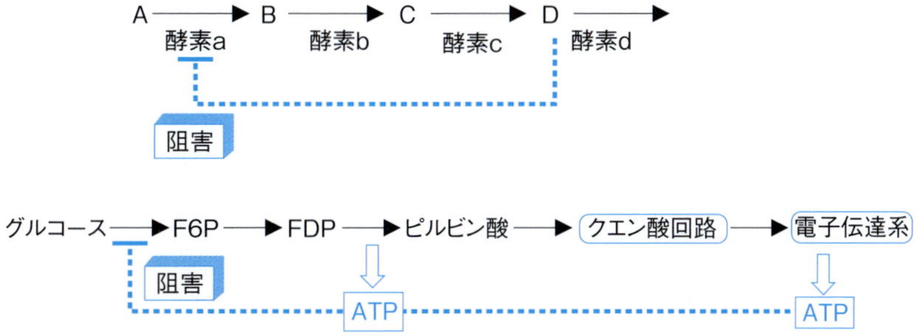

◆図 4-39　フィードバック阻害

る．脳はグリコーゲンを貯蔵できないため，常に血糖に依存して中枢機能を営んでおり，低血糖の持続や急激な血糖低下は昏睡をまねく．

(2)　心　筋

心筋は脂肪酸から好気的に得られたケトン体をエネルギー源としている．したがって，心筋への酸素の供給に障害が起こると，心筋が梗塞する．グリコーゲンとは異なり，脂質は大量に貯蔵できるため，心筋機能のエネルギー源として好都合である．

(3)　骨格筋

骨格筋は血糖および貯蔵グリコーゲンをグルコースに変えてエネルギーとしているが，肝臓のように血糖としてグルコースを放出することはない．筋運動では酸素の供給が追いつかずに，嫌気的な解糖が起こり，乳酸が大量に産生，蓄積する．生じた乳酸は血液中に放出されて肝臓に送られ，処理される(乳酸回路，コリ回路)．

(4)　肝　臓

肝臓は，脳や骨格筋および脂肪組織に対する物質代謝の中心的な役割を担っている．すなわち，貯蔵グリコーゲンを分解して脳やその他の組織にグルコースを送って血糖値の維持につとめ，骨格筋の不十分な代謝でもたらされた乳酸を，糖新生に振り分けたりアシドーシスを防ぐために処理する．余剰のアミノ酸や糖質を脂質に変えて脂肪組織に貯蔵し，必要に応じて脂質を分解して脂肪酸を取り出し，ケトン体をつくり出して心筋などへ送る．また，アミノ酸からのアンモニアを尿素回路で解毒する．

column

アルコール代謝とアルコール中毒

酒類のアルコールは「百薬の長」と古くからいわれるように，適度の飲酒が食欲の増進や精神活動によい影響を与えることはよく知られている．酒類のエチルアルコール（エタノール，酒精）は，本来がアルコールの固まりのようなデンプン質がコウジカビなどの微生物によって分解されてできたものである．したがって，デンプン質やブドウ糖をもつ物質はすべて酒の原料になる．アルコールは胃で約 20%が吸収され，残りは腸ですみやかに吸収される．「酔う」という現象は血液中のアルコールによって中枢神経が麻痺することによるが，アルコールの過剰摂取は急性アルコール中毒を，習慣的な飲酒は慢性アルコール中毒をもたらして，さまざまな症状を呈する．エチルアルコールは肝臓のアルコールデヒドロゲナーゼおよび P450 オキシゲナーゼでアセトアルデヒドに酸化され，ついで 3 種類の異なるアルデヒドオキシゲナーゼによって酢酸に酸化されて，最終的にアセチル CoA となった後，ATP の産生系に向かう．アルコールが発生させるエネルギー量はこれで理解できる．アセトアルデヒドは二日酔いの原因物質である．過剰なアセチル CoA はケトン体の産生系にまわって，糖尿病のようなケトーシスをひき起こし，またグルコースの利用や糖新生を抑制するため，低血糖をもたらすことがある．さらに，慢性アルコール中毒では脂質が肝臓に動員されて脂肪肝をひき起こすことも知られている．メチルアルコール（メタノール，木精）やエチレングリコールが毒性を示すのは，これらがアルコールの代謝酵素によってそれぞれ有毒なギ酸やシュウ酸に酸化されるからである．

b 飢餓とストレス

(1) 絶食飢餓

食事直後では，糖や脂質，アミノ酸が大量に体内に取り込まれ，とくに血糖値は一時的に高まる(食事性高血糖)．しかし，時間の経過とともに，血糖値は正常レベルに戻る．取り込まれたグルコースは肝臓と骨格筋にグリコーゲンとして貯蔵されるが，それにも限度があり，グルコースはアミノ酸とともに脂肪酸に変えられ，脂質として脂肪組織に蓄えられる．アミノ酸も一部は体内のタンパク質合成に使われる．これらの調節にはインスリンが主に働いている．したがって，インスリンはグリコーゲンの合成，脂質の合成と脂肪組織への取り込み，タンパク質合成などを促進することによって，食間のエネルギーの蓄積につとめている．空腹時で血糖値が低下すると，グルカゴンが膵臓から分泌され，肝臓のグリコーゲン分解を促進して，血糖値の維持につとめる．グリコーゲンの1日貯蔵量は，生体の必要とするエネルギー源としては不十分である．したがって，グルカゴンは筋肉の乳酸からグルコースを合成する乳酸回路を利用する糖新生を肝臓に促す．絶食時や飢餓状態では，グルカゴンの他にグルココルチコイドが加わって，肝臓と筋肉のタンパク質の分解とアミノ酸からの糖新生系が促進される．これらのホルモン作用によって，脂質の脂肪酸とグリセロールもグルコースの合成に動員される．

(2) ストレス

ストレスが負荷された場合，それに対応した代謝反応が起こる．エネルギーをすみやかに調達するため，カテコールアミン(アドレナリンとノルアドレナリン)が分泌され，それが信号となってグリコーゲンや脂肪の分解が促進されてグルコースや脂肪酸が動員される．アドレナリンはグルカゴンの分泌促進のほか，循環器系や泌尿器系などに働きかけて全身性の交感神経的な作用を発揮する．ストレスがさらに加重すると，糖質コルチコイドが分泌されて，ストレスに適応しようとする．

交感神経作用

自律神経系の1つで副交感神経とは反対の作用をもたらし，循環器系や呼吸器系など，消化器系以外の働きを亢進させる．

糖質コルチコイドのストレス適応

糖質コルチコイドの作用により，血糖値や血圧を上昇させてストレスに適応しようとする．

7 ヌクレオチドの代謝

ヌクレオチドは核酸の原料となるほか，ATPなどのモノヌクレオチドとして生体内で重要な働きをしている．ヌクレオチドの糖部分はグルコースから，塩基部分はアミノ酸とビタミンから合成される．

1 ヌクレオチドの合成(図4-40)

モノヌクレオチドはプリン塩基をもつプリンヌクレオチド(ATPやGTPなど)と，ピリミジン塩基をもつピリミジンヌクレオチド(CTP，UTP，dTTPなど)に分かれる．ヌクレオチドの糖とリン酸部分は，ペントースリン酸回路の代謝中間体である5-ホスホリボースが5-ホスホリボシル 1-ピロリン酸(PRPP)となって合成される．デオキシリボヌクレオチドの合成は，リボ

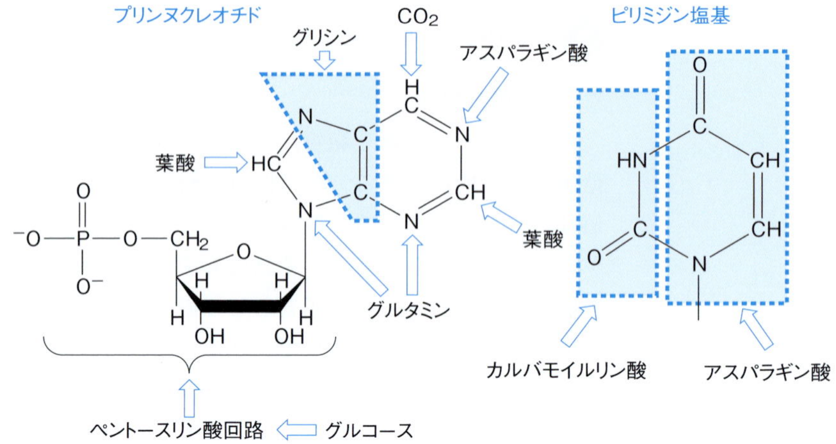

◆図 4-40　ヌクレオチドの合成

ヌクレオシド二リン酸(ADP, GDP, UDP, CDP)の段階で酵素的に還元されて変換される．塩基部分の合成はプリン塩基とピリミジン塩基で異なり，プリン塩基の環骨格はアスパラギン酸，グリシン，グルタミンおよび葉酸の誘導体が，ピリミジン塩基はアスパラギン酸とカルバモイルリン酸(p.95 アミノ酸の分解参照)が使われている．葉酸の欠乏症で貧血をきたすのは，プリンヌクレオチドとチミンの合成ができずに，血液細胞の分裂が阻害されるためである(p.111 コラム参照).

痛風

プリンヌクレオチド合成の亢進が主な原因であり，その機序として PRPP 合成酵素活性の異常亢進，グルコース-6-ホスファターゼ欠損症(糖原病 Ia 型)の二次的な尿酸の蓄積などが知られており，ヒポキサンチン-グアニンホスホリボシルトランスフェラーゼ(HGPRT)欠損症(レッシュ・ナイハン症候群)は先天性尿酸代謝障害である．痛風の薬物治療時には肉類の食餌は禁忌である.

2 ヌクレオチドの分解(図 4-41)

プリンヌクレオチド，ピリミジンヌクレオチドともに脱リン酸化されてヌクレオシドとなり，さらに加リン酸化反応で糖部分がはずれて塩基が残る．ピリミジン塩基(C, T, U)は環が開環されてアミノ酸あるいはアミノ酸誘導体となって代謝あるいは排泄される．プリン塩基(A, G)はキサンチンとなり，酸化されて尿酸となって排泄される．プリン塩基は再びヌクレオチドに合成されて再利用される(**サルベージ回路**)が，この再生経路に障害があると尿酸が体内に蓄積して高尿酸血症となり，**痛風**の原因となる.

8 ポルフィリンと胆汁色素の代謝

ピロール環

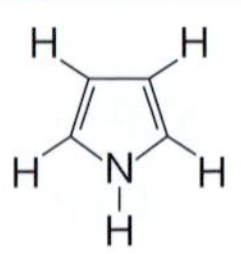

赤血球の血色素であるヘモグロビンは鉄を結合した**ヘム**(プロトヘム)にタンパク質のグロビンが結合したものである．ヘムは4つのピロール環が結合したポルフィリン(ポルフィリンは側鎖の違いで分けられるが，生体内のそれはプロトポルフィリンという)で構成され，2価鉄はポルフィリン環のピロール窒素およびグロビンのヒスチジン残基のイミダゾール窒素に配位結合している．ヘムをもつタンパク質をヘムタンパクといい，シトクロムもこの種類に入る．酸素はヘムの鉄に結合して末梢に運ばれる．ヘムの鉄が酸化されて3価鉄(メトヘモグロビン)になったり，シアンイオン(CN^-)や一酸化

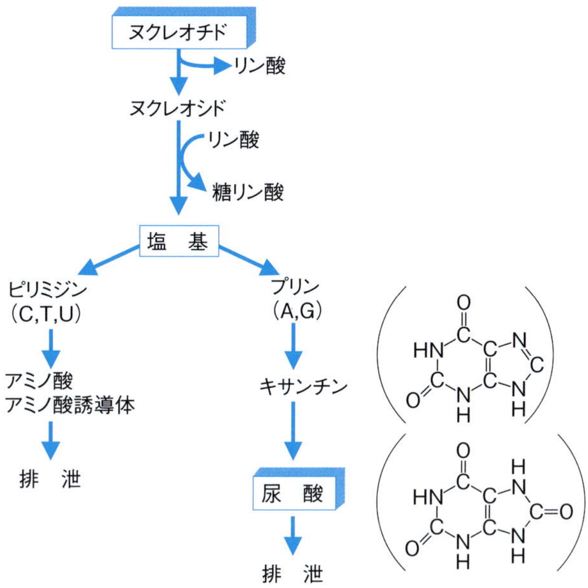

◆図 4-41 ヌクレオチドの分解

炭素(CO)がヘムに結合すると，酸素が結合できなくなり，中毒をきたし，窒息する(呼吸毒).

1 ポルフィリンの合成(図 4-42)

ポルフィリン環の合成は，最初と終段階の反応がミトコンドリア内で起こり，中間の反応は細胞質でおこなわれる．スクシニル CoA とグリシンからミトコンドリアで合成されたδ-アミノレブリン酸(δALA)が細胞質に移動して，その 8 分子から 4 分子のポルホビリノーゲンが合成され，中間体を経てコプロポルフィリノーゲンⅢとなる．ついで，ミトコンドリアでプロトポルフィリンが合成された後，鉄が結合してプロトヘムとなる．この合成経路の律速段階は，最初のδ-アミノレブリン酸の合成反応であり，プロトヘムはこの反応をフィードバック阻害して，過剰なヘムの合成を防いでいる．

2 ポルフィリンの分解と胆汁色素

a ビリルビン

赤血球の寿命(約 120 日)が尽きると，赤血球は脾臓，肝臓，骨髄の細網内皮系細胞でヘモグロビン量にして 1 日あたり 7.5 ～ 8.0 g が分解される．ヘムは分解されて鉄を遊離し，ポルフィリン環は環の一部が切断されてビリベルジン(緑色)となり，さらに還元されてビリルビン(黄色)となる(図 4-43)．ビリルビンは血液中に入るが，不溶性のためアルブミンと結合して(間接ビリルビン)肝臓に送られる．肝臓でアルブミンから離れ，グルクロン酸と抱合して(直接ビリルビン)水溶性となり，ビリベルジンとともに胆汁色素となって胆嚢に貯留され，十二指腸から排泄される．ヒトは 1 日あたり約 0.3 g

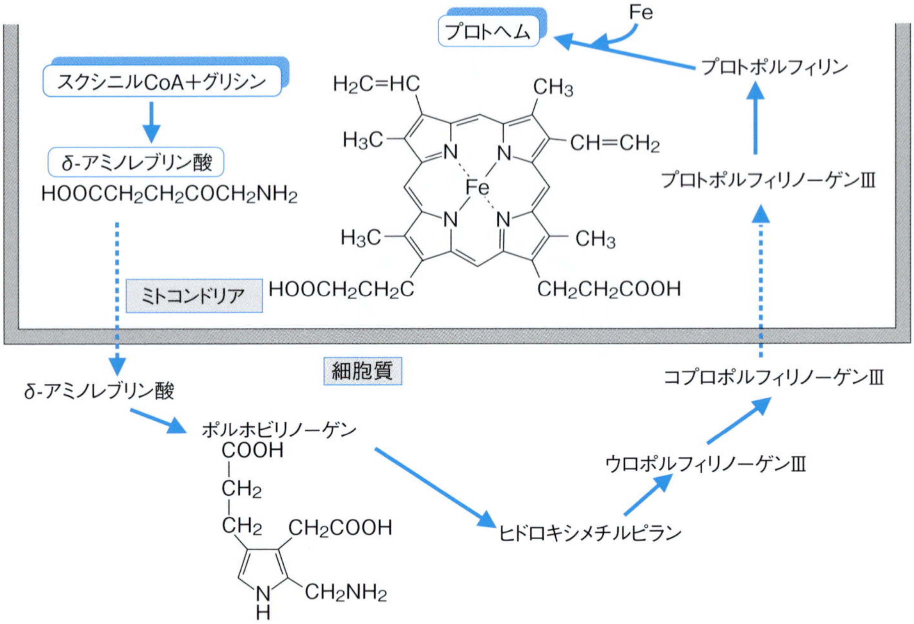

◆**図 4-42 ポルフィリンの合成**

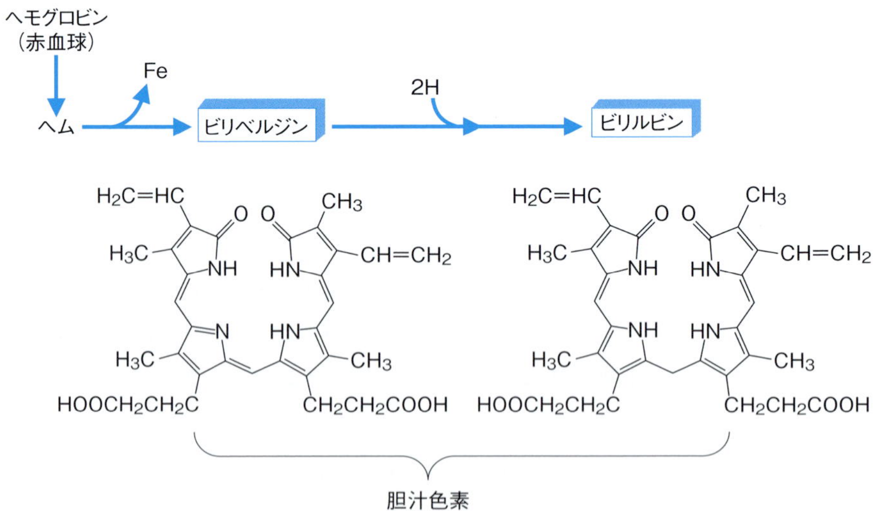

◆**図 4-43 ポルフィリンの分解**

のビリルビンを産生し，そのうちの約80%はヘモグロビンに由来する．鉄のほとんどは再利用される．胆汁色素は単なる排泄物ではなく，酸素ラジカルの清掃機能物質(スカベンジャー)としての働きをもっている．ビリルビンが腸に排泄されると，腸内細菌によって還元されてウロビリノーゲンとなるが，この一部は腸から吸収されて肝臓に戻り，再び胆汁中に排泄される(**腸肝循環**)．腸に排泄されたビリルビンの一部はステルコビリノーゲンとなり，さらにステルコビリンとなって糞便中に排泄される．

◆表 4-11　黄疸の原因

黄疸の種類	原　因
① 溶血性黄疸	赤血球の破壊亢進
② 肝細胞性黄疸	非抱合型ビリルビン上昇
	(1) ビリルビンの取り込みの障害
	(2) グルクロン酸抱合酵素の異常
	抱合型ビリルビン上昇
	(1) 肝細胞から毛細胆管への排泄障害
	(2) 抱合型の排泄障害と非抱合型の肝細胞への取り込み障害
③ 閉塞性黄疸	肝臓内型…肝細胞の傷害，肝内胆管の炎症
	肝臓外型…結石，胆管がんなどによる胆道の閉塞
④ 新生児黄疸	肝臓のグルクロン酸抱合能が弱い

新生児黄疸

溶血性黄疸の1つである．新生児は赤血球が多く，余分な赤血球は脾臓で破壊される（溶血）．ヘモグロビンからつくられた非抱合型（間接型）ビリルビンは肝臓に運ばれて，抱合型（直接型）ビリルビンになるが，新生児期の肝臓機能の未熟性も加わり，生後2～3日から黄疸が始まり，約1週間で消失する．

b　黄疸（おうだん）

ポルフィリンやビリルビンの代謝異常にポルフィリン症と高ビリルビン血症がある．ポルフィリン症はヘム合成経路の酵素の遺伝子異常が原因であり，尿中にポルフィリンやその合成前駆体が大量に排泄され，患者は日光皮膚炎を起こす．高ビリルビン血症では，血液中のビリルビン量が基準値（血清ビリルビンの基準値は 0.2 ～ 1.2 mg/dL）を大きく上回り（血清ビリルビン値が 2 ～ 3 mg/dL 以上），皮膚や粘膜が黄色を呈してくる（**黄疸**）．黄疸の原因は4つに分けられる（**表 4-11**）．① 溶血性黄疸は，赤血球の破壊が亢進してヘモグロビンの分解が異常に高まり，ビリルビン量が肝臓の処理能力を超えた時に起こる．② 肝細胞性黄疸は，ウイルスや薬物，毒物によって肝細胞が傷害を受け（肝炎），ビリルビンを処理できない時に起こる．遊離（非抱合型）ビリルビンの上昇型と抱合型ビリルビンの上昇型に分かれる．③ 閉塞性黄疸は，肝臓内から十二指腸に至る胆管や胆道の内部が，結石や胆管がんなどで閉塞されるか，あるいは膵頭がんや胃がんの腫瘤が胆道を圧迫して閉塞した場合に起こる．

9　水と無機質の代謝

水は空気と並び，ヒトが生きていく上で必要不可欠な要素である．生命現象はすべて水を溶媒とする酵素反応によっておこなわれ，また，血液として栄養素や老廃物，電解質，ホルモンなどの運搬や体温の保持をおこなう．

1　水の分布

体内の水分（体液）を細胞内液と細胞外液に分け，さらに細胞外液は血液やリンパ液の脈管内液，組織液（間質液）などに分けられる．

体液（成人では 60％）┬ 細胞内液（40％）
　　　　　　　　　　└ 細胞外液（20％）┬ 組織液（15％）
　　　　　　　　　　　　　　　　　　　└ 脈管内液（血漿など，5％）

◆**表 4-12 年齢と体液の分布**

	新生児	乳児(3ヵ月)	乳児(1年)	成 人	老 人
全体液量	80	70	60	60	50
細胞外液	40	30	20	20	20
細胞内液	40	40	40	40	30

◆**表 4-13 水の出納(1日あたり)**

摂取量		排泄量	
飲水	1,200 mL	尿	1,200 mL
食物	800 mL	不感蒸泄	900 mL
代謝水	200 mL	糞便	100 mL
総量	2,200 mL	総量	2,200 mL

◆**表 4-14 消化液の分泌量(1日あたり)**

消化液	腸 液	胃 液	唾 液	膵 液	胆 汁	総 量
分泌量(L)	1.0～3.0	1.0～2.4	0.5～1.5	0.7～1.0	0.3～0.5	3.5～8.4

体内に含まれる水分は体重の約60%であり，年齢によって異なる．加齢とともに体内の水分は減少するが，この減少は細胞外液で大きい(**表 4-12**)．水は浸透圧によって細胞の膜を通過し，細胞内液と外液は交流している．同様に，脈管内液と組織液も物質の交流のために水が出入りし，とくに毛細血管の部位で著しい．水分の出納バランスが崩れると脈管内液が組織液となり，疎性結合組織に貯留して浮腫をまねく．

また，血漿中にはアルブミンやグロブリンなどの血漿タンパク質があり，これらの水をひき込む力(膠質浸透圧)によって，とくに血流に血圧の及ばない静脈血に，末梢からの組織液が取り込まれている．したがって，血漿タンパク質濃度の低下も浮腫の原因となる．これらの水分量の出納は，その年齢に応じて常に一定になるように呼吸器系や消化器系，泌尿器系などの組織によって調節されており，恒常性(ホメオスタシス)が保たれている．

2 水の代謝

水の1日の出納量は，成人で供給総量2,200 mLであり，飲水，食物，代謝水の総和である．代謝水とは，栄養素が最終的に水まで代謝された時の産生水分量である．一方，排泄総量も供給総量と同じであり，尿，糞便，不感蒸泄(または不感蒸散；体温調節とは無関係な水分の皮膚からの蒸発．汗とは異なる)，呼気を含むそのほかからなる．水分の排泄に関与する組織には，肺(呼気)，腎臓(尿)，消化器(糞便)，皮膚(汗)があり，これらの組織によって水分の出納が一定に保たれている(**表 4-13**)．腎臓では，1日あたり180 Lの原尿(腎糸球体で濾過された直後の尿)がつくられるが，そのうちの99%は再吸収され，残りが尿として排泄される．老廃物などの排泄のため，最小限度の尿量約500 mLは必要である(不可避尿)．また，唾液や胃液など，消化器組織から消化管腔に分泌される水分(**表 4-14**)も，糞便として排泄される水分以外，ほとんどが腸で吸収される．

3 無機質と代謝

生元素
生体の活動や維持のために不可欠な元素．

電解質と非電解質
水に溶かした時，イオン化する物質を電解質といい，糖質や尿素などのようにイオン化しない物質を非電解質という．

栄養素には含まれない元素（炭素，酸素，水素，窒素以外）も，生体内では重要な働きをしている．ヒトでは約4%の無機質（生元素）をもっているが，比較的多い元素にはカルシウム，リンなどがあり，微量元素として鉄や亜鉛などがある（**表4-15**）．とくに，カルシウムとリンは骨の構成成分として，圧倒的に多い．体液には無機質が電解質として溶けているが，血漿などの細胞外液と細胞内液とでは，電解質の組成に大きな違いがある（**図4-44**）．

◆**表 4-15　人体の無機質の含量**

主要無機質

元素名	体重%
カルシウム(Ca)	1.4
リン(P)	1.1
カリウム(K)	0.2
硫黄(S)	0.2
ナトリウム(Na)	0.14
塩素(Cl)	0.14
マグネシウム(Mg)	0.03

微量元素

元素名	体重%
鉄(Fe)	0.006
フッ素(F)	0.004
亜鉛(Zn)	0.003
ケイ素(Si)	0.003
銅(Cu)	10^{-4}
ヨウ素(I)	1.9×10^{-5}
マンガン(Mn)	1.7×10^{-5}
ニッケル(Ni)	1.4×10^{-5}
スズ(Sn)	$< 2.4 \times 10^{-5}$
モリブデン(Mo)	$< 1.3 \times 10^{-5}$
クロム(Cr)	$< 9.4 \times 10^{-6}$
コバルト(Co)	$< 2.1 \times 10^{-6}$
バナジウム(V)	2.5×10^{-5}*
セレン(Se)	1.9×10^{-5}*
ヒ素(As)	2.9×10^{-7}

*軟組織

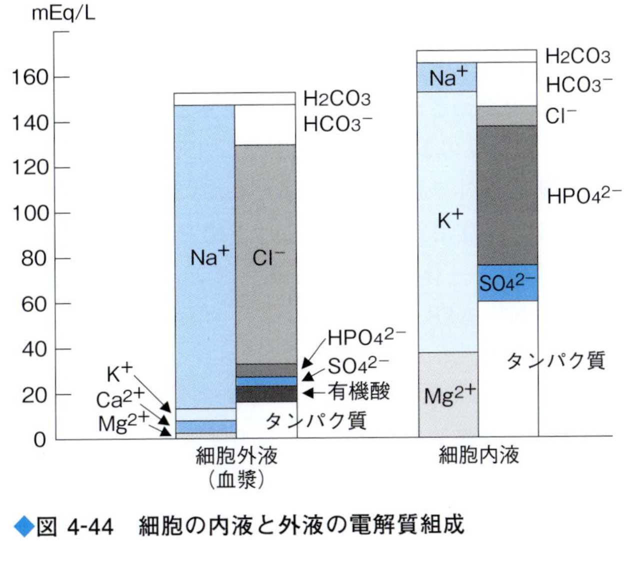

◆**図 4-44　細胞の内液と外液の電解質組成**

細胞内液ではカリウムイオンとリン酸イオンが圧倒的に多いが，細胞外液ではナトリウムイオンと塩素イオンが多いのが特徴である．細胞外液の無機質の組成は海水のそれとよく似ているが，これは生命が海を起源とすることをものがたっている．

1価イオン
1価イオンは 1 mM=1 mEq/L

①カルシウム——体内に約1 kg含まれ，そのほとんどはリン酸と結合して骨に保存されている(ヒドロキシアパタイト)．筋収縮や血液凝固，ホルモン情報などに対する細胞内の信号などとして働く．血中濃度は約2.5 mMで，イオン化して遊離したり，カルモジュリンなどのタンパク質に結合している．カルシウムは上皮小体(副甲状腺)ホルモン(PTH)の作用によって骨から血漿中に取り出され(骨吸収)，逆に甲状腺から分泌されるカルシトニンによって，血漿中から骨に返される．血漿カルシウム濃度が極度に低下すると(低カルシウム血症)，筋の興奮性が増してけいれん(テタニー)を起こす．骨粗しょう症も骨質カルシウムの低下が原因である．

骨粗しょう症
閉経後あるいは不活発な女性に頻発しやすく，女性ホルモンのエストロゲンの分泌低下が主原因といわれる．エストロゲンは造骨に働く骨芽細胞を活性化させることが知られており，閉経により造骨能が低下し，骨粗しょう症をまねくとされている．

②リン——約80%がカルシウムイオンなどの塩として結合して骨や歯に存在し，残りは体液中や核酸，リン脂質，リンタンパク質として，筋や神経に分布する．

③硫黄——アミノ酸のシステイン，メチオニンに含まれ，またグリコサミノグリカンの硫酸基として存在している．タンパク質の腐敗による硫化水素(H_2S)の発生源となる．

④マグネシウム——骨に約70%含まれ，細胞内の濃度の高いイオンである．タンパク質をリン酸化する酵素(プロテインキナーゼ)の活性化因子となる．

⑤カリウム——細胞内の主な陽イオンで，神経細胞や筋肉細胞に興奮性をもたらす．正常血漿値3.5～4.5 mM．重い脱水症やアジソン病(p.165参照)で起こる高カリウム血症では，神経や筋が刺激性を増し，不整脈を起こして心停止に至る．低カリウム血症では，呼吸困難や頻脈が起こり，心停止に至ることがある．

⑥ナトリウム——細胞外に多いイオンで，浸透圧の維持や体液のpHを調節している．副腎皮質ホルモンのアルドステロンによって，腎尿細管からの再吸収が調節されている．貯留すると浮腫をまねき，血圧が上昇する(高血圧)．細胞膜のNa^+, K^+-ATPアーゼによるポンプ作用によって能動輸送され，細胞内外で濃度勾配が保たれている．グルコースやアミノ酸は二次的にこのポンプ作用で吸収される．下痢で減少をきたす．

鉄代謝
食物中の3価の鉄は胃の中で胃酸により還元され，2価の鉄となり小腸で吸収される．この2価の鉄は，セルロプラスミン(Cp)により3価の鉄に酸化されて，トランスフェリン(Tf)に組み込まれる．ついでTfに組み込まれた鉄は造血組織に運搬されヘモグロビンの産生に用いられる．

⑦塩素——体内の主要な陰イオンで，細胞外の濃度が高い．胃の壁細胞のH^+, K^+-ATPアーゼによって，塩酸(胃酸)として分泌される．嘔吐で減少をきたす．

⑧鉄——人体の総量は3～4 gで，約70%は赤血球のヘモグロビン中に，26%は鉄貯蔵タンパク質のフェリチンに，残りは筋のミオグロビン，ヘムタンパク質であるシトクロム類やカタラーゼ，血清中の鉄輸送タンパク質のトランスフェリンに結合している．鉄の不足は鉄欠乏性貧血を起こす．

⑨ ヨウ素――主に甲状腺ホルモンのチロキシンやトリヨードチロニンに含まれる．欠乏すると甲状腺腫や甲状腺機能障害を起こし，胎生期に欠乏するとクレチン病をまねく．

⑩ その他の元素――銅は，銅酵素と呼ばれるセルロプラスミン，スーパーオキシドジスムターゼ，シトクロムオキシダーゼなどに結合して存在するほか，血清中ではアルブミンなどに結合している．ウィルソン病は先天性銅代謝異常症である．亜鉛は，炭酸デヒドラターゼ（炭酸脱水酵素）やアルコールデヒドロゲナーゼなどの酵素を活性化する（亜鉛酵素）．亜鉛欠乏では，味覚や嗅覚の異常が起こる．コバルトは，ビタミン B_{12}（コバラミン）の成分として補酵素になり，核酸の生合成を助ける．

ウィルソン病（肝レンズ核変性症）

肝臓による無機銅の調節機構の障害が原因であり，先天性代謝異常症の 1 つである．肝臓に過剰蓄積した銅は血液を通じて大脳基底核，角膜，腎臓等に蓄積して神経症状や角膜異常，肝炎などの肝疾患を併発する．小児や学童に発症する．

10 酸塩基平衡

ヒトの血液の pH は，7.35 ～ 7.45（7.40 ± 0.05）の範囲内におさまるように調節されている．一般に，酵素反応やホルモンなどの受容体に対する結合は，中性域の pH が最適であることが多く（胃液中で働くペプシンやリソソーム酵素類の至適 pH は酸性である），したがって，pH の乱れはさまざまな病態をまねく．この調節には血液と腎臓と肺が重要な役割をもっている．

1 酸と塩基と pH

酸とは，塩酸（HCl）や炭酸（H_2CO_3），酢酸（CH_3COOH）などのように，水に溶けた時に水素陽イオン（単に水素イオン，H^+，プロトン）を遊離（解離）する物質のことである（第 1 章参照）．逆に，塩基（アルカリ）とは，水酸化ナトリウム（NaOH）や炭酸水素ナトリウム（$NaHCO_3$）などのように，水溶液中で水素イオンを受け取る物質，あるいは水酸化物イオン（OH^-）を遊離する物質のことである．一般に，酸（HB）が水溶液中で水素イオンを解離する時，

$$HB \rightleftarrows H^+ + B^-$$

の平衡式で表し，HB と B^- は共役しているという．HB（例：H_2CO_3）を B^- の共役酸，B^-（HCO_3^-）を HB の共役塩基という．水素イオンを解離する多さ（解離定数 *K* で表す）は酸によって異なり，硫酸のような強酸では解離の度合

column　貧血（anemia）

急激な血圧低下による脳貧血は医学的な貧血とは異なる．貧血で最も高頻度に現れるのは鉄欠乏性貧血であり，鉄欠乏によるヘモグロビン（Hb）合成の障害が赤血球の不足状態をきたす．Hb 合成の障害は赤血球に含まれる Hb 量の減少をまねき，赤血球は小型となる（小球性低色素性）．原因は鉄の摂取不足や吸収障害，慢性的な出血が原因である．月経が定期的に起こる若年女性に頻発するが，閉経後の女性や男性にこの貧血が起こった場合は，消化性潰瘍や消化器がんに起因する慢性的な出血が原因となることが多い．貧血には他にビタミン B_{12} や葉酸不足による巨赤芽球性貧血（ビタミン B_{12} 不足によるものは悪性貧血という），赤血球の崩壊による溶血性貧血，造血幹細胞の異常による再生不良性貧血がある．

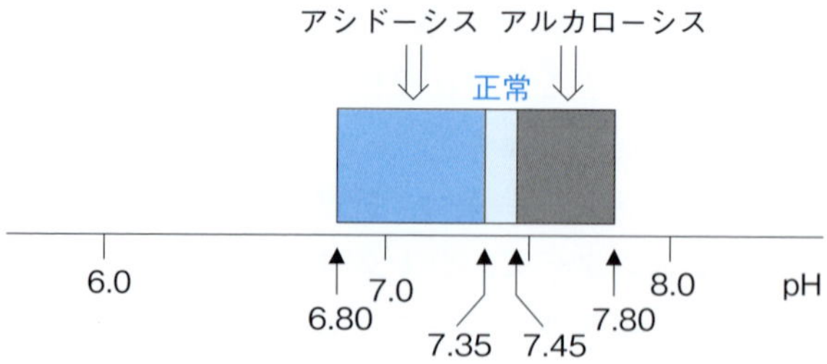

◆図 4-45 血液の pH

いが大きく(Kが大)，炭酸のような弱酸では解離が小さい(Kが小)．pH とは水素イオンの濃度($[H^+]$と表す)のことであり，水素イオン濃度(mol/L)は小数点以下の小さな数字(例：10^{-5})になることが多いので逆数の対数(log)で表す(p.113 脇組参照)．log[1/X]は−logX であるから，

$$pH = -\log[H^+]$$

となる．pH は pKと比例するので，解離定数Kが大きい酸ほど−log$K$(pKと表す)は小さくなる．したがって，pKが小さいものほど強い酸である．pH と pKの関係はヘンダーソン・ハッセルバルヒの式で表される．

$$pH = pK + \log[B^-]/[HB]$$

pKは酸によって固有の値をもつため，ある弱酸とその共役塩基を含む溶液の pH は，酸と共役塩基の比($[B^-]/[HB]$)で決まることになる．

血液の pH は，弱アルカリ性に調節されている．pH が 7.35 より酸性(低 pH)の状態をアシドーシス(酸血症)，7.45 よりアルカリ性(高 pH)をアルカローシス(アルカリ血症)といい，酸性側 6.8 以下やアルカリ性側 7.8 以上では生存不可能である(**図 4-45**)．

2 血液の緩衝作用

緩衝作用とは，酸と共役塩基の混合水溶液に別の酸やアルカリが混じっても，pH を大きく変化させずに一定範囲内に保つ作用のことである．緩衝作用をもつ酸は炭酸や酢酸などのように弱酸であり，共役塩基は強塩基である(第 1 章参照)．体液や血液には常に酸やアルカリが侵入している．食物中には酸やアルカリをもつものがあり，また栄養素の代謝によって二酸化炭素が生じて酸となる．血液中にはこれらの酸やアルカリを緩衝する① 炭酸水素(重炭酸)イオン系，② リン酸イオン系，③ タンパク質系が備わっている．主な緩衝系は炭酸水素イオン系であり，その作用は

$$HCO_3^- \underset{OH^-(\text{アルカリ})}{\overset{H^+(\text{酸})}{\rightleftarrows}} H_2CO_3$$

のように，酸とアルカリに対応して pH の変化を緩衝している．

3 腎臓と肺の調節機構

炭酸水素イオン系が生体の緩衝系としてきわめて有効なのは，気体(二酸

化炭素，CO_2)が水に溶けて弱酸(H_2CO_3)となり，逆に酸から気体を取り出して酸を薄めることもでき，弱酸は強塩基の共役塩基(HCO_3^-)をつくるという利点をもつからである．

$$CO_2 + H_2O \leftrightarrows H_2CO_3 \rightleftarrows HCO_3^- + H^+$$

したがって，この系に酸が侵入した場合には，上式の反応を左に進めて炭酸(H_2CO_3)から二酸化炭素(CO_2)を取り出し，肺から呼出すればよい．また，アルカリが侵入した場合には，反応を右に進めて生じた炭酸水素イオン(HCO_3^-)を腎臓から排泄すればよい．炭酸水素イオンは，腎糸球体で濾過されるが，ほとんどが近位尿細管で再吸収される．腎臓では水素イオンの分泌をおこなっており，炭酸水素イオンから炭酸をつくる．つくられた炭酸は，炭酸デヒドラターゼ(炭酸脱水酵素)によって再び二酸化炭素となり，細胞内で炭酸水素イオンとなって血液中に戻る．

4 アシドーシスとアルカローシス

血液中の pH はヘンダーソン・ハッセルバルヒの式より，

$$pH = pK + \log[HCO_3^-]/[H_2CO_3]$$

となるが，pK は一定(6.1)であるので，結局，pH は炭酸水素イオンと炭酸の濃度の比で決まることになる．

$$pH \propto [HCO_3^-]/[H_2CO_3]^*$$

この比は正常では 20：1 であり，炭酸は 20 倍イオン化していることになる．したがって，

$$pH= 6.1 + \log(20/1) = 6.1 + \log20 - \log1 = 6.1 + 1.3 = 7.4$$

となり，正常の pH となる．

$pH \propto [HCO_3^-]/[[H_2CO_3]$ の式で，血液中の HCO_3^- の濃度(分子)が低下するか，H_2CO_3 の濃度(分母)が増加するか，あるいは血液中(動脈血)の二酸化炭素の分圧*(P_{CO_2})が上昇して水素イオンが増加すると，pH は正常値より小さくなり，アシドーシスを起こす．逆に，HCO_3^-濃度(分子)が増加するか，H_2CO_3 濃度(分母)が減少すると，pH は基準値より大きくなり，アルカローシスにつながる(**表 4-16**)．

アシドーシスとアルカローシスにはそれぞれ呼吸性と代謝性がある．これらの酸塩基平衡の障害に対して，対応する代償作用が生体には備わっている．すなわち，呼吸性に対して代謝性が，代謝性に対して呼吸性が代償する．

* $pH \propto [HCO_3^-]/[H_2CO_3]$の炭酸濃度(分母)は炭酸ガス分圧で表される．
$[H_2CO_3] = 0.03 \times Pa_{CO_2}$
0.03 は炭酸ガスの溶解係数，Pa_{CO_2} は動脈血炭酸ガス分圧で正常値は 40 mmHg である．したがって重炭酸イオン濃度$[HCO_3^-]$の正常値は 24 mM であることから $[HCO_3^-]/[H_2CO_3] = 24/0.03 \times 40 = 20$ となる．

* 混合気体における個々の気体の占める割合(総量 100%)を 1 気圧(760 mmHg)中に占める圧力に換算した値．

代償作用
酸塩基平衡の障害によって起こる pH の変化に対し，アシドーシスにはアルカローシスで，アルカローシスにはアシドーシスで元に戻そうとする作用のこと．

◆表 4-16 アシドーシスとアルカローシスの要因

	呼吸性	代謝性
アシドーシス(pH 小)	$\frac{[HCO_3^-]}{[H_2CO_3]\uparrow}$	$\frac{[HCO_3^-]\downarrow}{[H_2CO_3]}$
アルカローシス(pH 大)	$\frac{[HCO_3^-]}{[H_2CO_3]\downarrow}$	$\frac{[HCO_3^-]\uparrow}{[H_2CO_3]}$

a 呼吸性アシドーシス

呼吸性アシドーシスは，呼吸器系の障害による肺胞換気量の低下に伴って，二酸化炭素の排泄が不十分になり，炭酸が蓄積した時に起こる．Pco_2(正常値 40 mmHg)は45 mmHg以上となる．急性および慢性の呼吸器疾患(急性では急性肺浮腫，肺炎，気管支閉鎖，無気肺，気胸など，慢性では肺気腫，肺線維症，気管支喘息など)や極度の肥満が原因となる．H_2CO_3 は CO_2 に分解されにくいため，イオン化して HCO_3^- も上昇する．総陰イオン量は一定であるので，代償として塩素イオン(Cl^-)が腎臓から排泄される．

b 呼吸性アルカローシス

呼吸性アルカローシスは，呼吸が亢進して，過換気のために CO_2 が過度に奪われ，H_2CO_3 が減少した時に起こる．Pco_2 は35 mmHg以下となる．心因性，精神性の過呼吸や脳疾患，アルコール中毒，発熱などが原因となる．代償として，HCO_3^- が H^+ により中和されて H_2CO_3 を補うことに使われるため，HCO_3^- が減少し，塩素イオンの排泄がその分，抑制される．

c 代謝性アシドーシス

代謝性アシドーシスは，臨床的に最も多くみられ，HCO_3^-(正常値 24 mM)が減少した時に起こる．腎不全では，塩素イオンやリン酸イオンなどの陰イオンが排泄されずに蓄積し，その分，HCO_3^- が減少する(慢性腎盂腎炎の高Clアシドーシス)．また，慢性腎炎ではNaイオンが再吸収されず総陽イオンが減少するため，総陰イオンも減少し，HCO_3^- が結果的に減少する(低Naアシドーシス)．同様に，下痢によるNaイオンの喪失でも，総陽イオンが減少し，それに比例して HCO_3^- も減少する．腎障害では水素イオンの排泄が低下するため，体液を直接，酸性化する．糖尿病におけるケトン体(アセトンを除くアセト酢酸とβ-ヒドロキシ酪酸)や，激しい筋肉運動で過剰に産生した乳酸の血液中での蓄積は，いずれもカルボン酸が陰イオンになるため，HCO_3^- が減少してアシドーシスをまねく．前者を糖尿病性ケトアシドーシス，後者を乳酸アシドーシスと呼ぶ．糖尿病で起こるクスマウル呼吸は過呼吸による代償作用である．

クスマウル呼吸

糖尿病や尿毒症などの代謝性アシドーシスで起こる呼吸型過呼吸による過換気で，呼吸性アルカローシスを誘導してpHを元に戻そうとする呼吸．呼気より吸気の方が長く，非常に深い呼吸が規則的に続く状態をいう．糖尿病性ケトアシドーシスや腎不全(尿毒症)などでみられる．アシドーシスを呼吸によって補正しようとする状態である(代償性呼吸)．

d 代謝性アルカローシス

代謝性アルカローシスは，HCO_3^- が上昇した時に起こる．幽門狭窄などによる嘔吐で，胃液中の塩素イオンが失われると，それに反比例して HCO_3^- が上昇し，アルカローシスをまねく．また，利尿薬の長期投与や副腎皮質から分泌されるミネラルコルチコイド(鉱質コルチコイド)の過剰分泌(クッシング症候群)ではカリウムイオンの喪失をきたし，低カリウム血症となって，アルカローシスをまねく．

練習問題

1. 酵素活性の影響因子をあげなさい.
2. *Km* とは何か説明しなさい.
3. 酵素活性による病気の診断にはどのようなものが使われているか答えなさい.
4. デンプンからグルコースまで分解する酵素をあげなさい.
5. 解糖とクエン酸回路の生理的な意義をまとめなさい.
6. 解糖と糖新生の関係を示しなさい.
7. ペントースリン酸回路の生理的な意味を述べなさい.
8. 血糖の調節機構を示し, 糖尿病との関連を説明しなさい.
9. トリアシルグリセロールの吸収について説明しなさい.
10. ケトン体の合成と糖尿病との関係を示しなさい.
11. コレステロールから合成される生体成分をあげなさい.
12. タンパク質の消化酵素をあげなさい.
13. アミノ酸の分解について述べなさい.
14. アミノ酸由来の生体物質をあげなさい.
15. 脳, 骨格筋, 肝臓における代謝の特徴をまとめなさい.
16. ヌクレオチドの合成に用いられる生体成分を述べなさい.
17. ポルフィリンと胆汁色素の関係を示しなさい.
18. 酸塩基平衡における腎臓と肺の役割を示しなさい.

第5章 核酸とタンパク質の生合成

学習目標

1. 遺伝子の本体であるDNAの構造と，その精巧な複製と修復の仕組みを理解する．
2. 遺伝子はタンパク質の設計図であること，しかし実際にその情報が発現されるためには，転写(DNA → RNA)と翻訳(RNA →タンパク質)以外にも多くの過程が存在することを理解する．
3. 遺伝にはさまざまな形式があることを学び，遺伝子の変異と疾病発症との関係，遺伝子診断，遺伝子治療を理解するための基礎とする．

1 核酸の構造と機能

核酸(nucleic acid)は，代謝と細胞増殖という生物の2大特徴のどちらにも深くかかわっている物質であり，**DNA**(デオキシリボ核酸)と**RNA**(リボ核酸)とがある．

DNAは遺伝子の本体であり，細胞核内に存在する．親から子，そして細胞から細胞へと伝えられるべき遺伝情報量は非常に多いので，DNAが高分子であることは十分に予想され，1個の細胞に含まれているDNAをつなぐと1.7 mの長さにもなる．

column

核酸・遺伝に関するノーベル賞

1910　核酸の中に糖，塩基がある
1933　染色体地図の作成(染色体のどこにどんな遺伝子が存在するか)
1959　核酸の合成酵素の発見(DNAポリメラーゼ)
1962　DNAの立体構造の解明(二重らせん)
1968　遺伝暗号の解読(コドン)
1978　制限酵素の発見とその応用
1980　塩基配列決定法の開発
1993　ポリメラーゼ連鎖反応(PCR)の開発
2006　RNAポリメラーゼの構造解明，RNA干渉の発見
2007　ノックアウトマウスの作製
2009　テロメアとテロメラーゼ

受賞年で示してあるので，実際に研究がおこなわれたのはその数年〜十数年前である．

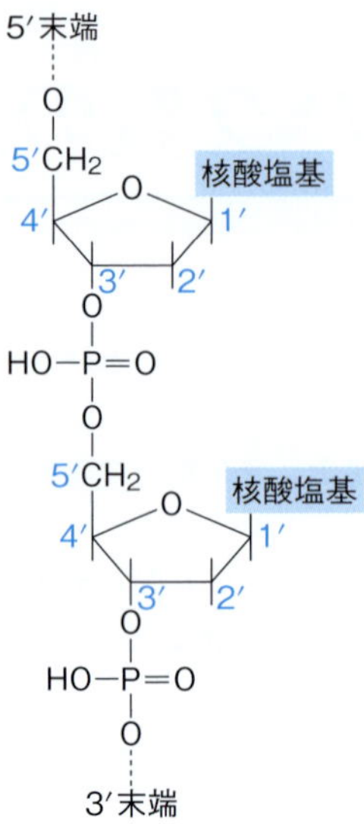

◆図 5-1　核酸の基本構造

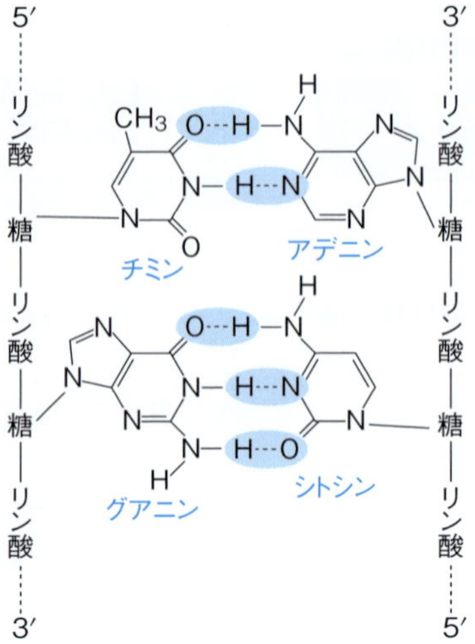

◆図 5-2　DNA の二重らせんにおける核酸塩基の対応
　　　の部分が水素結合である.

RNA は，DNA に書かれている情報のごく一部を写し取ったものであるので，DNA よりはるかに短い．RNA には，**mRNA**(messenger RNA，伝令 RNA)，rRNA(ribosomal RNA，リボソーム RNA)，tRNA(transfer RNA，転移 RNA)に加えて，**スプライシング**(p.126 参照)に関与する snRNA，分泌タンパク質や膜タンパク質の翻訳(p.130 参照)に関与する 7S RNA などがある．DNA がもっている遺伝情報の中身は，タンパク質をどのようにつくるか，つまり「アミノ酸をどのような順序でつなげていくか」であるが，この情報はいったん mRNA に写し取られ，それをもとにタンパク質がつくられる．

DNA も RNA も，**糖**と**核酸塩基(塩基***)と**リン酸**からできている(**図 5-1**)．DNA も RNA も，…糖-リン酸-糖-リン酸…の繰り返しの中の糖の部分に，塩基が結合した構造であるが，糖と塩基の種類が異なっている．DNA に含まれている糖は**デオキシリボース**であり，RNA に含まれている糖は**リボース**である．また，DNA には，**アデニン**(A)，**グアニン**(G)，**シトシン**(C)，**チミン**(T)の 4 種の塩基が存在するが，RNA にはチミンは含まれず，そのかわり，DNA にはない**ウラシル**と呼ばれる塩基が存在している．さらに DNA では，このような構造をもつ DNA 鎖が二本合わさっている(**二本鎖**あるいは**二重らせん**という)が，RNA は一本鎖である．DNA と RNA の違いを**表 3-12**(p.52)にまとめた．

＊「塩基」は「酸」に対する一般的な名称であるので，「核酸塩基」と記載する方が紛らわしくなく正確ではあるが，長くなるので以下「核酸塩基」の代わりに「塩基」を用いる．

DNA の二重らせんは，塩基間の水素結合によって保持されている．アデニンとチミンの間には 2 ヵ所の水素結合ができ，グアニンとシトシンの間には 3 ヵ所の水素結合ができるが，アデニンとシトシン，あるいはグアニンとチミンの間には水素結合はできない(**図 5-2**)．したがって，片方の鎖の塩基配列が決まれば，他方の鎖の塩基配列は自動的に決まることになる．

タンパク質に N 末端と C 末端とがあるように，核酸にも向きがあって，

◆表 5-1 ゲノムサイズの比較

大腸菌	4,639,675	塩基対
結核菌	4,411,529	
ヘリコバクター・ピロリ	1,667,867	
梅毒スピロヘータ	1,138,011	
酵母	12,070,532	
線虫	100,264,081	
ヒト	約 3,000,000,000	
タマネギ	約 15,000,000,000	
ヒト ミトコンドリア	16,569	

◆表 5-2 RNAの比較

rRNA	28S	5025	ヌクレオチド
	18S	1868	
	5.8S	155	
	5S	120	
tRNA		75～85	
mRNA		さまざま	
7S RNA		305	
snRNA		100～300	

Sは，スベドベリ(Svedberg)単位のことで，この値が大きいほど分子量も大きい．snRNAはsmall nuclear RNA(核内低分子RNA)の略である．

一方は5′末端，他方は3′末端と呼ばれる(**図5-1**)．5，3は糖の骨格構成炭素の番号であり，「′」(ダッシュ)が付いているのは，塩基の骨格構成元素の番号と区別するためである．DNAにおける二本の鎖の向きは，一方が5′→3′であれば，他方は3′→5′であり，逆平行である(**図5-2**)．

DNAの長さを表すのには，二本鎖間での対が基本となるので，**塩基対**という単位が用いられる(**表5-1**)．例えば，**ゲノム**は，その生物が存続するのに必要な遺伝子の1セットに対して使われる用語であるが，「ヒトのゲノムは30億塩基対の大きさである」と表現される．ちなみに，精子や卵子は1ゲノム，これら以外の体細胞では2ゲノム(すなわち60億塩基対)もっている．また，DNAの二重らせんは10塩基対で一回転している．一方，RNAは一本鎖であるので，その長さは**ヌクレオチド**(あるいは塩基)で表される(**表5-2**)．

2 DNAの複製

生物に「自分と同じものをつくる」という性質がなければ，その生物は種として存続できない．「自分と同じものをつくる」ための基本的な過程は，細胞の分裂である．細胞をつくるための設計図(＝DNA)がまずコピーされ，細胞分裂時にそれぞれの細胞に設計図が1部ずつ分配される．複製は設計図を2部つくる重要な過程である．

1 細胞周期

DNAは遺伝子の本体であるので，細胞の分裂に先立って**複製**される必要がある．分裂する細胞は，**分裂期**(**M期**と呼ばれる)と，それ以外の間期とを繰り返しており，**間期**はさらに，DNAの複製がおこなわれている**S期**と，その前(G_1 **期**)とその後(G_2 **期**)とに分けることができる．つまり，分裂する細胞は，M期→G_1期→S期→G_2期→M期という周期を繰り返しているのである(**図5-3**)．これは細胞周期と呼ばれており，DNA複製はその中の一定の時期(＝S期)におこなわれるのである．

2 半保存的複製

DNAの複製には，DNAが二本鎖であることが大いに役立つ．つまり，二本鎖間での塩基の対応は，アデニン⇔チミン，グアニン⇔シトシン，と決まっているので，それまで二本鎖をつくっていたそれぞれの鎖を複製の手本（**鋳型**と呼ばれる）とすることで，全く同じDNA鎖を容易につくることができる（**図5-4**）．鋳型DNAと新しく合成されたDNA鎖とで二重らせんをつくることになるので，**半保存的複製**と呼ばれている．

3 複製の制御

DNAの複製は，**複製開始点**と呼ばれる特定の塩基配列から始まる．ヒトでは複製開始点は多数存在する．どの部分も複製し忘れることなく，しかも1回だけ複製する機構には，複製開始複合体のリン酸化が関係している．複製開始点に，G_1期に産生・蓄積されたタンパク質が結合し，DNA複製が開始される．そして，いったん複製が始まると，それは最後まで遂行される．つまり，DNA複製の調節は開始時にある．しかし，例えばDNA複製の最中に大量の電離放射線に被曝し，鋳型となるべきDNAに損傷が生じた時には，複製を中断し，**修復**をおこなってから再開するといった調節機構も存在する．

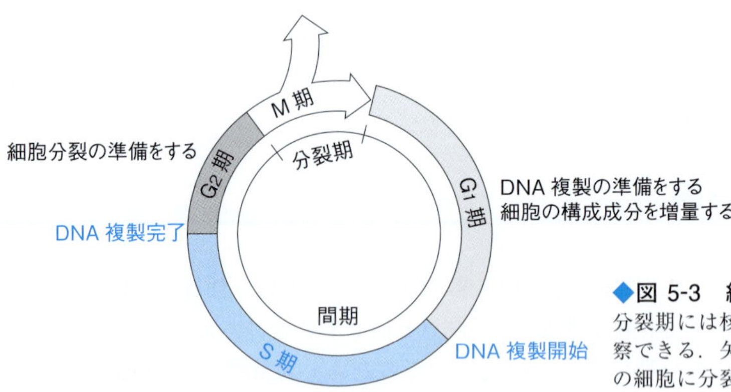

◆図5-3　細胞周期とDNA複製
分裂期には核膜が消失し，染色体が観察できる．矢印が別れているのは2個の細胞に分裂したことを示している．

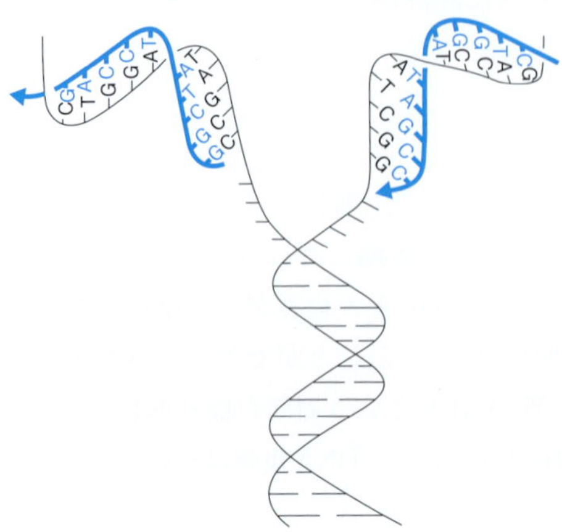

◆図5-4　DNAの二重らせん構造とその複製
新しく複製された部分（青の部分）は他方の鋳型DNA鎖（黒の部分）と全く同じ塩基配列である．

◆表 5-3 DNA ポリメラーゼの比較

	α	β	γ	δ	ε
DNA 合成活性：5′→3′	＋	＋	＋	＋	＋
エキソヌクレアーゼ活性（3′→5′）	－	－	＋	＋	＋
プライマーゼを結合	＋	－	－	－	－
機能	複製（ラギング鎖）	修復	複製（ミトコンドリア）	複製（ラギング鎖）	複製（リーディング鎖）

4 DNA ポリメラーゼ

DNAの複製の基本的な過程では，**DNA ポリメラーゼ**と呼ばれる酵素が働く．ヒトに存在する，α，β，γ，δ，εの5種のDNAポリメラーゼを比較したのが**表 5-3**である．どのDNAポリメラーゼも，DNA鎖を5′から3′への方向にだけ伸ばす活性をもち，3′から5′へは伸ばすことができない．これら以外にもζ(ゼータ)，η(イータ)などのDNAポリメラーゼが知られているが，長いDNAを合成できるのはα，γ，δ，εだけである．

ほとんどのDNAポリメラーゼには，3′から5′の方向にDNA鎖を削っていく**エキソヌクレアーゼ**活性が存在する．これは，アデニン⇔チミン，グアニン⇔シトシン以外の対で誤ったヌクレオチドを重合させてしまった場合に，それをただちに取り除くことを可能にする，重要な性質である．複製が完了した後では，誤った塩基対を発見した時にどちらが鋳型で，どちらが新しくつくられたDNAかわからなくなる．そのような意味で，複製時にチェックするのは誤りをなくす最良の方法といえる．この活性は**校正機能**を担っているのである．DNAの複製は，1ゲノム(30億塩基対)あたり3塩基程度の間違いしか起こさない，きわめて正確な過程であるが，これはDNAポリメラーゼのもつこの校正機能によるところが大きい．

DNAポリメラーゼは，DNA合成を「きっかけ」なしで始めることができない．つまり，既存の核酸の3′末端の水酸基にヌクレオチドを付加することしかできない．この「きっかけ」となる核酸は**プライマー**と呼ばれるが，DNA複製においては，RNAがプライマーとなっている．それは，RNAの合成は「きっかけ」なしでできるからである．DNA複製の過程では，まず**プライマーゼ活性**により，鋳型のDNAの塩基配列をもとにRNAがつくられ，その続きにDNAがつくられていく(**図 5-5**)．プライマーRNAは複製がある程度進むと除去され，DNAに置き換えられる．

5 不連続複製

DNAの二重らせんは逆平行であり，DNA複製の方向は5′→3′であるので，一方は一度プライマーRNAができれば複製は連続的に進むが，他方は常にプライマーを合成しつつ複製をおこなわなければならない．連続的に複製の進む鎖は**リーディング鎖**，不連続に複製が進む鎖は**ラギング鎖**と呼ばれる(**図5-5**)．

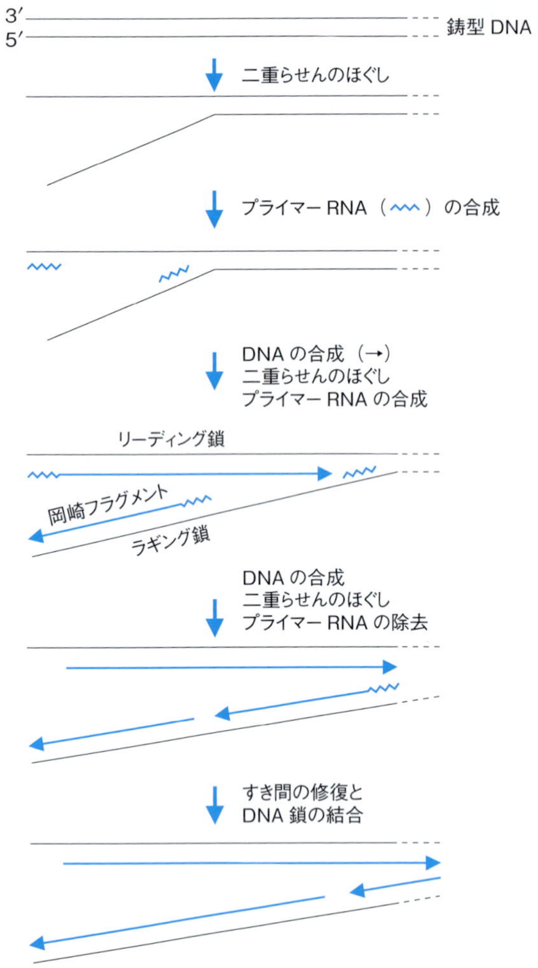

◆図 5-5　DNA 複製の過程

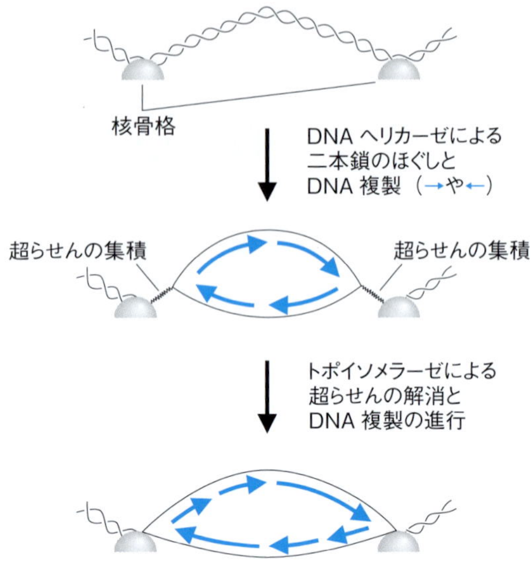

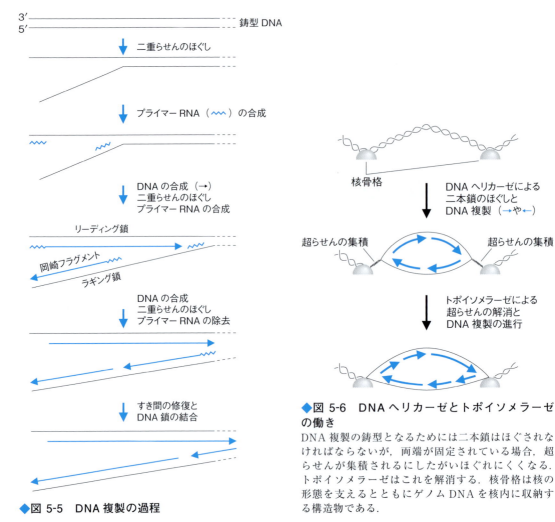

◆図 5-6　DNA ヘリカーゼとトポイソメラーゼの働き
DNA 複製の鋳型となるためには二本鎖はほぐされなければならないが，両端が固定されている場合，超らせんが集積されるにしたがいほぐれにくくなる．トポイソメラーゼはこれを解消する．核骨格は核の形態を支えるとともにゲノム DNA を核内に収納する構造物である．

また，ラギング鎖における DNA の断片は，**岡崎フラグメント**（岡崎断片）と呼ばれている．岡崎フラグメント間に最後まで残る切れ目は，**DNA リガーゼ**と呼ばれる酵素によって閉じられる．

6 複製に関与するその他の酵素

DNA 合成の基質ヌクレオチドは，デオキシリボヌクレオシド三リン酸であるが，DNA 鎖に取り込まれる時は，一リン酸の形である．分裂していない細胞にはデオキシリボヌクレオチドはほとんど存在せず，DNA の複製が必要な時にリボヌクレオチドを還元してつくられる．また，チミンヌクレオチドは，デオキシウリジン一リン酸のウラシルにメチル基を転移することによりつくられ，これを触媒するのが，**チミジル酸合成酵素**である．メチル基の運搬・供与には，ビタミン B 群の 1 つである葉酸の誘導体（**テトラヒドロ葉酸**）があたる．

DNA の合成を実際に進めるのは DNA ポリメラーゼであるが，複製にはこれ以外にさまざまな酵素やタンパク質が関係している．DNA ヘリカーゼ，トポイソメラーゼ，テロメラーゼなどである．

DNAが鋳型として働くためには一本鎖にならなければならない．**DNAヘリカーゼ**は，ATPのエネルギーを用いて，二重らせんをほぐす活性をもっている(**図5-6**)．

トポイソメラーゼは，複製の進行につれて集積されてゆくDNAの**超らせん**を解消する．この酵素がないと，二重らせんが完全には開かず，複製が完遂されない(**図5-6**)．トポイソメラーゼには，二本鎖の片方を切断して，超らせんを解消してから再結合するⅠ型と，二本鎖の両方を切断して，DNA鎖を通してから再結合するⅡ型とがある．

染色体の両端は**テロメア**と呼ばれ，DNA鎖の両端にあたる．DNA複製の度にテロメアは少しずつ失われていくので，ある長さ以下になるとテロメアは修復される．これには**テロメラーゼ**と呼ばれる酵素が働いている．

トポイソメラーゼ，チミジル酸合成酵素やテロメラーゼなどの，DNA複製に関与する酵素は，抗がん剤の標的となっている．つまり，「がんは無制限な細胞増殖が特徴であり，それは必ずDNAの複製を伴っている．したがって，DNAの複製を阻止すればがんの成長を防ぐことができる」という原理である．しかし，われわれの体には，正常な状態でも細胞分裂を繰り返している組織(骨髄や消化管など)があり，このような抗がん剤は副作用も多いと考えられる．

3 ● DNAの修復

DNAは常に損傷を受けている．これは，紫外線などの放射線や，食物に含まれる亜硝酸などの**突然変異誘起物質**(**化学発がん物質**)による．これを放置すれば，次回の細胞分裂の際に，DNAの塩基配列が誤ったまま複製されてしまう．これを防ぐためにDNAは修復されなければならないが，この場合にもDNAが二本鎖であることが役に立っている．つまり，両方の鎖がともに損傷を受けることはほとんどないので，損傷を受けていない方の鎖の塩基配列をもとに修復をおこなうのである．

紫外線によるDNAの損傷は，ピリミジンダイマー(ピリミジン二量体)であり，隣接したチミンとチミン，あるいはチミンとシトシンの間に架橋が生じるものである(**図5-7**)．この修復には8種類以上の酵素・タンパク質が関与している．生まれつきこの修復能力に欠陥がある遺伝病が色素性乾皮症である．

色素性乾皮症
病因によってA群～G群とV群の8型に分類される．紫外線に過敏で，日本人に多いA群では，皮膚の色素沈着や乾皮症状に加えて神経障害や早期発がん(10歳前後での皮膚がん)などを呈する．

DNAのその他の損傷としては，自然に起こるものとして，① アデニンやグアニンなどの塩基が糖からはずれる，② シトシンがウラシルに変わる，などがあり，化学発がん物質によるものとしては，③ グアニンのメチル化，④ グアニンの酸化，などがある．③に対してはメチル基を除去する酵素が働き，②，④に対しては，まず，異常な塩基(DNAの中のウラシルは異常な塩基)を除去し，その後は，①に対するのと同じ過程，つまり，もう一方の

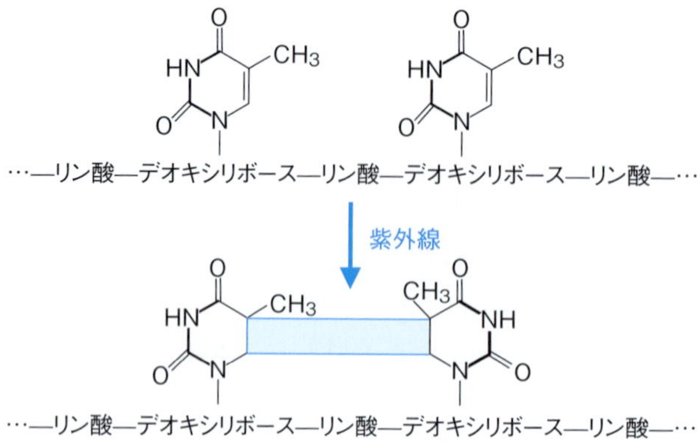

◆図 5-7　ピリミジンダイマー
チミンの構造で太線は手前にあることを表している.

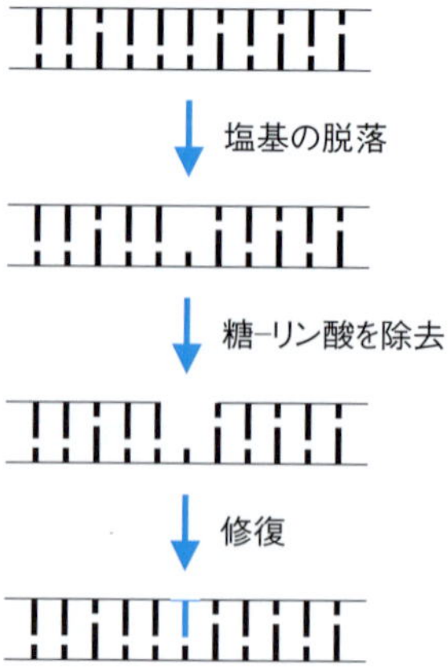

◆図 5-8　DNA 損傷の修復過程

DNA 鎖の情報をもとに修復される(**図 5-8**).

アデニン⇔シトシンやグアニン⇔チミンなどの誤った塩基対の修復過程に生まれつき欠陥があると，がんを生じやすいことも知られている(遺伝性非ポリープ性大腸 / 直腸がん).

4 ● RNA の合成

1 転写とその調節

DNA の塩基配列を RNA の塩基配列に写し取る過程は，**転写**と呼ばれる. その際の塩基の対応は，**表 5-4** に示すとおりである. RNA の合成をおこなうのは，**RNA ポリメラーゼ**と呼ばれる酵素であり，**表 5-5** のように，RNA の種類によって働く酵素の種類が異なっている. rRNA には 28S，18S，5.8S，5S の 4 種類があるが，前三者は**核小体**で合成され，5S の rRNA は核質で合成される. RNA の合成の方向は，DNA ポリメラーゼと同じく 5′→3′ であり，合成の基質は**リボヌクレオシド三リン酸**である.

遺伝子はすべての細胞に同じように存在しているが，それを mRNA に転写するかどうか，どれくらいの量を転写するかが，細胞や組織・器官によって異なっている. これは，① 細胞核内における遺伝子の存在状態，② 遺伝子の上流，内部，あるいは下流に存在する塩基配列と，③ それに結合するタンパク質の有無，によって決定されている. ①に関しては，転写がおこなわれる染色体部分は核内では緩んでおり(**ユークロマチン**)，転写がおこなわ

◆表 5-4　転写における塩基の対応

DNA		RNA
アデニン	→	ウラシル
グアニン	→	シトシン
シトシン	→	グアニン
チミン	→	アデニン

◆表 5-5　RNA ポリメラーゼとその産物

RNA ポリメラーゼ	産物
I	rRNA(28S，18S，5.8S)
II	mRNA，4 種の snRNA
III	tRNA，rRNA(5S) snRNA(1 種)，7S RNA

れない部分は凝集している(**ヘテロクロマチン**). ②の塩基配列は**転写調節シスエレメント**, ③のタンパク質は**転写因子**と呼ばれている.

なお, RNAをゲノムとしてもつウイルスの中には, RNAの情報をいったんDNAに写し取り, それからの転写によってウイルスのゲノムRNAを複製する, といった増殖過程を踏むものがいる(ヒト免疫不全ウイルスなど). この, RNAの情報をDNAに写し取る過程は, **逆転写**と呼ばれている.

AIDS治療薬
ヒト免疫不全ウイルスの逆転写の過程を阻害する薬(アジドチミジン)がAIDS(p.213参照)の治療に用いられている.

2 RNAのプロセシング

転写によってつくられたRNAは, 塩基の修飾(tRNAで著しい), 5′キャッピングや**ポリA鎖**の付加(mRNA), 切断(rRNA), スプライシング(mRNA)などの加工(**プロセシング**)を受け, 初めて機能をもったRNA分子になる.

スプライシングは, 転写されたままのRNA分子(mRNA前駆体)から, 不要な部分(アミノ酸配列の情報を分断している部分)を除去し, 必要な部分だけを再結合する過程である. 除去される部分は**イントロン**(intron)と呼ばれ, 残る部分は**エキソン**(exon)と呼ばれる(**図5-9**). イントロンは通常, エキソンよりも長い. 遺伝子DNAにおける, エキソン, イントロン対応部分も同じようにエキソン, イントロンと呼ばれる. 例えば,「ヒトの遺伝子は一続きではなく, イントロンによって分断されている」と記載される. ちなみに, ヒストンやインターフェロンなどのように, イントロンをもたない遺伝子もある.

イントロンは必ず5′末端がグアニン–ウラシル, 3′末端がアデニン–グアニンである(**図5-9**)ので, これがイントロン除去の目印になっているのは間違いない. したがって, イントロンに対応する遺伝子の塩基配列(DNAであるからグアニン–チミンとアデニン–グアニン)に生まれつき変異があると, 転写産物からそのイントロンが除かれず, 機能をもったタンパク質がつくられない. このような例として, β地中海性貧血がある.

β地中海性貧血
成人のヘモグロビン(赤血球中にある, 酸素を運ぶ赤いタンパク質, p.172参照)はα鎖2本とβ鎖2本でできているが, 先天的にβ鎖の合成がない, あるいは少ないために起こる貧血である.

3 遺伝子発現の制御

われわれの体を構成する細胞は, 形態的・機能的に異なっており, また, 同じ細胞でも, 外部からの刺激によって, その形態・機能が変化する. 遺伝子はすべての細胞に同じように存在するため, それらを, 必要な時に, 必要

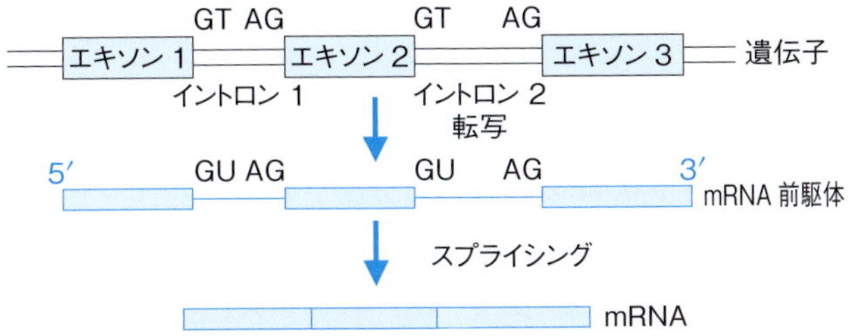

◆**図5-9 mRNAのスプライシング**
Gはグアニン, Tはチミン, Aはアデニン, Uはウラシルを表す.

◆**表 5-6 遺伝子発現の制御過程**

① 遺伝子の再編成
② 転写
③ スプライシング
④ mRNA の編集
⑤ mRNA の安定性
⑥ 翻訳
⑦ 翻訳後の加工

な量だけ発現する仕組みがあるのである．遺伝子の情報が，実際に機能をもったタンパク質として発現されるまでには，転写やスプライシング以外にも多くの過程が含まれ，遺伝子発現の制御はきわめて複雑である．それらの過程を**表 5-6** にまとめた．

① **遺伝子の再編成**：まずあげられるのが，遺伝子の再編成の段階での調節である．**抗体遺伝子**は，親から伝えられた形のままでは抗体(p.208 参照)の mRNA をつくることができない．抗体を産生・分泌する B 細胞(リンパ球の一種，分化すると形質細胞)では，抗体遺伝子の再編成が起こっている．つまり，抗体遺伝子のエキソンが，最初は遠く離れて存在していたものが寄ってきて，介在していた部分(イントロン)が遺伝子から除かれてしまうのである．このような遺伝子の再編成によって，100 万種類以上もの違った抗体がつくられる(**図 5-10**)．

② **転写**：遺伝子のすぐ上流は，転写を調節する領域であり，**プロモーター**と呼ばれている(**図 5-11**)．そこには，転写にとって基本的な因子が結合する配列(コアプロモーター，TATA ボックスや CAAT ボックスなど)や，外的刺激に応答するための**調節配列**(ステロイドホルモン応答配列やサイクリック AMP 応答配列など)が存在する．**エンハンサー**と呼ばれる塩基配列は，遺伝子の上流，イントロンの中，場合によっては遺伝子の下流に存在し，組織特異的な発現(例えば B 細胞における抗体タンパク質の発現)を保証している．

プロモーターやエンハンサーの塩基配列，あるいはそれに結合するタンパク質(転写因子)に異常があれば，転写の調節ができなくなることが予想される．⊕複合下垂体ホルモン欠損症はこの例である．成長ホルモン，プロラクチン，甲状腺刺激ホルモンの遺伝子プロモーターに共通して結合する転写因子に異常があるため，転写が起こらず，これらのホルモンがすべてつくられない．

> **⊕複合下垂体ホルモン欠損症**
> 下垂体からは，成長ホルモン，甲状腺刺激ホルモン，プロラクチン，副腎皮質刺激ホルモン，2 種の性腺刺激ホルモン，の計 6 種のホルモンが分泌される．前三者が生まれつき欠損する複合下垂体ホルモン欠損症は，これらのホルモンの遺伝子の発現に必要な，共通の転写因子の異常により起こる．ホルモンの補充療法がおこなわれる．

③ **スプライシング**：組織特異的なスプライシングの存在も知られている．例えば，甲状腺 C 細胞から分泌されるホルモンの 1 つであるカルシトニンの遺伝子からは，神経ペプチドである CGRP(カルシトニン遺伝子関連ペプチド)もつくられる(**図 5-12**)．これは，転写産物をどのように加工するかの過程が，甲状腺 C 細胞と脳(視床下部)とで異なっているためである．

④ **mRNA の編集**：mRNA 上の塩基を別の塩基に変える機構(遺伝情報の

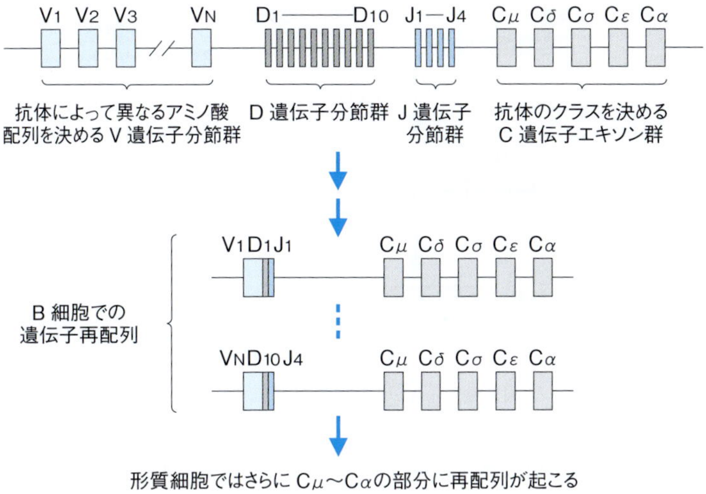

◆図 5-10　抗体遺伝子の再編成
V, D, J分節は再編成により1つのエキソンを構成する．

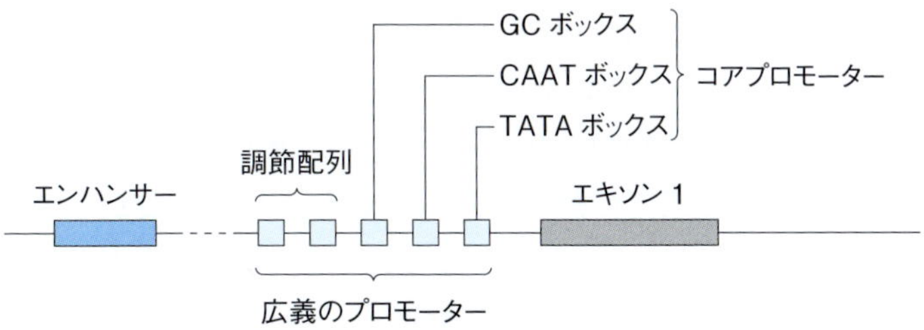

◆図 5-11　遺伝子の転写調節配列

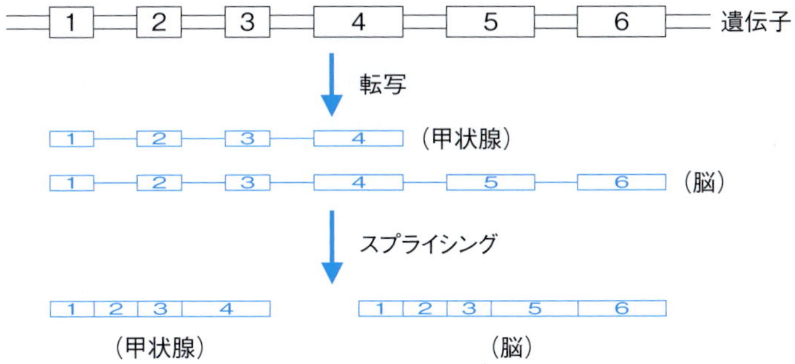

◆図 5-12　カルシトニン/CGRP mRNAにおけるスプライシング
脳ではエキソン4を含めてイントロンが除去される．エキソン4にカルシトニン合成のための情報が，エキソン5にCGRP合成のための情報が存在する．

書き換え)が存在する．例えば，リポタンパク質を構成するアポリポタンパク質B(アポB)では，小腸粘膜細胞においてはアポBのmRNA上の特定のシトシンがウラシルに変えられ，グルタミンのコドンが終止コドンになる．その結果，肝臓で産生されるものの約半分の大きさのアポBがつくられることになる．

⑤ **mRNAの安定性**：mRNAの安定性に関しては，mRNAの3′非翻訳領域

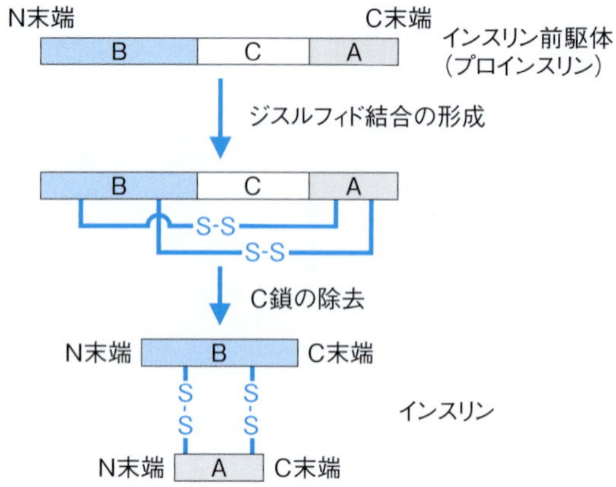

◆図 5-13　インスリンの生合成

(p.130 参照)にあるアデニンとウラシルに富んだ配列が関与している．また，マイクロ RNA(miRNA)により特定の mRNA の分解を早める機構もある．

⑥ **翻訳**：細胞質に輸送された mRNA を，いつ，どの程度翻訳するかも，遺伝子の発現の調節に関与する．例えば，未受精卵では，必要な mRNA はすべて細胞質に貯えられており，受精が起こるとただちに翻訳が開始される．また，鉄の貯蔵タンパク質であるフェリチンの mRNA は，肝臓細胞の細胞質に常に存在しているが，余分な(貯蔵すべき)鉄がある時にだけ翻訳される．

⑦ **翻訳後の加工**：翻訳されたタンパク質が，さまざまな修飾を受けて初めて機能をもつようになる例もある．具体的には，水酸化，糖鎖付加，ペプチド結合の切断，リン酸化，ジスルフィド結合(-S-S-)の生成，などがある．このような修飾過程も，遺伝子の発現調節機構の1つである．例えば，膵臓のランゲルハンス島の β 細胞から分泌されるホルモンであるインスリンは，A 鎖と B 鎖からできており，それらはジスルフィド結合で結ばれている．A 鎖と B 鎖は別々に翻訳されてきたタンパク質ではなく，最初は一続きのものとしてつくられる．分子内でジスルフィド結合を形成したのち，中央の部分(C 鎖と呼ばれる)が除かれてインスリンができ上がるのである(**図 5-13**)．ちなみに，インスリンの分泌が少ないか，その作用が出にくい病態が**糖尿病**(p.83 参照)である．

糖尿病とC鎖(Cペプチド)

血中あるいは尿中のC鎖の定量により β 細胞のインスリン産生能力を知ることができる．そのため，糖尿病の経過の観察にCペプチド検査が利用される．

column

エピジェネティクス

DNA の塩基配列が変化しないままで遺伝子発現の制御(亢進あるいは抑制)が次の世代まで受け継がれることをエピジェネティクス(epigenetics)という．DNA のメチル化(高度にメチル化されると遺伝子発現は抑制される)と，ヒストン(DNA は細胞内では，塩基性タンパク質であるヒストンに巻き付いて存在している)の化学的修飾(アセチル化されると DNA との結合が緩む)の状態が維持されるものと考えられている．

5 ● タンパク質の生合成

1 コドンとアンチコドン

mRNAのもつ情報は，「アミノ酸をどのような順序で結合して，タンパク質をつくるか」である．1つのアミノ酸の指定にはmRNA上の3つの連続した塩基の並び(**トリプレット**と呼ばれる)が使われる．そして，この「3塩基の並びによる暗号」は**コドン**と呼ばれる．4種類の塩基のうちの3つの塩基の並びであるので，全部で4 × 4 × 4 = 64通りある．しかし，タンパク質の生合成に使われるアミノ酸は全部で20種類であるので，ほとんどのアミノ酸は複数のコドンをもち，これはコドンの縮重と呼ばれている．**表5-7**にコドンとアミノ酸との対応を示した．mRNAの情報にしたがってタンパク質がつくられるが，その場はリボソーム上である．リボソームは，等量ずつのrRNAとタンパク質からできている．また，mRNA上のコドンに対応するアミノ酸を実際に運んでくるのはtRNAである．tRNAには，コドンを認識する塩基配列(**アンチコドン**と呼ばれる)がある(**図5-14**)．コドンの種類が64あり，そのうち61がアミノ酸に対応しているが，tRNAは61種類もない．それは，1種類のアンチコドンで複数のコドンに対応できるからである．

トリプレットリピート病

ハンチントン病の原因タンパク質では，グルタミン残基の繰り返しが37回以上ある(34回以下が正常)．トリプレットで1つのアミノ酸を指定するので，同タンパク質の遺伝子でのトリプレットのリピート数の増加がハンチントン病の原因である．同じ機序が他の遺伝病でもその後見いだされトリプレットリピート病の概念ができた．

翻訳はmRNAの5′末端からではなく，5′末端近くのメチオニンのコドン

◆**表5-7　コドンとアミノ酸との対応**

<table>
<tr><td colspan="2" rowspan="2"></td><td colspan="4">第 二 塩 基</td><td colspan="2" rowspan="2"></td></tr>
<tr><td>U</td><td>C</td><td>A</td><td>G</td></tr>
<tr><td rowspan="16">第一塩基</td><td rowspan="4">U</td><td rowspan="2">フェニルアラニン</td><td rowspan="4">セリン</td><td rowspan="2">チロシン</td><td rowspan="2">システイン</td><td>U</td><td rowspan="16">第三塩基</td></tr>
<tr><td>C</td></tr>
<tr><td rowspan="6">ロイシン</td><td rowspan="2">終止</td><td>終止</td><td>A</td></tr>
<tr><td>トリプトファン</td><td>G</td></tr>
<tr><td rowspan="4">C</td><td rowspan="4">プロリン</td><td rowspan="2">ヒスチジン</td><td rowspan="4">アルギニン</td><td>U</td></tr>
<tr><td>C</td></tr>
<tr><td rowspan="2">グルタミン</td><td>A</td></tr>
<tr><td>G</td></tr>
<tr><td rowspan="4">A</td><td rowspan="3">イソロイシン</td><td rowspan="4">トレオニン</td><td rowspan="2">アスパラギン</td><td rowspan="2">セリン</td><td>U</td></tr>
<tr><td>C</td></tr>
<tr><td rowspan="2">リシン</td><td rowspan="2">アルギニン</td><td>A</td></tr>
<tr><td>メチオニン</td><td>G</td></tr>
<tr><td rowspan="4">G</td><td rowspan="4">バリン</td><td rowspan="4">アラニン</td><td rowspan="2">アスパラギン酸</td><td rowspan="4">グリシン</td><td>U</td></tr>
<tr><td>C</td></tr>
<tr><td rowspan="2">グルタミン酸</td><td>A</td></tr>
<tr><td>G</td></tr>
</table>

Uはウラシル，Cはシトシン，Aはアデニン，Gはグアニンを表す．

は開始コドン，　は終止コドンを表す．

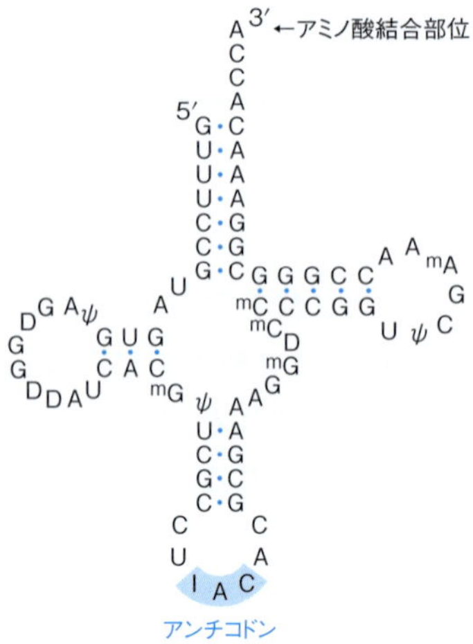

◆**図 5-14 バリンの tRNA の構造**

A はアデニン，G はグアニン，C はシトシン，U はウラシル，ψ はプソイドウリジン，D はジヒドロウリジン，I はイノシン，m はメチル化されていることを表している．

tRNA の 3′ 末端の塩基配列は必ず CCA であり，A の 3′-水酸基あるいは 2′-水酸基にアミノ酸がエステル結合する．アンチコドン IAC はバリンのコドン GUN(N はどの塩基でもよいという意味)に結合する．

・は水素結合が形成されることを表している．

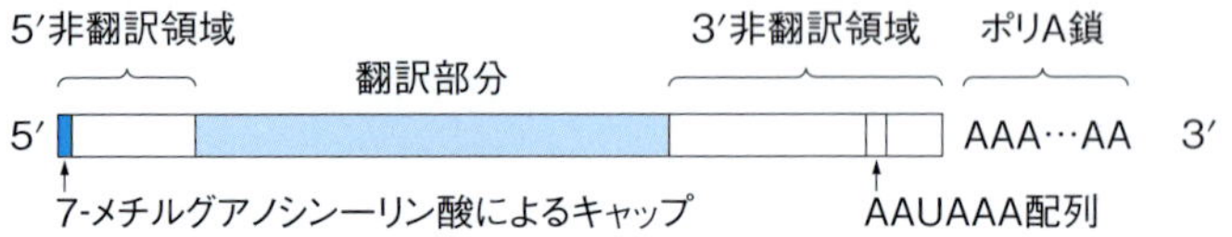

◆**図 5-15 mRNA の構造**

AAUAAA 配列は mRNA の 3′ 末端にポリ A 鎖を付加する際のシグナルとして働いている．

(AUG)から開始される．したがって AUG は**開始コドン**でもあり，これを基準にして 3 つの塩基ずつアミノ酸に翻訳していくのである．mRNA の 5′ 末端から開始コドンまでは，タンパク質合成の情報にならない部分であり，**5′非翻訳領域**と呼ばれている(**図 5-15**)．翻訳はこのように 5′ → 3′ の方向におこなわれるが，アミノ酸配列で考えると，その向きは N 末端から C 末端への合成である．

2 翻 訳

翻訳は，**開始複合体**の形成から始まる．開始因子と呼ばれるタンパク質と GTP，メチオニンを結合した tRNA，の三者の複合体がまずつくられ，ついでこれにリボソームの小さい方のサブユニット(40S)が結合する．そしてここに，mRNA が結合し，最後に，リボソームの大きい方のサブユニット(60S)が結合する．これが開始複合体と呼ばれるものであり，mRNA のメチオニンのコドン上に，メチオニンを結合した tRNA が乗り，これらをリボソームが覆った構造である(**図 5-16**)．

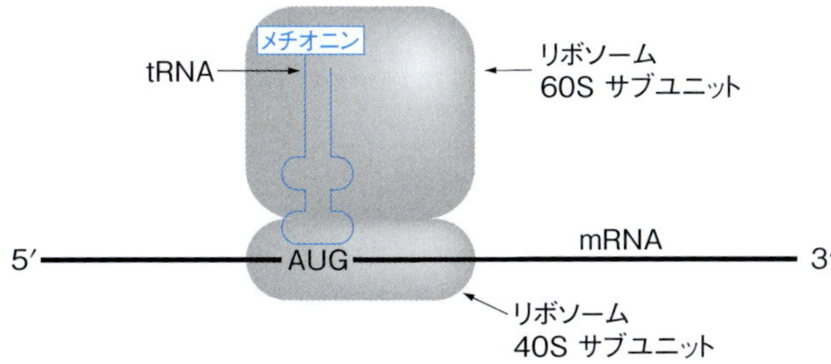

◆図 5-16　翻訳開始複合体の構造

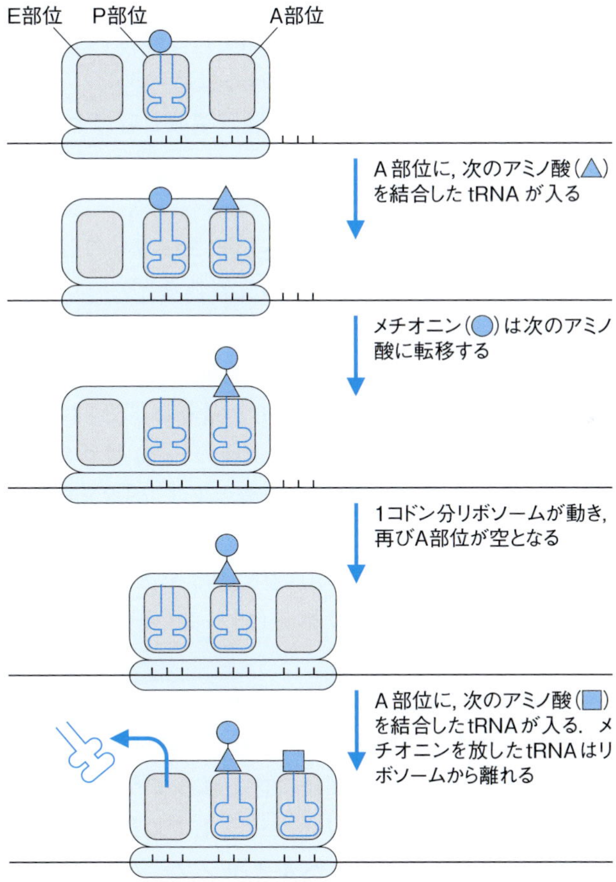

◆図 5-17　翻訳の伸長過程

リボソームには，tRNA を受け入れる部位が 2 ヵ所あり，P 部位(P はペプチド peptide)，A 部位(A はアミノ酸 amino acid)と呼ばれている(**図 5-17**)．開始複合体では，P 部位に，メチオニンを結合した tRNA が収まっており，空いている A 部位には，メチオニンの次に指定されているアミノ酸(ここではアミノ酸 2 とする)を結合した tRNA が入ってくる．この際には，延長因子 1 と呼ばれるタンパク質と GTP(グアノシン三リン酸)が必要である．次に，メチオニンが tRNA からはずれ，アミノ酸 2 のアミノ基と結合する(＝メチオニン残基が tRNA からアミノ酸 2 へ転移する)．そして，リボソームがmRNA上を1コドン分3′側へ動き，その結果，メチオニンと結合していたtRNAはE部位（Eは出口exit）へ，メチオニン–アミノ酸2を結合したtRNAはP部位へ移動することになる．空いたA部位には，次に来るべきアミノ酸を結合したtRNAが入ってくる．このような過程を繰り返してアミノ酸が結合されていき，タンパク質がつくられる（**図5-17**）．リボソームがmRNA上を移動するためには，延長因子2と呼ばれるタンパク質とGTPが必要である．

翻訳は，mRNAの3′末端ではなく，**終止コドン**で終了する．終止コドンはアミノ酸に対応していないコドン（UAA，UAG，UGA）である（**表5-7**）．また，翻訳の終了には，終結因子と呼ばれるタンパク質が必要である．mRNAにおいて終止コドンの後ろには，タンパク質の情報にならない塩基配列が続くが，この部分は**3′非翻訳領域**と呼ばれる（**図5-15**）．

3　分泌タンパク質・膜タンパク質の翻訳

タンパク質は，① 細胞外へ分泌されるもの（消化酵素など），② 細胞膜に埋め込まれるもの（ホルモンの受容体など），③ 細胞内で働くもの（解糖系の酵素など）に分類できる．これらのうち，①と②に属するタンパク質の翻訳は，小胞体上でおこなわれ，電子顕微鏡下には，**粗面小胞体**として観察される．しかしこの場合においても，最初は③と同じように遊離のリボソーム上で翻訳がおこなわれるが，N末端の約70残基のアミノ酸配列が現れた時点で，**シグナル認識粒子**（構成成分として7S RNAを含む）により翻訳が中断され，小胞体上へ移動してからその続きがおこなわれる（**図5-18**）．つまり，N末端のアミノ酸配列に①②と③とを区別するシグナルが存在するのである．これは**シグナルペプチド**（15～30残基のアミノ酸からなる）と呼ばれている．

小胞体上で翻訳されてできたタンパク質は，ただちに小胞体内へ入り，シグナルペプチドは切断・除去され，糖鎖付加などの加工を受け，濃縮されて，ゴルジ体を経て，分泌顆粒に含まれるようになる．一方，③に属するタンパク質の翻訳は，遊離のリボソーム上で最後までおこなわれる．翻訳産物が，核や，ミトコンドリア，ペルオキシソームなどの細胞小器官へ移動するためには，やはり特殊なアミノ酸配列の存在が必要であり，これらは移行シグナルと呼ばれている（**表5-8**）．

抗生物質には，ストレプトマイシン，カナマイシン，クロラムフェニコール，テトラサイクリン，エリスロマイシンなど，細菌のタンパク質生合成を阻害するものが多い．

抗生物質による細菌タンパク質生合成阻害

ストレプトマイシンとカナマイシンは細菌のリボソームに結合し，タンパク質合成の際の開始複合体を阻害したり，翻訳の伸長過程やリボソームへのtRNAの結合を阻害して抗菌作用を示す．難聴を起こすという副作用があるが，現在ではミトコンドリアゲノムDNAの特定の個所にA→Gの変異がある人（日本人では350人に1人）が難聴になりやすいことがわかっている．

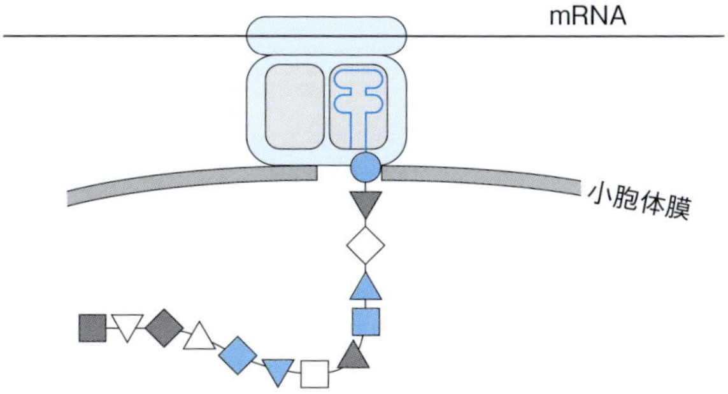

◆**図 5-18　小胞体上での翻訳**
翻訳産物は小胞体内へ入る．

◆**表 5-8　移行シグナル**

移行先	アミノ酸配列の例
小胞体	ーロイシンーロイシンーロイシンーバリンーリシンーイソロイシンーロイシンーフェニルアラニンートリプトファンーアラニンー
ミトコンドリア	3～6残基ごとにアルギニンやリシンなどのプラスに荷電したアミノ酸が登場
核	ープロリンープロリンーリシンーリシンーリシンーアルギニンーリシンー
ペルオキシソーム	ーセリンーリシンーロイシンー

小胞体へのシグナルは疎水性のアミノ酸に富んでおり，ゴルジ体から小胞体へ送り返されるのに必要である．核への移行シグナルはプラスに荷電したアミノ酸(塩基性アミノ酸)やプロリンに富む．

6 遺伝の生化学

1 遺伝と染色体

親の形質は子に伝わる．形質を伝える因子は**遺伝子**(gene)と呼ばれ，その本体はDNAである．DNAはタンパク質と結合し，**染色体**と呼ばれる構造をとっており，この単位で親から子へと遺伝子が受け継がれていく．

ヒトの染色体は，2本ずつの第1～第22染色体(これらは**常染色体**と呼ばれる)と2本の**性染色体**(女子の場合2本のX染色体，男子の場合1本ずつのX染色体とY染色体)の，計46本からなっている．その半分(23本)は父親から，残り半分は母親から受け取ったものである．これらの半分が子へと渡っていくわけであるが，その組み合わせの総数は2の23乗(840万)通りもあるので，子同士が全く同じ形質である確率は，実際上ゼロである(**図5-19**)．

配偶子(精子や卵子)が形成される際は，父親由来の染色体と母親由来の染色体が，複製終了後，対応するもの同士隣りあって並ぶ(X染色体とY染色体も並ぶ)．これは**対合**と呼ばれるが，この時に，必ずDNA鎖の乗り換え

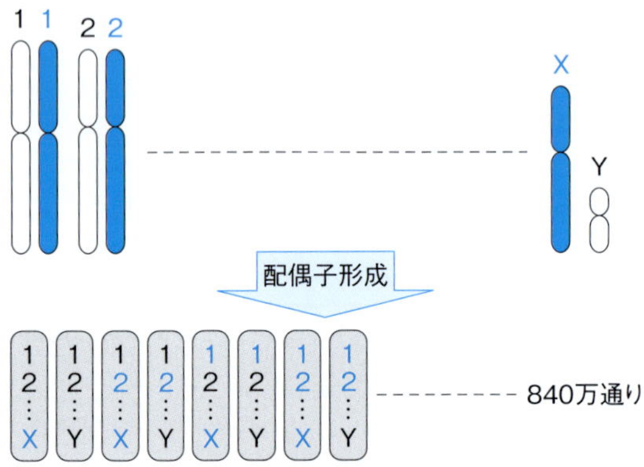

◆**図 5-19　染色体の配偶子への分配**
白の染色体は父親由来，青の染色体は母親由来である．

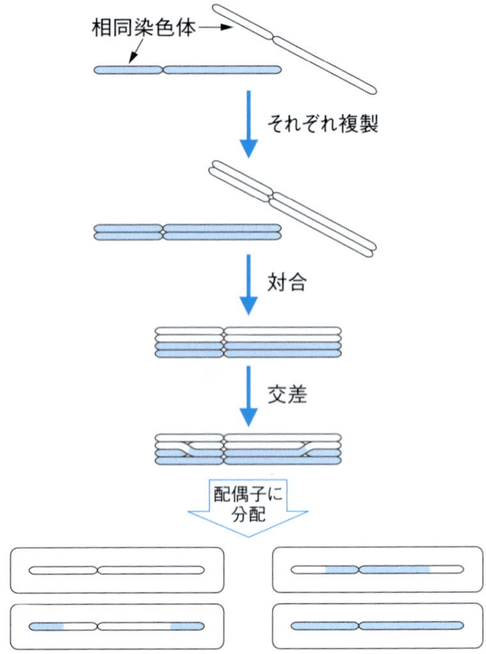

◆**図 5-20　減数分裂における対合と交差**
減数分裂は，精子や卵子などの配偶子をつくる時の細胞分裂である．体細胞では相同染色体は2本ずつ存在するが，配偶子では1本ずつになる．

が起こる(**図5-20**)．つまり，染色体のある部分は父親由来であるが，他の部分は母親由来である，といった合の子の染色体が必ずつくられる．これは**交差**と呼ばれる現象であるが，このことも，形質が複雑に分かれてゆく原因となる．しかし，ある形質の遺伝子だけに注目すれば，それが子に伝えられる確率は単純に2分の1である．

2　メンデルの法則

遺伝に関しては，有名な**メンデルの法則**がある．優性，分離，独立，の3法則である(**図5-21**)．しかし，例えばA(a)遺伝子とB(b)遺伝子が，同じ染色体に乗っている場合は，独立の法則は成り立たない．Aの表現型には必ずBの表現型が伴い，aの表現型には必ずbの表現型が伴う，といった場合があるわけである(**図5-21**)．このような現象は，**連鎖**と表現される．A(a)遺伝子とB(b)遺伝子の間で交差が起これば，A-B，a-bの連鎖は当然崩れる．

ある遺伝子に関して，全く同じものを2つもっている個体は**ホモ接合体**，異なる個体は**ヘテロ接合体**と呼ばれる．X染色体上の遺伝子については，女子の場合はホモ接合体とヘテロ接合体とがありうるが，男子はX染色体が1本であるためヘミ接合体と呼ばれる．

ABO式血液型の遺伝では，A型，B型はO型に対して優性の形質，A型とB型の間には優劣関係はない(ともに発現するので**共優性遺伝**と呼ばれ

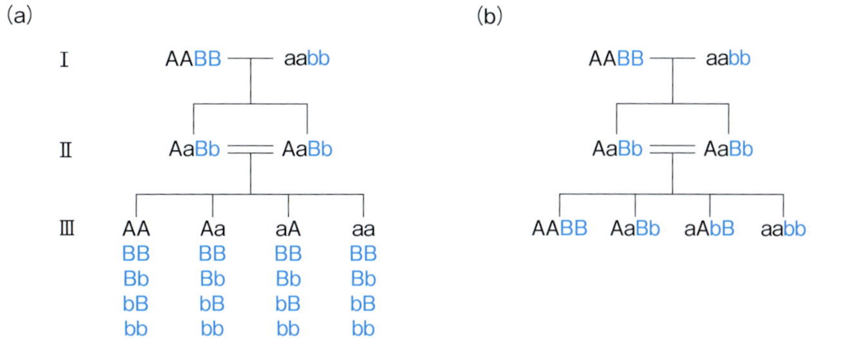

◆図 5-21　メンデルの法則

A と a では A が優性，B と b では B が優性なので雑種第一代(Ⅱ)ではすべて AB の表現型を示す．しかし雑種第一代同士のかけ合わせ(Ⅲ)では表現型は A：a = 3：1，B：b = 3：1 とそれぞれ独立に分離する．
A と B，a と b が連鎖している場合(b)もこの比は保たれるが，Ab や aB といった表現型を示す個体が出現しない．

◆表 5-9　日本人における ABO 遺伝子頻度と遺伝子型頻度

遺伝子頻度				
A 0.2862	B 0.1714	O 0.5424		
AA 0.0819	AB 0.0981	AO 0.3105	A 0.2862	遺伝子頻度
	BB 0.0294	BO 0.1859	B 0.1714	
遺伝子型頻度		OO 0.2942	O 0.5424	

各人は A，B，O 遺伝子のうち 2 つをもっている．その組み合わせが遺伝子型である．
表現型は，A 型は AA + AO = 0.3924
B 型は BB + BO = 0.2153
O 型は OO = 0.2942
AB 型は AB = 0.0981
であり，おおよそ A 型：O 型：B 型：AB 型 = 4：3：2：1 といえる．
一方，遺伝子の頻度は A 遺伝子は 30％以下であり，O 遺伝子が最も多い(50％以上)

る)．ちなみに日本人では，A 型の中で遺伝子型が AA のヒトは約 5 人に 1 人，B 型の中で遺伝子型が BB のヒトは 8 人に 1 人であることがわかっている(**表 5-9**)．

優性，**劣性**の判定はこのように表現型でなされる．しかしこれを分子レベルでみた場合，優劣は全くない．例えば，ヘモグロビンの β 鎖に異常があり，低酸素の環境下では β 鎖が結晶化する遺伝病がある(鎌状赤血球症，黒人に多い)．この患者(異常遺伝子のホモ接合体)と，正常なヒト(正常遺伝子のホモ接合体)とが結婚して生まれる子(ヘテロ接合体)は無症状ではあるが，赤血球中のヘモグロビン β 鎖をみてみると，正常なものと異常なものとが等量ずつ存在している．つまり，異常な遺伝子も，正常な遺伝子と同じように発現しており，優劣はないわけである．しかし，遺伝医学の分野では，発症す

鎌状赤血球症
ヘモグロビン β 鎖の 6 番目のアミノ酸のグルタミン酸がバリンに置換している．この異常 β 鎖(β^S と表す)を含んだヘモグロビンは，低酸素条件下でゲル化し，赤血球を鎌状に変形させる．ヘテロ接合体では正常な $\alpha_2\beta_2$ も存在するのでゲル化しにくいが，ホモ接合体ではすべて $\alpha_2\beta^S{}_2$ なので容易にゲル化する．

家族性高コレステロール血症

リポタンパク質の1つであるLDL（低比重リポタンパク質）の受容体に異常があり，血中コレステロール値が高く，動脈硬化が早く進行する．優性遺伝形式なのでヘテロ接合体で発症する（40歳頃に心筋梗塞）が，ホモ接合体ではさらに早く（10歳頃に）発症する．

るかどうか，が重要であるので，異常な遺伝子が1つあれば発症する可能性のある遺伝病は優性遺伝形式，2つそろった時に初めて発症するものは劣性遺伝形式，と表現される．したがって，鎌状赤血球症は劣性遺伝形式である．一方，家族性高コレステロール血症は，正常遺伝子（LDL受容体）と異常遺伝子のヘテロ接合体が臨床症状を有するので，優性遺伝形式とされる．

3 遺伝形式

前節で，優性と劣性が登場したが，**常染色体性**と**X連鎖**，という分類もおこなわれる．常染色体性とは，異常遺伝子が常染色体に乗っている場合で，患者の頻度に男女差はない．X連鎖は，異常遺伝子がX染色体に乗っている場合で，男子は一本しかX染色体をもっていないので，その異常がそのまま形質として発現される．しかし，女子は二本のX染色体をもつので，通常は発症せず，患者は男子に限られることになる．「X連鎖」が「伴性」とも表現される理由である．家系図の書き方を**図5-22**に示した．

遺伝病の遺伝形式としては，**常染色体優性**，**常染色体劣性**，**X連鎖優性**（あるいは**伴性優性**），**X連鎖劣性**（あるいは**伴性劣性**）の4種がありうる．これらのほかに，ミトコンドリアのDNAに異常がある場合があり，母親から子へと遺伝する．先天的な遺伝子の異常症のうちでよく知られているものを**表5-10**にあげた．

優性遺伝形式の遺伝病の患者においては，両親のどちらかが患者である．また，兄弟姉妹が患者である確率は2分の1である（**図5-23a**）．このような例としては，家族性高コレステロール血症，ハンチントン舞踏病，家族性アミロイドポリニューロパチーなどがある．

X連鎖（伴性）劣性遺伝形式の遺伝病の患者においては，母親が異常遺伝子の乗ったX染色体を一本もっており，他方のX染色体上の遺伝子は正常である．母親は無症状であるので，**保因者**（**キャリアー**）である．父親は正常である．兄弟においては，患者である確率は2分の1，姉妹においては，保因者である確率が2分の1，患者である確率はゼロである（**図5-23b**）．しかし，血友病（**表5-10**）では，父親が患者である場合もありうる．この時には，男の子供は全く正常であり，女の子供は必ず保因者になる（**図5-23c**）．**X連鎖優性遺伝形式**の遺伝病には，ビタミンD抵抗性くる病などがある．

常染色体劣性遺伝形式の遺伝病の患者においては，両親とも保因者である（**図5-23d**）．つまり，両親とも異常遺伝子の乗った染色体を一本もっているが，他方の染色体上には正常な遺伝子が存在しているため無症状である．兄弟姉妹が患者である確率は4分の1，保因者である確率は2分の1である．この形式の遺伝病には，フェニルケトン尿症，鎌状赤血球症など，ほとんどのものが含まれる．

たいていの遺伝病は**常染色体劣性遺伝形式**であるため，患者が発生するまで保因者のいることが気づかれない場合が多い．例えばフェニルケトン尿症は，わが国では欧米と比較して患者の発生頻度は低い（8万人に1人，欧米では1万人に1人)が，それでも保因者の頻度は141人に1人(80,000 ÷ 4の平方根)と，予想以上に高いことがわかる．この場合いとこ婚では，保因者同士である可能性が約18倍高くなる(**図5-24**).

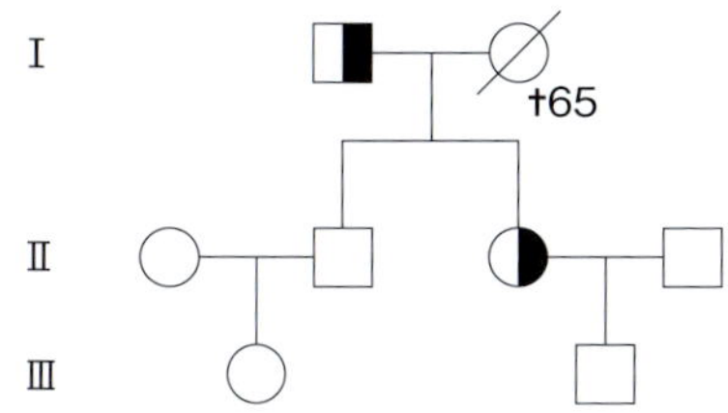

◆図 5-22 家系図の書き方
男は□，女は○，婚姻関係は—(近親婚は═)兄弟姉妹は左が年長，保因者は◧，⊙など．死亡は斜線をし，†を死亡年齢につける．世代はローマ数字で表す．

◆表 5-10 先天的な遺伝子の異常症

分 類	名 称	頻 度	病因と遺伝形式*	症状その他
染色体	ダウン症候群	1/1,000	第21染色体が3本(トリソミー)	形態形成異常，知能低下 母親の年齢とともに増加
糖代謝酵素	糖原病Ia(フォン・ギールケ病)	1/100,000	グルコース-6-ホスファターゼの欠損，常劣	低血糖発作 肝グリコーゲンの蓄積
	ガラクトース血症	1/35,000～60,000	ガラクトース-1-リン酸ウリジルトランスフェラーゼの欠損，常劣	白内障，知能低下， 肝不全，腎不全
アミノ酸代謝酵素	フェニルケトン尿症	1/10,000(民族差大きい)	フェニルアラニン水酸化酵素の欠損，常劣	高フェニルアラニン血症による知能発達の障害
核酸代謝酵素	レッシュ・ナイハン症候群	1/10,000(男子)	ヒポキサンチン-グアニンホスホリボシルトランスフェラーゼの欠損，伴劣	自傷行為 不随意運動
脂質代謝	家族性高コレステロール血症	1/500	LDLレセプターの減少，常優	動脈硬化
血液凝固	血友病B	1/70,000(男子)	血液凝固第Ⅸ因子の欠損，伴劣	血液凝固の遅延
	血友病A	1/10,000(男子)	血液凝固第Ⅷ因子の欠損，伴劣	血液凝固の遅延
その他	地中海性貧血	地中海周辺やアジアで多い	αグロビンまたはβグロビンの合成低下あるいは欠損，常劣	貧血
	鎌状赤血球症	黒人に多い	βグロビンのアミノ酸置換，常劣	貧血，疼痛
	家族性アミロイドポリニューロパチー	1/100,000～1,000,000	プレアルブミンのアミノ酸置換，常優	アミロイドの沈着 神経障害，腎障害
	ビタミンD抵抗性くる病	1/20,000	不明，伴優	尿細管におけるリン酸再吸収の障害
	デュシェンヌ型筋ジストロフィー	1/3,500～4,000(男子)	ジストロフィンの欠損，伴劣	骨格筋の萎縮
	色素性乾皮症	1/250,000(日本人では1/22,000)	DNA損傷の修復能の欠損，常劣	皮膚症状，神経症状 易発がん性

*遺伝形式は，常優：常染色体優性，常劣：常染色体劣性，伴優；伴性優性，伴劣：伴性劣性.

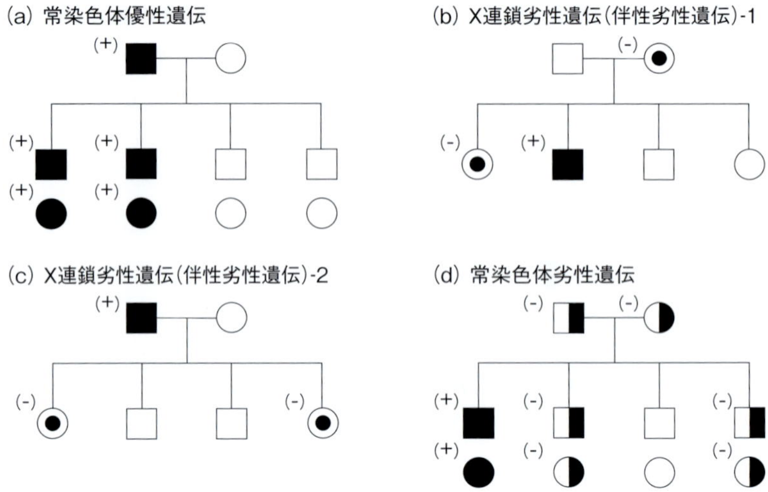

◆図 5-23　遺伝形式と患者，保因者

(＋)(－)は症状の有無を表す．

(b)では母親が保因者であり，男児は 1/2 の確率で患者となり，女児は 1/2 の確率で保因者となる．

(c)では父親が患者であり，男児は患者とならず，女児は必ず保因者となる．

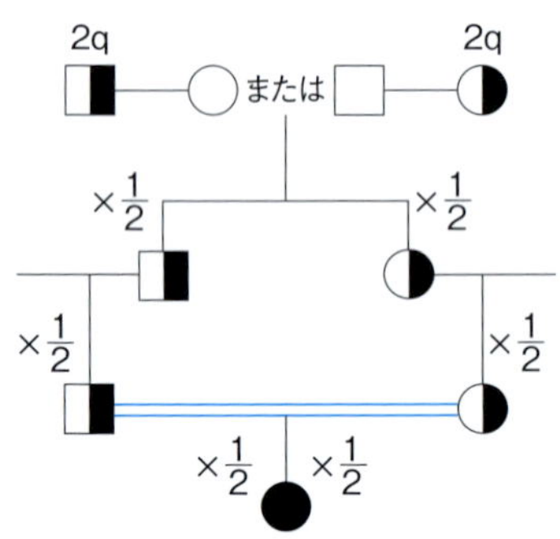

◆図 5-24　いとこ婚により患者が発生する確率

異常遺伝子の頻度を q とすると，一般の結婚では患者が発生する頻度は q^2 である．一方，祖父または祖母が保因者である確率は 2q＋2q であり，その曾孫に異常遺伝子が集まる確率はその $1/2^6$ であるので，これらを掛けると q/16 となる．したがって，いとこ婚では患者発生頻度は 1/16q 高くなると計算される．

4　母性遺伝(細胞質遺伝)

ヒトのミトコンドリアには 16,569 塩基対の大きさの環状 DNA が存在する．

column

ES 細胞と iPS 細胞との違い

いずれの細胞も，さまざまな臓器・組織の細胞に分化する能力(多能性)をもつ幹細胞であるが，由来が異なる．ES(胚性幹)細胞は，着床寸前の段階の胚(胚盤胞期の胚)から，内部細胞塊(胎児の体のすべての元になる細胞の集塊)を多能性を保たせたまま培養して増やしたものである．一方 iPS(誘導多能性幹)細胞は，体を構成する細胞(体細胞)を取り出し，そこに数個の遺伝子(山中 4 因子と呼ばれる，Oct3/4，Sox2，Klf4，c-Myc の遺伝子)を人工的に組み込むことで ES 細胞と同じような多能性を獲得させたものである．患者の体細胞から iPS 細胞をつくって特定の細胞に分化させ，これを発症機構の解明や治療薬の開発につなげる道が開けた．

受精においては，卵子の中には精子の核だけが入り**ミトコンドリア**は入らないので，ミトコンドリア **DNA** のもつ遺伝情報は，常に母親から子へと伝わる．

ミトコンドリアDNAの異常に原因がある遺伝病としては，レーベル病(遺伝性視神経萎縮症)，ミトコンドリア脳筋症などが知られている．

5 遺伝子工学

大腸菌や酵母，ヘリコバクター・ピロリ(ピロリ菌；胃潰瘍を起こす)，線虫などではすでにゲノムの全貌が判明し，ヒトのゲノムの全塩基配列も2003年に明らかとなった．これらは30年程前までは想像もつかなかったことであり，遺伝子工学の発達による成果である．

遺伝子工学は，**組換え DNA 技術**とも呼ばれる．まず，解析したい遺伝子DNA(あるいはmRNAをDNAに変換したもの)を，**ベクター**(大腸菌の中で複製されうるDNA)と，試験管内でつなぐ(＝組換えDNAを作成する)．これを大腸菌に導入するわけであるが，大腸菌の増殖とともに，組換えDNAも複製されるので，適当な時点で大腸菌を破壊し，これを単離する．ベクター部分を除去すれば，解析したいDNAが大量に得られることになるわけである．**図5-25**に，遺伝子を単離し，増やす方法(**クローニング**と呼ばれる)の概略を示した．

すでに解析が終了しているDNAでも，その指令するタンパク質を大腸菌に大量につくらせたり，あるいは塩基配列を改変し，天然と違うタンパク質を大腸菌につくらせ，機能を調べる，といったこともおこなわれる．最近では，臨床で使われる薬が遺伝子工学で生産されている(**表5-11**)．

遺伝子工学を支える技術としては，ハイブリダイゼーション，塩基配列決定法，ポリメラーゼ連鎖反応(PCR)などがある．

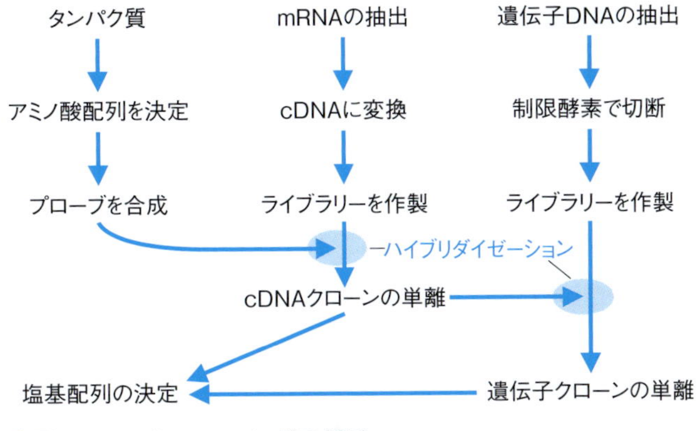

◆図 5-25 クローニングの概略
cDNAとは，mRNAの塩基配列をDNAに置き換えたものである．ライブラリーとは，遺伝子あるいはcDNAの組換えDNAを，大腸菌などに入れ込んだもの(＝組換え体)の混合物であり，拾い上げるための核酸はプローブと呼ばれる．

◆表 5-11 遺伝子工学でつくられる医薬品

医薬品	対象(目的)	なぜ遺伝子工学か
インスリン	糖尿病	ブタやウシのインスリンでは抗体ができてしまうため*1
成長ホルモン(GH)	下垂体性小人症	供給量が不足*2
インターフェロン(IFN)	C型肝炎	産生効率が悪いため*2
B型肝炎ワクチン	B型肝炎(の予防)	ウイルスの増殖ができないため*3
エリトロポエチン	腎性貧血	供給量が不足*2
組織プラスミノーゲンアクチベーター(t-PA)	血栓	供給量が不足*2
顆粒球コロニー刺激因子(G-CSF)	顆粒球減少症	供給量が不足*2
インターロイキン2(IL-2)	Tリンパ球の増殖	供給量が不足*2
血液凝固第Ⅷ因子	血友病A	汚染の回避*3

*1 インスリンは，ブタやウシからの抽出により需要を満たせるが，アミノ酸配列がヒトのインスリンと異なるため抗体が生じて効かなくなるという問題が生じる．
*2「供給量が不足」と「産生効率が悪い」は天然から得られる量が極端に少ないことを表す．
*3 B型肝炎ワクチンと血液凝固第Ⅷ因子は，ヒトの血液から抗原とタンパク質をそれぞれ抽出する必要があるため，抽出操作自体が危険である．

a ハイブリダイゼーション

ハイブリダイゼーション
ハイブリットは合の子という意味であり，DNAとRNAとの間で二本鎖をつくらせる操作が本来のハイブリダイゼーションである．しかし，現在ではDNA同士，RNA同士の二本鎖形成もこう呼んでいる．

DNAを調べる場合(**サザンハイブリダイゼーション**)，mRNAを調べる場合(**ノーザンハイブリダイゼーション**)，染色体中の遺伝子DNAを調べる場合，などいろいろある(**表5-12**)が，原理的には同じである．サザンハイブリダイゼーションを例にとると，DNAを制限酵素で切断し，ゲル電気泳動にかけ，長さにしたがって分ける(**図5-26**)．ついで，その分離パターンをフィルターに写し取り，そこへ検出用の核酸(**プローブ**と呼ばれる．放射性同位元素などで標識されている)をふりかけ，目的とするDNA断片を検出する．その有無や長さを調べるのである．

制限酵素は，DNAの特定の塩基配列を認識し，切断する酵素である．よく使われる制限酵素を**表5-13**に示した．制限酵素でゲノムDNAを処理した時の，切断のされ方に個体差(遺伝子差)がみられることがある．制限酵素で切断したDNA断片の長さの違いは，**制限断片長多型**(**RFLP**)と呼ばれ，特定のプローブを用いて，サザンハイブリダイゼーションにより検出される．RFLPは，遺伝マーカーとして，保因者診断や個人識別，病因遺伝子の探索に利用される．**図5-27**にRFLPを用いた出生前診断の例を示した．出生前診断は，妊娠中に胎児の状態を検査して診断するものであるが，この目的の遺伝子検査はわが国では一般化されていない．現在おこなわれている出生前診断は，超音波検査，母体血清マーカー検査，羊水検査，絨毛検査，新型出生前診断(NIPT，わが国では2013年に認可された)など，主にダウン症などの染色体異常を発見するためのものである．遺伝子検査を含めた出生前診断には，「両親が子供の命を決めていいのか」という倫理的な問題が常にある．

◆表 5-12　さまざまなハイブリダイゼーション

ハイブリダイゼーション	対　象	目　的
コロニー	プラスミドに組み込まれたDNA	クローニング
プラーク	ファージに組み込まれたDNA	クローニング
サザン	制限酵素で切断されたDNA	定量的・定性的解析
ノーザン	mRNA	定量的・定性的解析
in situ	mRNA	細胞での発現解析
	染色体DNA	遺伝子座の決定

in situ とは,「その場で」という意味である.

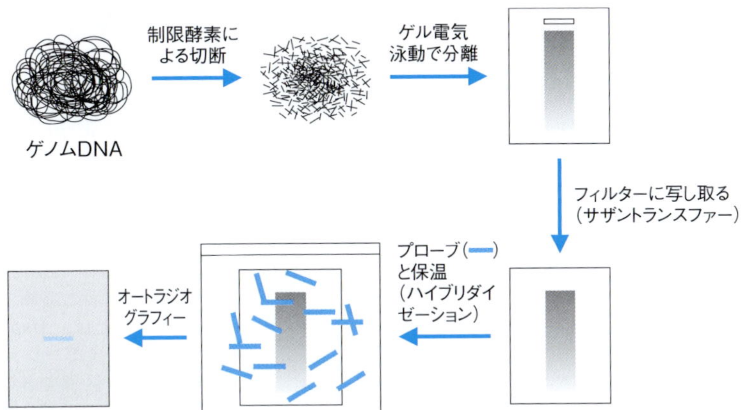

◆図 5-26　サザンハイブリダイゼーション

RFLPで検出する「制限酵素による切断／非切断」に代表されるが，ゲノム中のある塩基が別の塩基に変異した多様性が1%以上の頻度でみられる時，これを一塩基多型(SNP(スニップと発音する))と呼んでいる．ヒトゲノムでは平均約1,000塩基に1ヵ所SNPが存在するが，遺伝子の内部や遺伝子の調節領域にあるSNPは，薬剤の効果や副作用における個人差や，高血圧や糖尿病などの多遺伝子疾患における発症の個人差などの指標になる可能性があり，詳細に調べられつつある．また，スライドガラス様の基板に数万種類のDNAを固定し，ハイブリダイゼーションでmRNAの多少や増減を調べるマイクロアレイ技術も普及してきている．

b　塩基配列決定法

ジデオキシ法が用いられている．決定したい塩基配列を含んだDNAに結合できるプライマーDNAを人工合成し，DNAポリメラーゼにより，試験管内でDNAを合成させていく．この際，基質ヌクレオチドの1つに2′,3′-ジデオキシリボヌクレオシド三リン酸を加えておくと，これがDNA鎖に取り込まれた時には，そこで合成が停止するので，その位置にどのような塩基が存在するかがわかる(**図 5-28**)．最近では，ゲル電気泳動法に代わってそれぞれの塩基に別々の蛍光色素を結合した2′,3′-ジデオキシヌクレオシド三リン酸を使ったキャピラリー電気泳動法が用いられている．

2′, 3′-ジデオキシリボヌクレオシド三リン酸

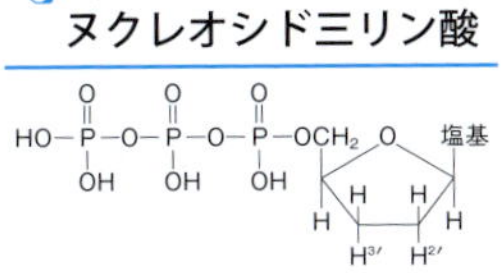

3′位に水酸基(—OH)がないのでこのヌクレオチドが取り込まれるとDNA合成がそこで停止する．

◆表 5-13　よく用いられる制限酵素

制限酵素	識別配列と切断部位(↓，↑)
*Bam*HⅠ	↓ -GGATCC- -CCTAGG- ↑
*Eco*RⅠ	↓ -GAATTC- -CTTAAG- ↑
*Hind*Ⅲ	↓ -AAGCTT- -TTCGAA- ↑
*Pst*Ⅰ	↓ -CTGCAG- -GACGTC- ↑
*Alu*Ⅰ	↓ -AGCT- -TCGA- ↑
*Not*Ⅰ	↓ -GCGGCCGC- -CGCCGGCG- ↑

DNA の二本鎖は上が 5′→ 3′ である.

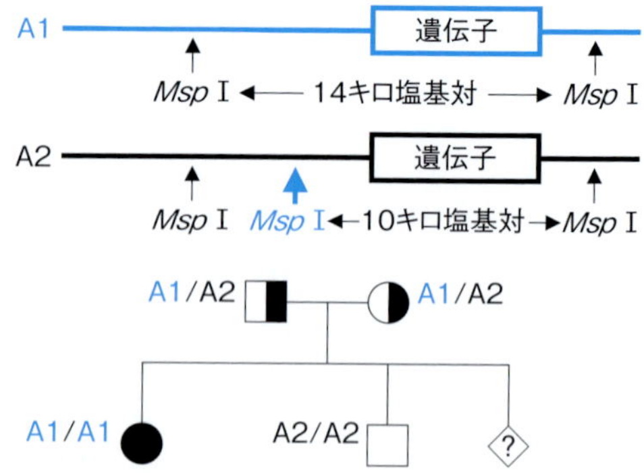

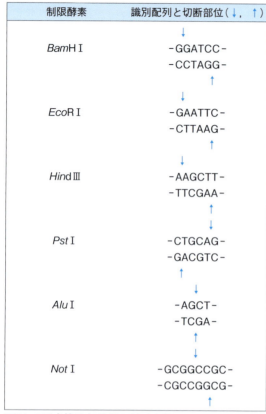

◆図 5-27　RFLP を用いた出生前診断

塩基配列が遺伝子によって異なる場合があり，上の例では *Msp*I と呼ばれる制限酵素による切れ方が違う 2 種の遺伝子(*A1* と *A2*)を示している．図の家系では，*A1* の遺伝子が異常であり *A2* は正常であることが，長女，長男の解析から明らかである．そこで問題の第三子であるが，*A1/A1* であれば患者，*A2/A2* であれば正常，*A1/A2* であれば保因者と診断できる．
A1 と *A2* とは，*Msp*I で切断した DNA をサザンハイブリダイゼーションにかけ，検出される DNA の大きさで区別できる．このように，制限酵素で切断した時の DNA 断片の長さが異なり，それが集団の中である程度頻繁に認められる時，RFLP と呼ばれる．RFLP 自体は遺伝病の病因とは全く関係がないが，どちらの遺伝子が子に伝えられたかを知る遺伝マーカーとして役立つ．

c　ポリメラーゼ連鎖反応

ポリメラーゼ連鎖反応(**PCR**)は，塩基配列がすでに分かっている特定の DNA 領域を試験管内で増幅する方法である．用途としては，遺伝子変異の検出(病因の個別解析や多型の検出)，mRNA の定性・定量，変異の導入などがある．原理を**図 5-29** に示した．1 組のプライマー DNA を合成し，増幅したい領域を含んだ試料，耐熱性 DNA ポリメラーゼ，基質ヌクレオチドなどを混ぜ，DNA の変性(二本鎖を一本鎖に分離)，プライマー DNA の結合，DNA 合成，の 3 つの反応を，保温温度を周期的に変化させることで繰り返しおこなわせるものである．計算上は，1 回ごとに倍に増幅されていくので，100 万倍の増幅には 20 サイクルで十分なはずであるが，通常は 25 ～ 30 サイクルを要する．

解析試料としては，1 ng(10 億分の 1 グラム)程度の量の DNA で十分可能であり，これは約 170 個の細胞に含まれる DNA 量に相当する．髪の毛 1 本(抜くと根元に約 1 万個の細胞がついてくる)で DNA 鑑定が可能，という話もうなずけることであろう．丁寧におこなえば，原理的には 1 個の細胞の DNA からでも増幅可能であるが，あまりにも試料が微量となるので，試薬，

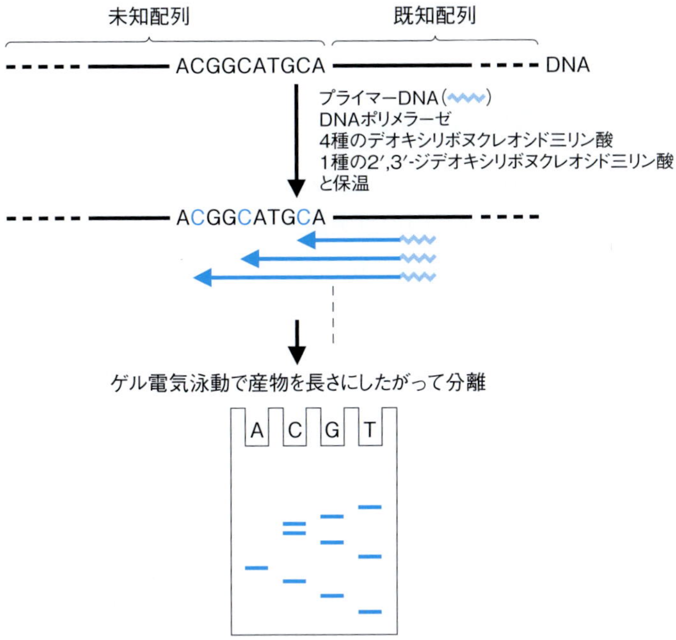

◆図 5-28 塩基配列決定法の原理
2′, 3′-ジデオキシリボヌクレオシド三リン酸が取り込まれると，そこでDNA合成が停止する．ここでは2′, 3′-ジオキシグアノシン三リン酸を使った時の例を示している(Cと対応する位置で停止している)．実際は，同じ反応を塩基を変えて4通りおこない，ゲル電気泳動においては，別々のレーンにのせて解析する．
図では下からTGCATGCCGTと読める．

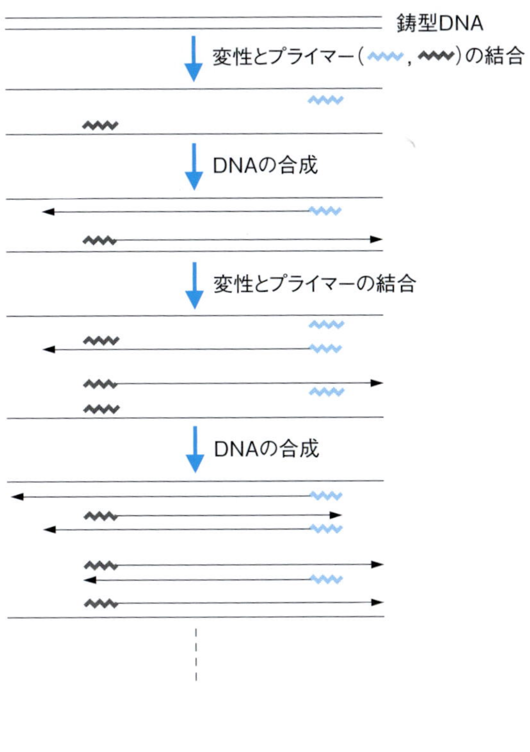

◆図 5-29 ポリメラーゼ連鎖反応(PCR)
2種のプライマーではさまれた領域が増幅されている．
変性は保温温度を94℃にすることで達成され，プライマーの結合は55℃，DNAの合成は72℃でおこなわれる．この94℃→55℃→72℃の過程は25～35サイクルおこなわれる．

溶液，器具などに他人のDNAが混入しないよう，細心の注意を払わなければならない．

6 遺伝病の原因

遺伝病の原因はもちろん遺伝子にあり，分類すると**表5-14**のようになる．また，エキソン内の点突然変異によって起こりうる異常を**図5-30**に示した．同じ遺伝子の異常をもっていても，一生何の症状も出ない場合から，若くして重篤な症状を呈する場合まである．また，表現型はある遺伝子の異常のようにみえても，実はその転写にかかわるタンパク質の方の異常が原因であったり，翻訳後のタンパク質のプロセシングにかかわるタンパク質の異常が原因であったりする．遺伝子工学は，上記の技術を中心にほぼ完成された状況にあるが，今後は遺伝子の解析結果をもとに，疾病の原因がさらに詳しく解明されていくことであろう．また，遺伝子治療は，遺伝病やがん，AIDSなどへの応用が検討されつつある．

◆**表 5-14　遺伝病の病因**

病　因	疾患名
Ⅰ　染色体の異常	ダウン症候群 など
Ⅱ　複数遺伝子の異常	糖尿病，高血圧，がん など
Ⅲ　単一遺伝子の異常	
① 遺伝子の欠落，大規模な欠損	筋ジストロフィー，血友病 など
② 点突然変異	
(1) 転写調節配列内	地中海性貧血
(2) エキソン内	この例が最も多い
(3) イントロン内	地中海性貧血

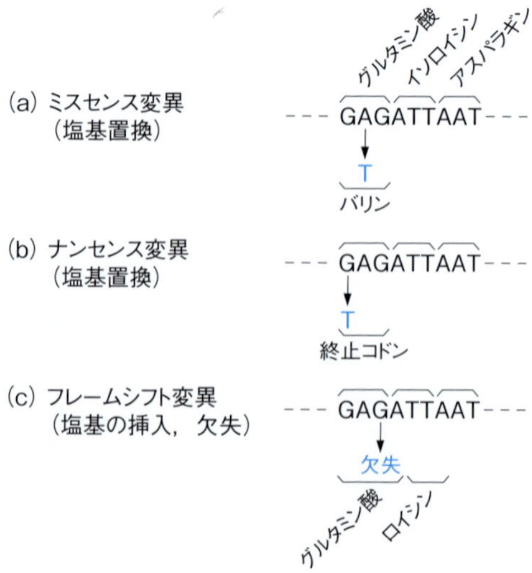

◆**図 5-30　エキソン内の点突然変異による異常**

column

遺伝子治療

遺伝子治療とは，遺伝子を用いた治療のことであり，遺伝子の治療のことではない．もともとは遺伝病に対する治療法として考えられたが，現在のところ生殖細胞に正常な遺伝子を導入することは禁止されているので，「遺伝子の産物（＝タンパク質）」を注射などにより補うかわりに，「遺伝子」そのものを体細胞に導入しそこで産物をつくらせる，という方法がとられている．遺伝子治療の適応としては，他に有効な方法がないこと，致死性であること，などの条件を満たす必要があり，重篤な遺伝病，がん，AIDSなどが具体的な対象疾患となる．

わが国では，北海道大学においてアデノシンデアミナーゼ欠損症に対しての治療がすでにおこなわれたが，遺伝子治療の対象となりうる遺伝病は実はわずかであり，がんに対するものが世界的にみても圧倒的に多い．体外法として例えば腎臓がんの細胞に好中球やマクロファージを集めるタンパク質（GM-CSF; 顆粒球単球コロニー刺激因子）の遺伝子を導入し，患者に戻す治療がおこなわれ，また，体内法として例えば，肺がんの組織に，細胞の無制限な分裂を抑えるタンパク質（p53）の遺伝子をもったアデノウイルスを注射する，といった治療がおこなわれたが劇的な効果は今のところ得られていない．

練習問題

1. DNAとRNAの構造上，機能上の違いについて説明しなさい．
2. DNAの複製と修復の機構に関係した疾患について説明しなさい．
3. 遺伝子において，構成塩基が他の塩基に置き換わること，あるいは欠失すること，また，余分な塩基が挿入されること，などによって起こりうる状況について説明しなさい．
4. 新生児期に診断して治療を開始することによって発症の予防が可能な遺伝病について説明しなさい．
5. 伴性劣性の遺伝形式をとる遺伝形質，遺伝病について説明しなさい．

第6章 ホメオスタシスとホルモン

学習目標

1. 生体内において，神経系と内分泌(ホルモン)系は互いに情報交換をしながら代謝を調節し，生命活動の恒常性を保持していることを理解する.
2. ホルモンには，ペプチドホルモンとアミン性ホルモンのように水溶性のものと，ステロイドホルモンのように水に溶けにくい疎水性のものがあり，種々の臓器で産生され，標的臓器において，それぞれの生理機能を発揮していることを理解する.
3. ホルモンが標的臓器の細胞に働く時には，特異的な受容体に結合することにより情報(シグナル)が細胞内に伝えられる．その結果，細胞内のタンパク質が活性化(リン酸化)されたり，遺伝子発現が調節されたりして生理作用が発揮されることを理解する.
4. ホルモンの産生異常などが生じると，生体内での恒常性が崩れ，病気(疾患)をひき起こす．ホルモンの異常の結果どのような症状が現れるのか，また治療はどのようにするのが良いのかを考える.

われわれの身体の中の内部環境の**恒常性**(**ホメオスタシス** homeostasis)を保つ生理活性物質を**ホルモン**(hormone)と呼んでいる．ホルモンは，特定の内分泌器官が，身体の各部から送られてくる情報に反応することで生合成される．生合成されたホルモンは血液中に分泌され遠隔部位に存在する臓器(**標的臓器**)，あるいは直接自分自身や近接の細胞(**標的細胞**)に到達し，ホルモンとしての分子シグナル伝達をおこない，その結果としてホルモン作用を発現する(**図 6-1**).

そのホルモンの作用発現のために重要なのは特異的に反応する**受容体**(**レセプター** receptor)である．この受容体には細胞膜に存在する**膜受容体**と細胞質や核に存在する**細胞内受容体**がある.

われわれの身体に存在する内分泌器官には，視床下部，松果体，脳下垂体，甲状腺，副甲状腺(上皮小体)，副腎皮質および髄質，男女の性腺，さらに心臓，消化管などがあり，それぞれの内分泌腺に特異的なホルモンを合成し，分泌している(**図 6-2**)．したがって，各器官臓器でつくられるホルモンの生合成や分泌の異常によって生じる疾患が多数ある．その主な疾患を**表 6-1**に示す.

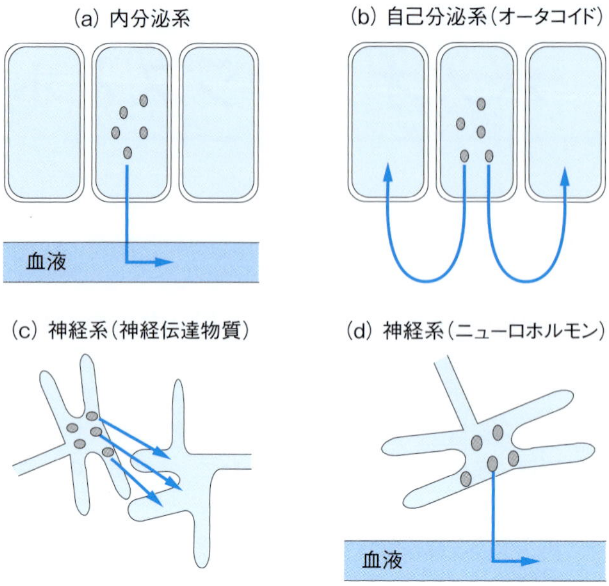
(a) 内分泌系
血液
(b) 自己分泌系(オータコイド)
(c) 神経系(神経伝達物質)
(d) 神経系(ニューロホルモン)
血液

◆図 6-1　ホルモンの分泌様式

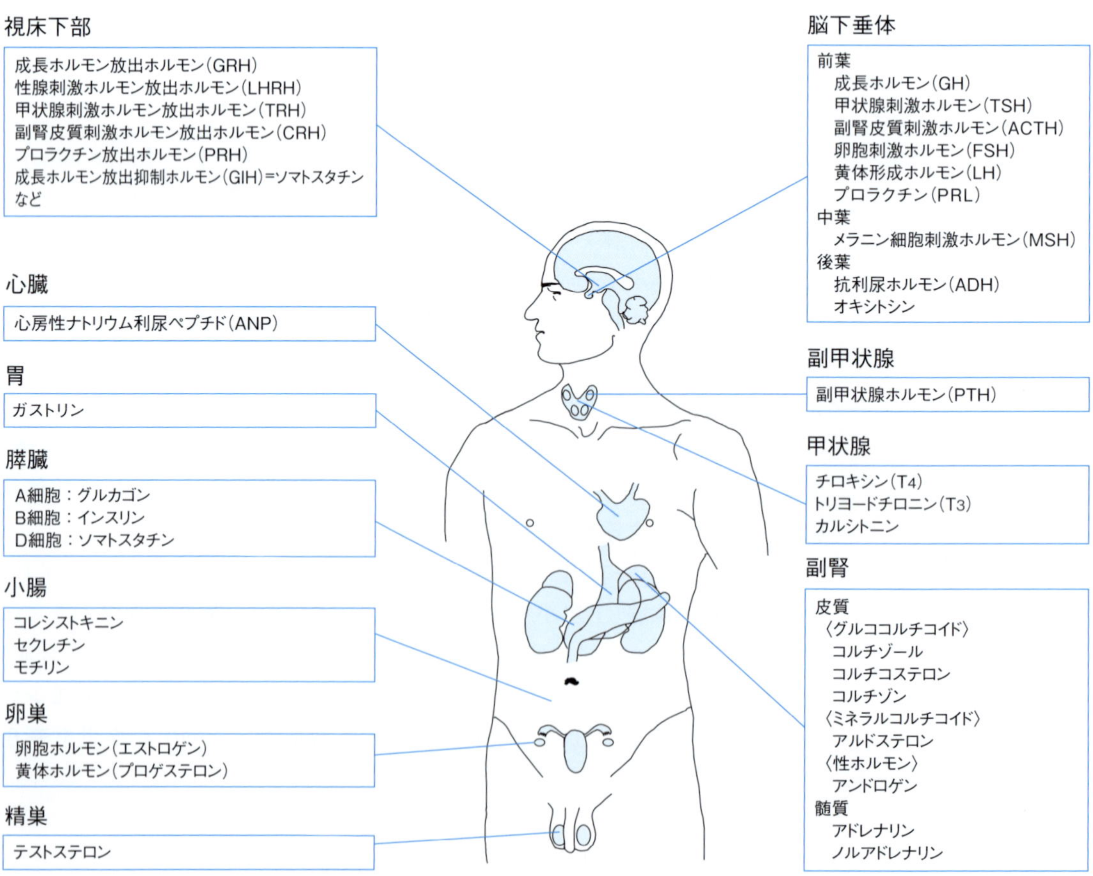
視床下部
成長ホルモン放出ホルモン(GRH)
性腺刺激ホルモン放出ホルモン(LHRH)
甲状腺刺激ホルモン放出ホルモン(TRH)
副腎皮質刺激ホルモン放出ホルモン(CRH)
プロラクチン放出ホルモン(PRH)
成長ホルモン放出抑制ホルモン(GIH)=ソマトスタチン
など
心臓
心房性ナトリウム利尿ペプチド(ANP)
胃
ガストリン
膵臓
A細胞：グルカゴン
B細胞：インスリン
D細胞：ソマトスタチン
小腸
コレシストキニン
セクレチン
モチリン
卵巣
卵胞ホルモン(エストロゲン)
黄体ホルモン(プロゲステロン)
精巣
テストステロン
脳下垂体
前葉
成長ホルモン(GH)
甲状腺刺激ホルモン(TSH)
副腎皮質刺激ホルモン(ACTH)
卵胞刺激ホルモン(FSH)
黄体形成ホルモン(LH)
プロラクチン(PRL)
中葉
メラニン細胞刺激ホルモン(MSH)
後葉
抗利尿ホルモン(ADH)
オキシトシン
副甲状腺
副甲状腺ホルモン(PTH)
甲状腺
チロキシン(T4)
トリヨードチロニン(T3)
カルシトニン
副腎
皮質
〈グルココルチコイド〉
コルチゾール
コルチコステロン
コルチゾン
〈ミネラルコルチコイド〉
アルドステロン
〈性ホルモン〉
アンドロゲン
髄質
アドレナリン
ノルアドレナリン

◆図 6-2　主たるホルモンの産生器官

◆表 6-1 主なホルモンの分泌異常と疾患

分泌臓器	ホルモン	欠乏症	過剰症
下垂体前葉	成長ホルモン	低身長症	巨人症(発育期) 末端肥大症(成人後)
下垂体後葉	バソプレッシン	尿崩症	
甲状腺	甲状腺ホルモン	クレチン病(幼児期) 粘液水腫(成人後)	バセドウ病
副甲状腺	副甲状腺ホルモン (パラトルモン)	けいれん(テタニー)	高カルシウム血症
膵　臓	インスリン	糖尿病	
副腎皮質	グルココルチコイド ミネラルコルチコイド	アジソン病	クッシング症候群 原発性アルドステロン症
副腎髄質	カテコールアミン		褐色細胞腫

◆表 6-2a ホルモンの分類(1)

分泌部位	ペプチドホルモン	標的組織	主な生理作用
視床下部	黄体形成ホルモン放出ホルモン(LHRH)	下垂体前葉	黄体形成ホルモン(LH)分泌の促進
	甲状腺刺激ホルモン放出ホルモン(TRH)		甲状腺刺激ホルモン(TSH)分泌の促進
	成長ホルモン放出ホルモン(GRH)		成長ホルモン(GH)分泌の促進
	ソマトスタチン(成長ホルモン放出抑制ホルモン, GIF)		成長ホルモン(GH)分泌の抑制
	副腎皮質刺激ホルモン放出ホルモン(CRH)		副腎皮質刺激ホルモン(ACTH)分泌の促進
下垂体前葉	副腎皮質刺激ホルモン(ACTH)	副腎皮質	副腎皮質ホルモンの合成促進
下垂体後葉	オキシトシン(oxytocin)	乳腺・子宮	射乳と子宮筋の収縮促進
	バソプレッシン(抗利尿ホルモン, vasopressin)	腎臓	腎臓尿細管での水の再吸収促進
副甲状腺(上皮小体)	副甲状腺ホルモン(PTH)	骨・腎・小腸	血中カルシウム濃度を上昇
甲状腺	カルシトニン(CT)		血中カルシウム濃度を低下
膵　臓	インスリン(insulin)	肝・筋肉・脂肪組織	血糖値低下, グリコーゲン合成と脂肪酸合成の促進
	グルカゴン(glucagon)		血糖値上昇, グリコーゲン分解と脂肪分解の促進
胃・十二指腸	ガストリン(gastrin)	胃腺	胃酸分泌の促進
十二指腸・空腸	コレシストキニン・パンクレオザイミン(CCK-PZ)	胆嚢, 膵臓	胆嚢収縮と膵消化酵素分泌の促進
	セクレチン(secretin)	膵臓	膵液分泌促進と胃酸分泌の抑制
空　腸	モチリン(motilin)	胃・小腸	胃運動と小腸の空腹時収縮の促進

◆表 6-2b ホルモンの分類(2)

分泌部位	タンパク質ホルモン	標的組織	主な生理作用
下垂体前葉	黄体形成ホルモン(LH)	卵巣	排卵の促進，黄体化促進
	卵胞刺激ホルモン(FSH)	卵巣，精巣	卵胞の成長促進，精子形成の促進
	甲状腺刺激ホルモン(TSH)	甲状腺	甲状腺ホルモンの分泌促進
	成長ホルモン(GH)	軟骨，骨	骨成長促進，ソマトメジンの生合成促進，タンパク質の合成促進
	プロラクチン(PRL)	乳腺	乳汁の産生と分泌の促進
胎盤	性腺刺激ホルモン(ヒト絨毛性ゴナドトロピン，hCG)	卵巣	黄体機能の保持，妊娠の維持
分泌部位	**アミノ酸誘導体ホルモン**	**標的組織**	**主な生理作用**
甲状腺	チロキシン(T_4)	全組織	代謝率亢進，成長発達の調節
	トリヨードチロニン(T_3)		代謝率亢進，成長発達の調節
副腎髄質	アドレナリン(adrenaline)	心筋や他の筋肉	闘争反応の促進，血糖や血圧の上昇
	ノルアドレナリン(noradrenaline)		
分泌部位	**ステロイドホルモン**	**標的組織**	**主な生理作用**
卵巣	エストロゲン(estrogen)	女性性器，皮膚，筋肉，骨	女性生殖系の成熟と維持
	プロゲステロン(progesterone)		子宮内膜肥厚(受精卵の着床作用)
精巣	アンドロゲン(androgen)	男性性器	男性生殖系の成熟と維持，精子形成促進
副腎皮質	アルドステロン(aldosterone)	腎臓	電解質代謝の調節
	グルココルチコイド(glucocorticoid)	全組織	血糖上昇，タンパク質の分解促進

1 ホルモンの分類

＊ ペプチドホルモンはせいぜい数十残基のアミノ酸，タンパク質ホルモンは100残基以上のアミノ酸よりなるものをいう．糖タンパク質ホルモンは，タンパク質ホルモンのうち，その分子上に糖鎖を有するものをいう．

ホルモンを大きく分類するとその化学的性質から ① **ペプチド性**および**タンパク質性**＊，② **ステロイド性**，③ **アミン性**，④ **ビタミン**(**活性型ビタミンD_3**)の4つの種類に分けられる．ペプチドホルモンとアミン性ホルモンは親水性で水に溶けやすい性質を，ステロイドホルモンとビタミンは疎水性で水に溶けにくい性質を有する．**表6-2**にホルモンの分類，分泌部位，主な生理作用などを示す．

2 ホルモンの作用機序

冒頭で述べた種々のホルモンが反応する受容体の存在部位から2種類の作用機序がある．

1 ステロイドホルモンと甲状腺ホルモン

ステロイドホルモン(副腎皮質ステロイドホルモンと性腺ステロイドホルモン)と甲状腺ホルモンおよび活性型ビタミンD_3は脂溶性が高く，細胞膜の脂質二重層を容易に通過し，細胞質に入ることができる．これらの脂溶性ホ

ホルモンの極性

ホルモンには水溶性と疎水性（脂溶性）のものが存在する．水溶性のものは生体内での輸送に輸送タンパク質は不要である．半減期は数分と短く，また受容体が細胞膜に存在するという特徴を有する．一方，疎水性のものは生体内輸送に輸送タンパク質が必要であり，半減期は数時間〜数日と長く，受容体は細胞内に存在するという特徴がある．

ルモンの受容体は細胞質や核内に存在し，細胞内で特異的受容体と結合する．**図 6-3a** に**グルココルチコイド**の作用機序を示す．細胞内に入ったグルココルチコイドは，グルココルチコイド細胞質受容体と結合し，ホルモン-受容体複合体を形成する．ホルモンの結合した受容体から熱ショックタンパク質 90（HSP90）が遊離して，DNA 結合部位が露出する．この複合体は核膜孔を抜けて，核内に入り，DNA 上の**ホルモン反応性エレメント（HRE）**の 1 つであるグルココルチコイド反応性エレメントに作用する．その結果，特定のタンパク質をコードしている DNA の転写が促進され（**転写調節**），mRNA 量が増え，そのタンパク質の合成量が増加することになる．増加したタンパク質が代謝調節にかかわり，グルココルチコイドホルモンの作用が発現することになる（**図 6-3a**）．

エストロゲンやアンドロゲン，プロゲステロンの場合には細胞内に入ったホルモンは直接核内の特異的受容体と結合し，複合体を形成する．この複合

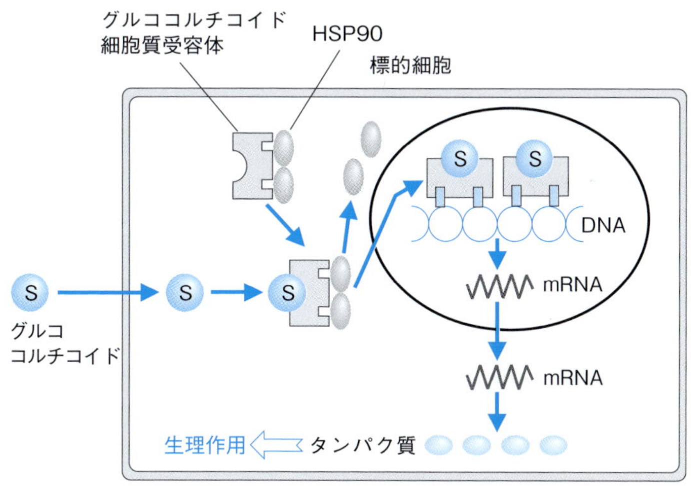

◆図 6-3a　ステロイドホルモンの作用機序（1）

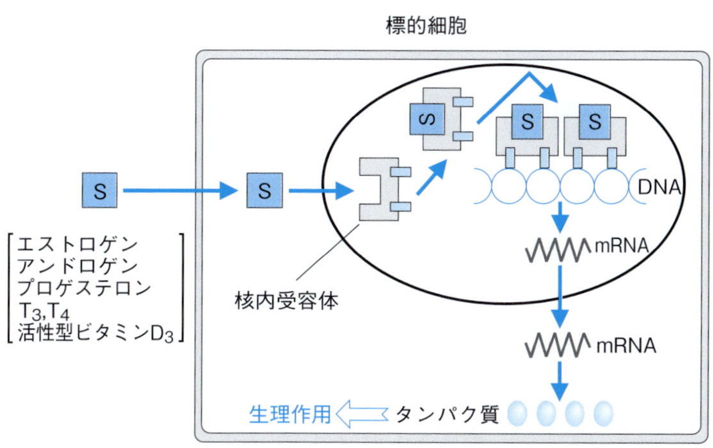

◆図 6-3b　ステロイドホルモンおよび甲状腺ホルモンの作用機序（2）

体が各々のホルモンに特異的なホルモン反応性エレメントと結合して，転写調節をおこなう(**図6-3b**).

甲状腺ホルモン(T_3 および T_4)や活性型ビタミン D_3 などと結合する特異的受容体は，DNA上のおのおのの標的エレメントに前もって結合しており，ホルモンが結合した後に，転写調節がおこなわれる.

2 ペプチドホルモン

ペプチドホルモンやカテコールアミンなどのホルモンの受容体は細胞膜表面に存在する．その作用機序は2種類ある.

a cAMPを介するホルモン作用

ホルモンが標的細胞の細胞膜表面の特異的受容体に結合すると，その信号が細胞膜の内側に存在する**Gタンパク質**に伝えられて，Gタンパク質が活性化され，さらにこのタンパク質が細胞膜に存在する**アデニル酸シクラーゼ**を活性化する．活性化されたこの酵素は細胞質内の**アデノシン三リン酸**(**ATP**)を基質にして，環状ヌクレオチドである**3′,5′-サイクリックAMP**(**cAMP**)を生成する．この結果，cAMP濃度が上昇すると，さらに**cAMP依存性プロテインキナーゼ**(**Aキナーゼ**)と呼ばれるタンパク質リン酸化酵素が活性化されることになる．さらにAキナーゼは細胞内の物質代謝にかかわる酵素や，細胞膜に存在する物質輸送などにかかわるタンパク質をリン酸化することによって，ペプチドホルモンとしての生理機能を発現する(**図6-4a**).

Gタンパク質

細胞膜に存在しGTPアーゼグループに属している．分子量の大きなGタンパク質は α，β，γ サブユニットからなる．Gsα はACTHやグルカゴンなどに対する受容体から信号を受け取り，アデニル酸シクラーゼを活性化し，細胞内cAMP濃度を上昇させる．逆にGiα は阻害する．Gqα はホスホリパーゼCを活性化する.

b cGMPを介するホルモン作用

ペプチドホルモンの中にcAMPではなく，**cGMP**を介してその生理機能を発揮するものがある．**グアノシン三リン酸**(**GTP**)に**グアニル酸シクラーゼ**が働いて，cGMPが産生され，次にcGMP依存性プロテインキナーゼが活性化される経路である．この経路にかかわるホルモンとして，心臓で生合成・分泌される心房性ナトリウム利尿ペプチド(ANP)やニトログリセリンなどがある.

c リン脂質とカルシウムイオンを介するホルモン作用

ペプチドホルモンが特異的な受容体に結合すると，Gタンパク質にシグナルが伝達される．Gタンパク質は細胞膜に存在するリン脂質の代謝に関係する**ホスホリパーゼC**(**PLC**)を活性化する．ついでPLCはやはり細胞膜に存在するホスファチジルイノシトール二リン酸(PIP_2)に作用して，**イノシトール1,4,5-三リン酸**(IP_3)と**ジアシルグリセロール**(**DAG**)を生成する．IP_3 は細胞内のミトコンドリアや小胞体に働いて，Ca^{2+} を遊離させ，細胞質内の Ca^{2+} 濃度を上昇させる．Ca^{2+} 濃度の上昇は**カルシウム依存性タンパク質リン酸化酵素**(**Cキナーゼ，PKC**)を活性化させるが，この活性化**PKC**が

ホスホリパーゼ，プロテインキナーゼ

ホスホリパーゼは細胞膜成分であるグリセロリン脂質のエステル結合の加水分解を触媒する酵素である．プロテインキナーゼはATPの γ 位のリン酸をタンパク質の特定部に存在するセリンやトレオニン，チロシンの水酸基に転移させる酵素である．両者は生理活性物質による細胞内情報伝達系において重要な役割を果たしている.

細胞内の種々のタンパク質をリン酸化し，その結果として代謝調節がおこなわれる．一方，細胞内に増加した Ca^{2+} は，カルシウム結合タンパク質の1つである**カルモジュリン(CaM)**と結合し，PKCとは別の**Ca^{2+}-CaM依存性プロテインキナーゼ**を活性化する．これもまた，種々のタンパク質をリン酸化することによって，代謝調節を制御する．また，DAGはPKCの活性化もおこなうことによって，タンパク質のリン酸化がおこなわれる(**図6-4b**)．**表6-3**に作用機序の違いによるホルモンの分類を示す．

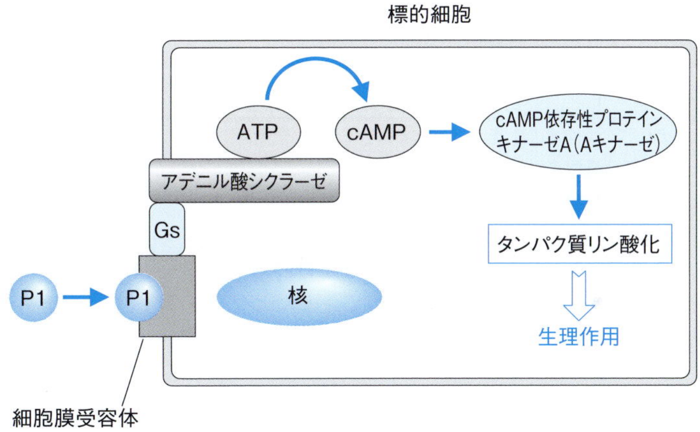

◆図 6-4a　ペプチドホルモンの作用機序(1)

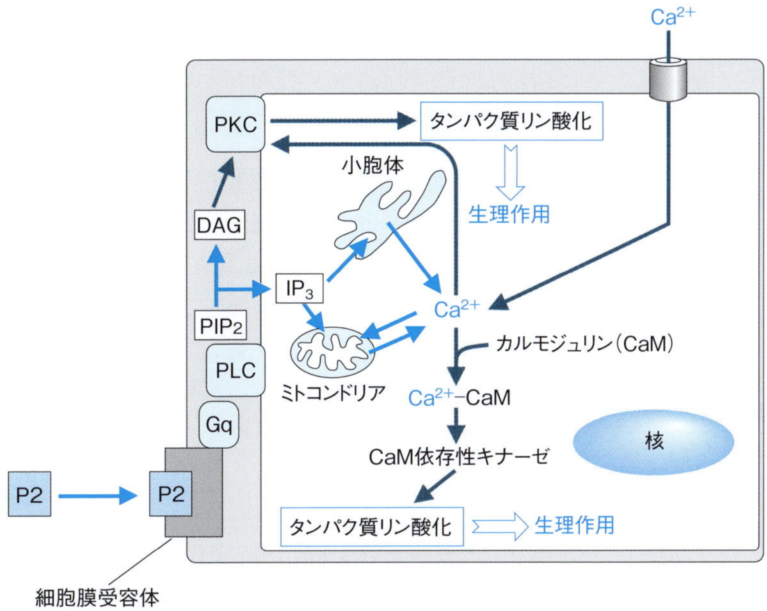

◆図 6-4b　ペプチドホルモンの作用機序(2)

◆表 6-3 作用機序によるホルモンの分類

A. 細胞内に受容体が存在するホルモン		
	アンドロゲン カルシトリオール（1,25[OH]$_2$−D$_3$） エストロゲン グルココルチコイド	ミネラルコルチコイド プロゲステロン 甲状腺ホルモン（T$_3$,T$_4$）
B. 細胞膜表面に受容体が存在するホルモン		
1. cAMP の濃度をかえて作用を発現させるホルモン	副腎皮質刺激ホルモン放出ホルモン（CRH） 卵胞刺激ホルモン（FSH） 甲状腺刺激ホルモン（TSH） 副甲状腺ホルモン（PTH） 黄体形成ホルモン（LH） 抗利尿ホルモン（ADH）	副腎皮質刺激ホルモン（ACTH） グルカゴン ソマトスタチン α_2 アドレナリン作動性カテコールアミン β アドレナリン作動性カテコールアミン アセチルコリン
2. cGMP の濃度をかえて作用を発現させるホルモン	心房性ナトリウム利尿ペプチド（ANP） 脳性ナトリウム利尿ペプチド（BNP）	
3. カルシウムイオン，PI*1 の濃度をかえて作用を発現させるホルモン	オキシトシン ガストリン バソプレッシン	コレシストキニン ムスカリン性アセチルコリン α_1 アドレナリン作動性カテコールアミン
4. 細胞内メッセンジャー*2 が不明のホルモン	絨毛性ソマトマンモトロピン 成長ホルモン インスリン	インスリン様成長因子 プロラクチン

*1 ホスファチジルイノシチド

*2 情報伝達物質が受容体に結合すると，細胞内に別の情報伝達物質が産生され，細胞内代謝などに影響を及ぼす．この情報伝達物質がセカンドメッセンジャーである．

3 ● ホルモン各論

1 視床下部

視床下部は間脳の脳底部に位置し，中枢神経系として自律神経機能および代謝の調節や睡眠，情動，認識などに関与するほか，下垂体前葉を刺激あるいは抑制するいくつかのホルモンを分泌する（図 6-2 参照）．下垂体後葉で分泌されるホルモンにバソプレッシンとオキシトシンが知られているが，これらは視床下部で担体タンパク質（ニューロフィシン）に組み込まれた形で生合成され，神経軸索を経由して，下垂体後葉に達し，貯蔵される．必要時に，ニューロフィシンより切り離されて，血液中に分泌される．

2 下垂体

下垂体はラトケ（Rathke）嚢に由来する前葉と，視床下部の神経ニューロンに由来する後葉よりなる．

ラトケ嚢

ヒトでは胎芽期（発生第 8 週）の終わりには，すべての主要器官の形成が始まっているが，その発生・分化に従ってできる外胚葉性由来の構造の1つがラトケ嚢である．腺性脳下垂体の前葉および中葉に分化する．

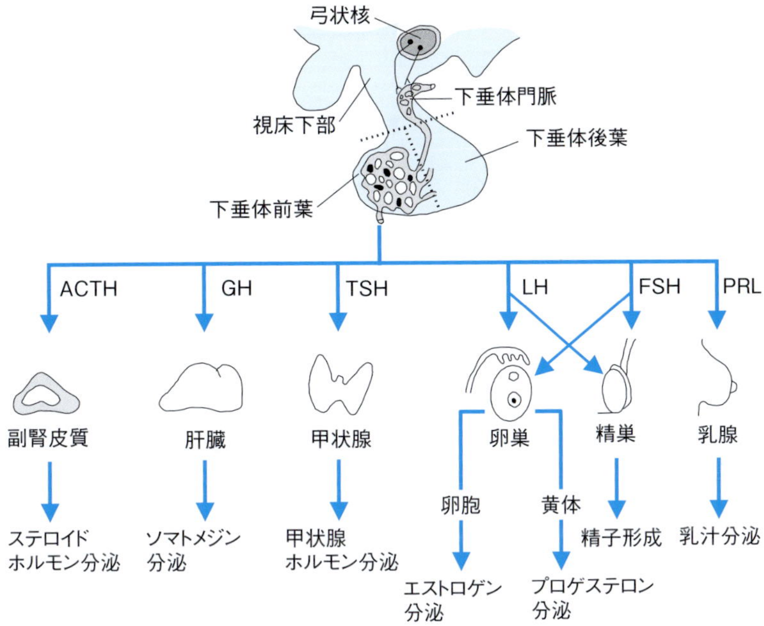

◆図 6-5　脳下垂体前葉ホルモンの標的組織と生理作用

a　下垂体前葉

下垂体前葉は視床下部で産生された放出ホルモンや放出抑制ホルモンにより調節され，6 種類のペプチドホルモンを生合成し，分泌している(**図 6-5**).

(1)　副腎皮質刺激ホルモン

副腎皮質刺激ホルモン(ACTH)は視床下部より分泌される副腎皮質刺激ホルモン放出ホルモン(CRH)によりその産生と分泌が促進される，39 残基のアミノ酸よりなる分子量 4,541 のペプチドホルモンである．ACTH は**プロオピオメラノコルチン(POMC)**よりタンパク質分解酵素の働きを受けて生成される(**図 6-6**)．ACTH は副腎皮質に働き，コレステロールからプレグネノロンへの変換を促進して，副腎におけるステロイドホルモンの生合成と分泌を増加させる．ACTH の生成と分泌はステロイドホルモンのコルチゾールによってネガティブフィードバック阻害を受け抑制される．

(2)　成長ホルモン

ヒトの**成長ホルモン(GH)**は下垂体前葉に 5 ～ 15 mg/g ほど含まれる 191 残基のアミノ酸よりなる分子量約 20,000 のタンパク質ホルモンである．GH は骨や軟骨に作用するが，その作用には**直接作用**と間接作用がある．直接作用としては，① 長幹骨の骨端組織に作用してその発育を促進し，② 全身性にタンパク質合成を促進する．間接作用としては，まず① GH が肝臓に作用することによって，ソマトメジンを産生させる．**ソマトメジン**は骨端軟骨細胞に働き，その増殖を促進し，長幹骨の成長を促し，さらに ② 全身性にタンパク質合成を促進する．GH の分泌過剰はヒトにおいて，発育期には**下垂体性巨人症**を，成人後は**末端肥大症**を生じ，先天的または乳児期に成長ホ

下垂体性巨人症
下垂体の機能性腺腫により生じる．著明な成長率の増加と高身長が認められ，成長ホルモン(GH)の過剰分泌および血液中の IGF-1 の産生増加が認められる．治療としては経蝶形骨洞下垂体腺腫摘出術により下垂体腫瘍を摘出する．

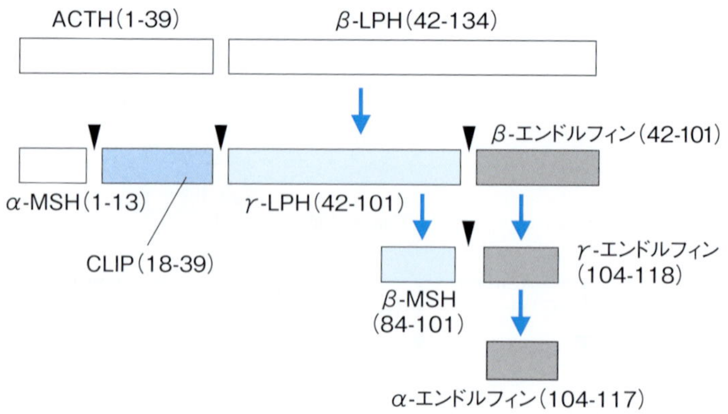

◆図 6-6 プロオピオメラノコルチン(POMC)由来のホルモンの生理作用

▼はタンパク質分解酵素の作用部位を示す.
LPH：リポトロビン，CLIP：ACTH 様中葉ペプチド，MSH：メラニン細胞刺激ホルモン
POMC に対して，トリプシン様タンパク質分解酵素が作用することにより，生成されるホルモンは ACTH の他に数種類ある．それらの作用は，① α, β-MSH: メラニン産生細胞に働きメラニン色素産生，② α, β, γ-エンドルフィン：とくに β-エンドルフィンにおける強い鎮痛作用，③ β-LPH: 脂肪分解作用，④ CLIP：ACTH 作用の増強などである.

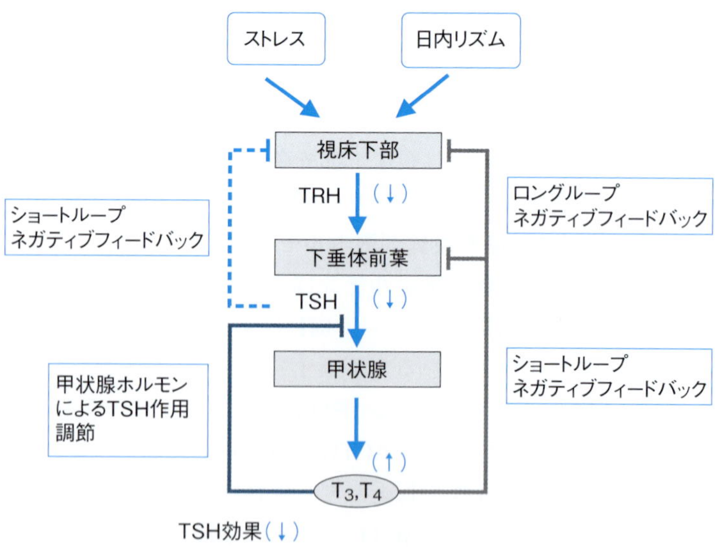

◆図 6-7 視床下部—下垂体—甲状腺系の調節

ショートループフィードバック
ネガティブフィードバックの1つ．1つ上位のホルモンを産生する臓器に作用して，そのホルモン産生を抑制する時はショートループフィードバックといい，2つ以上の上位ホルモンを産生する臓器に作用する場合はロングループフィードバックという.

成長ホルモン分泌不全性低身長症
この疾患の90%以上は原因不明である．その他は脳腫瘍(頭蓋咽頭腫や胚芽腫など)による器質性がほとんどである．主症状は成長率の低下である．治療薬としてヒト成長ホルモンソマトトロピンが用いられる.

ルモンの欠乏が起こると**成長ホルモン分泌不全性低身長症**となる.

(3) 甲状腺刺激ホルモン

甲状腺刺激ホルモン(TSH)は α と β の 2 つのサブユニット(おのおの 92 および 112 残基のアミノ酸で構成)からなる分子量 28,000 の糖タンパク質ホルモンであり，甲状腺に働きかけ，① 甲状腺の発育を促進し，② **甲状腺ホルモン(T_3 や T_4)**の生合成と分泌を促進する．TSH は視床下部より分泌される**甲状腺刺激ホルモン放出ホルモン(TRH)**によってその生合成が促進されるが，T_3 や T_4 によってネガティブフィードバックを受け，その産生が抑制される(図 6-7).

(4) 性腺刺激ホルモン

性腺刺激ホルモン(gonadotropin)としては，**黄体形成ホルモン(LH)**と**卵胞刺激ホルモン(FSH)**の2つがある．LHとFSHは共通のαサブユニット(89残基のアミノ酸より構成)と固有のβサブユニット(おのおの116と118残基のアミノ酸より構成)よりなる糖タンパク質ホルモンである．それぞれの分子量は29,000および34,000である．

LHは精巣のライディッヒ細胞や卵巣を刺激して，① 男性では男性ホルモン(テストステロン)の，② 女性ではプロゲステロンの生合成を促進する．**FSH**はLHと協調して働き，③ 卵胞を成熟させるとともに，エストロゲンの生合成を促進し，女性の二次性徴を発現させる．また，④ 精巣にも働き，精子の形成を促進するとともに，⑤ セルトリ細胞にも働き，男性ホルモン結合タンパク質の産生を促し，精細管内のテストステロンの濃度を高く保つ役割をする．

LH サージ

排卵直前になるとLHが急激に，また大量に分泌される．これをLHサージと呼び，24~36時間後に排卵が起こる．その後，プロゲステロンの生合成・分泌が盛んとなる．このホルモンは，受精卵の子宮着床が起こっていれば，妊娠の維持および乳腺の発育促進をおこなうと同時に，排卵を止める働きをもつ．

二次性徴

二次性徴とは，性ホルモンの作用により思春期になって現れる男女間の性的特徴をいう．女性では，乳房の隆起開始を経て成人型乳房への変化，初経の発来などを指す．男性では，精巣の増大開始，陰茎の増大開始を経て成人型陰茎への変化など指す．

(5) プロラクチン(乳腺刺激ホルモン)

プロラクチン(PRL)は198残基のアミノ酸よりなる分子量22,000のタンパク質ホルモンであるが，このホルモンはとくに ① 妊娠中に乳腺に働きかけ，乳腺の発育と乳汁の分泌を促進する．② 男性では前立腺や精嚢腺の発育を促進する．

b 下垂体後葉

下垂体後葉からは，**バソプレッシン**と**オキシトシン**の2種類のペプチドホルモンが分泌されるが，これらのホルモンは視床下部で生合成され，神経軸索を経由して，後葉に貯蔵されたニューロフィシンに由来する．これらは9残基のアミノ酸よりなる分子量約1,000のペプチドホルモンであるが，その構造は互いによく似ている．

バソプレッシンは**抗利尿ホルモン(ADH)**とも呼ばれ，① 腎臓の遠位尿細管に働き，水分の再吸収を促進し，尿量の調節をおこなうとともに，② 血管収縮作用もあり，血圧を上昇させる．欠乏によって**尿崩症**が生じる．

オキシトシンは ① 平滑筋，なかでも子宮筋に作用してその収縮を促進する．② また哺乳時に乳房の機械的刺激によりその分泌が増大し，乳汁の分泌を促進する作用もある(**図6-8**)．

尿崩症

尿崩症はバソプレッシンの分泌が障害されて生じる中枢性尿崩症と，腎でのバソプレッシンに対する反応性が低下している腎性尿崩症がある．中枢性尿崩症の原因は，頭部外傷や脳腫瘍が多く，稀にバソプレッシン遺伝子の異常によるものもある．腎性尿崩症の原因遺伝子として，バソプレッシン2型受容体(AVPR2)遺伝子と水チャンネル遺伝子(AQP2)が知られている．

3 甲状腺

甲状腺は喉頭から気管にかけて，その両側に1葉ずつ対称的に存在する25～30g程度の重量を有する臓器であり，その中に約10mgのヨウ素を含有する．甲状腺で生合成されるホルモンは**甲状腺ホルモン(T_3およびT_4)**と**カルシトニン(CT)**である．

a 甲状腺ホルモン(T_3およびT_4)

ヨウ素4原子を結合した**チロキシン(T_4)**とヨウ素3原子を結合した**トリ**

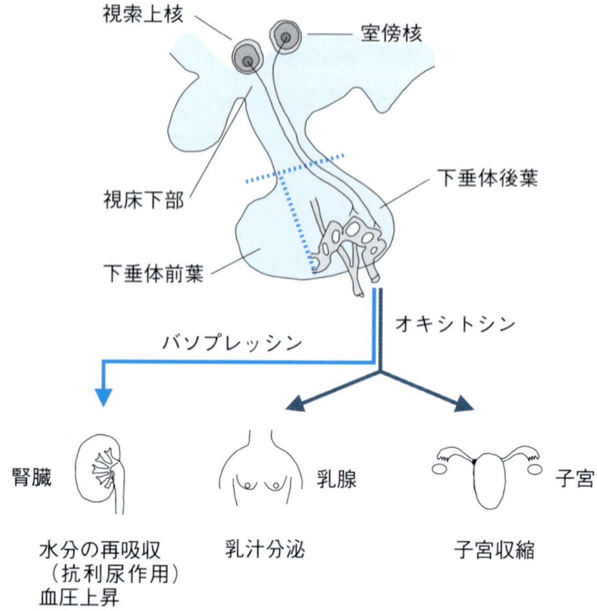

◆図 6-8　視床下部－神経性下垂体後葉系ホルモンの標的組織とその生理作用

ヨードチロニン（T_3）が甲状腺ホルモンである．甲状腺の濾胞細胞で生合成された分子量約660,000のチログロブリンが濾胞内に分泌され，そこでチログロブリン分子上のチロシン残基のヨウ素化が起こり，ヨウ素化されたチログロブリンがもう一度濾胞細胞に取り込まれ，タンパク質分解酵素によって分解され，T_3やT_4となり血液中に分泌される（**図 6-9a，b**）．分泌されたT_3やT_4はチロキシン結合グロブリンやプレアルブミン，アルブミンなどと結合することによって標的組織に輸送される．運ばれたT_3やT_4（T_4は細胞質内でT_3に変化する）は標的組織の細胞の核内に存在する特異的受容体と結合し，遺伝子発現調節を介して，その生理作用を発揮する．生理作用としては，① 肺や性腺，成人の脳を除く全組織において，酸素消費や熱産生の増加をおこなう．そのほかの作用として，② TSHの放出の抑制やアドレナリンの作用の増強などがある．T_3とT_4を比較すると，T_3の方が3～5倍その生理活性が強く，その作用は速効性で，作用時間は短い．

甲状腺ホルモンの異常によって生じる疾患として，T_3やT_4の産生が亢進する甲状腺機能亢進症はバセドウ（Basedow）病と呼び，基礎代謝率の亢進による頻脈や心悸亢進，体温の上昇，甲状腺腫などの症状がみられる．一方，先天性に甲状腺自体の形成不全が起こった場合は甲状腺機能低下が起こり，これをクレチン症と呼ぶ．

バセドウ病

TSH受容体に対する自己抗体に起因する自己免疫疾患である．この自己抗体が甲状腺濾胞上皮細胞のTSH受容体に結合し，細胞内のcAMPを上昇させ，甲状腺ホルモン（T_3およびT_4）の過剰産生を生じる．三主症状として，甲状腺腫大，頻脈，眼球突出があるが，その他の症状として体温上昇，発汗，易疲労性，動悸，体重減少などがある．治療としては抗甲状腺薬であるプロピルチオウラシルやチアマゾールを用いる．

先天性甲状腺機能低下症（クレチン症）

原発性で，甲状腺の無形性，低形成および異所性甲状腺によるものが多い．出生時には胎盤経由で母体からT_4が供給されるため，症状がないことが多い．新生児・乳児期には，高体重，低体温，呼吸障害，末梢チアノーゼ，弱活動性などの軽い症状を示す．その後，骨年齢遅延，低身長，知能発達や運動機能の遅れにより診断されることが多い．合成T_4を投与する．

b　カルシトニン

カルシトニン（CT）は傍濾胞細胞（C細胞）で生合成される32残基のアミノ酸よりなる分子量約3,500のペプチドホルモンである．CTの生理作用としては，① 骨からのリン酸カルシウムの放出（骨吸収）を抑制し，血漿中のカ

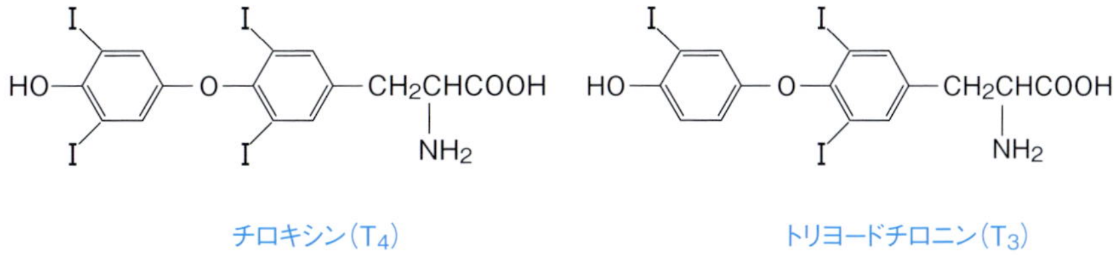

◆図 6-9a 甲状腺ホルモンの構造

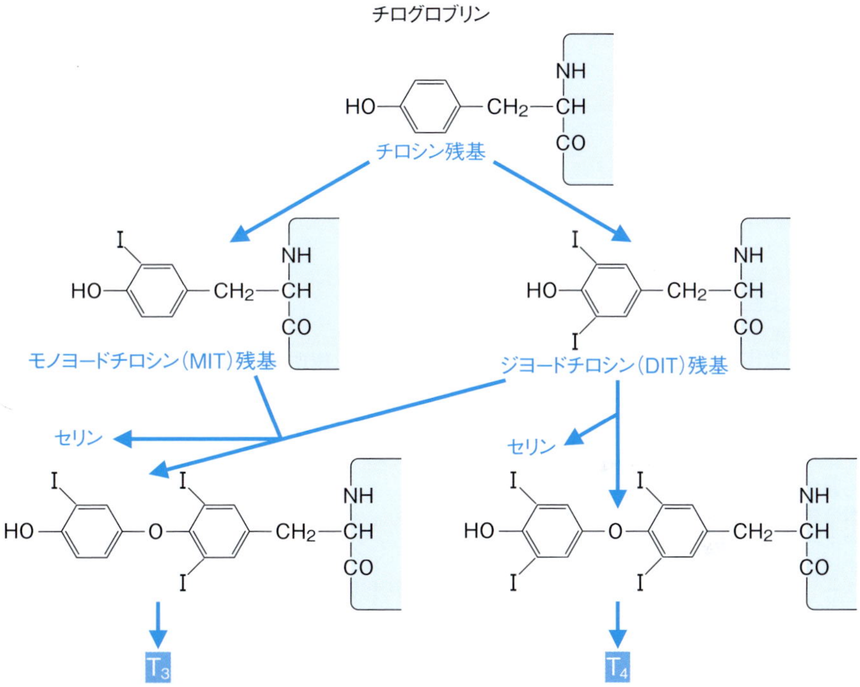

◆図 6-9b 甲状腺ホルモンの生合成

ルシウムとリン酸の濃度を低下させる．また，② 腎臓に働いて，カルシウムとリン酸の尿中排泄を増加させる．機能的には副甲状腺ホルモンに拮抗する．

4 副甲状腺(上皮小体)

副甲状腺は甲状腺の裏側に左右 2 個ずつ存在する 4 つの非常に小さな器官で，その重量は 0.1 ～ 0.3 g である．副甲状腺からは，**副甲状腺ホルモン(PTH)**が生合成され，分泌される．

a 副甲状腺ホルモン

副甲状腺ホルモン(PTH)は 84 残基のアミノ酸からなるペプチドホルモンであるが，このホルモンの N 末端側の 1 ～ 34 番目のアミノ酸が PTH 活性を示す．血液中のカルシウム濃度が下がると，PTH が分泌され，① 骨より Ca^{2+}を放出させるとともに，② 腎臓において，活性型ビタミン D_3 を産生さ

原発性副甲状腺機能亢進症

副甲状腺の過形成，腺腫や腫瘍による PTH の過剰産生により，高カルシウム血症となる．高カルシウム血症は全身性または限局した骨の脱灰によりもたらされ，骨融解，骨格の変形や骨折が起こる．また，腎臓からリン酸塩が分泌されるため血清リン酸濃度の低下が起こる．治療は PTH 産生腫瘍や肥大した副甲状腺を外科的に除去する．

副甲状腺機能低下症

PTH の分泌不全により発症する PTH 分泌不全副甲状腺機能低下と標的臓器の PTH に対する不応性により発症する偽性副甲状腺機能低下症が存在する．前者では責任遺伝子が明らかとなっている(カーン・セイアー症候群，ケニー・カフェイ症候群など)．後者はシグナル伝達物質である Gsα タンパク質の異常により発症するが，この感知システムの過度の感受性により PTH 分泌の低下が起こる．家族性低カルシウム血症と呼ばれる．

ビタミンD欠乏性くる病

ビタミンD摂取不足や紫外線照射不足，消化管の切除によりビタミンD自体の腸管からの吸収低下により発症する．冬期の日照時間の少ない地域での生活，極端なダイエットや食事制限，さらには日焼け止めクリームの乱用などにより，乳幼児期に発症することが多い．結果，腸管からCa^{2+}吸収を促進する活性型ビタミンD_3の産生が低下する．症状はO脚や筋力低下およびけいれんなどである．

ビタミンD依存性くる病

I型：腎臓でビタミンDを活性型ビタミンD_3に変換する1α−ヒドロキシラーゼの活性障害による．結果，消化管からのCa^{2+}吸収が阻害される．常染色体劣性遺伝疾患．症状は成長障害，筋力低下や骨変形などである．

II型：ビタミンD受容体障害により生後6ヵ月〜1年頃から重篤くる病(関節腫大，肋骨念珠，頭蓋癆，骨変形，テタニー)を発症する．血液中の活性型ビタミンD_3は高値となる．

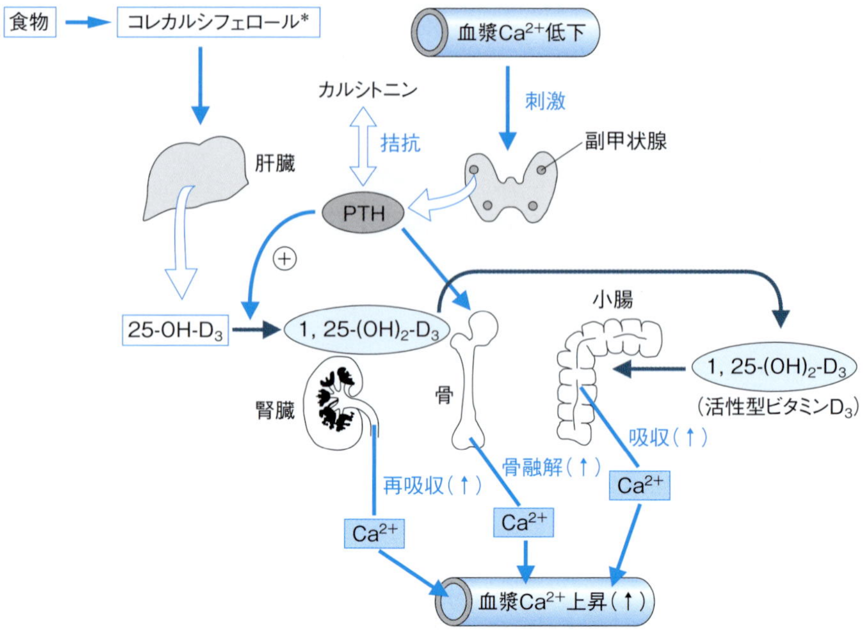

◆**図 6-10　カルシウム代謝に関与するホルモンの相互作用**

*別名はビタミンD_3である．脂溶性で動物に多く含まれる．食物として摂取された7−デヒドロコレステロールは紫外線の作用を受けプレビタミンD_3となり，ついで体温の作用でビタミンD_3となり，肝臓に運ばれる．

せる．活性型ビタミンD_3は小腸でのCa^{2+}の吸収を促進する．その結果，血液中のCa^{2+}濃度が上昇する．PTHの欠乏は低カルシウム血症を起こし，テタニー(強直性けいれん)をひき起こす．カルシウム代謝におけるPTHとCT，活性型ビタミンD_3の相互関係を**図6−10**に示す．

5 膵　　臓

膵臓は腹腔内において，胃の裏側に横たわった楔(くさび)形をして存在する臓器である．膵臓にはトリプシンやキモトリプシンなどの食物タンパク質を分解する酵素を分泌する消化腺(外分泌腺)として，またインスリンなどのホルモンを分泌する器官(内分泌腺)として存在している．

a　インスリン

インスリン(insulin)は膵臓のランゲルハンス島(islets of Langerhans)の**B(β)細胞**で生合成され，分泌されるα鎖とβ鎖の二本鎖よりなる分子量5,807のペプチドホルモンである．B(β)細胞内で**プレプロインスリン**として生合成された後，シグナルペプチドが粗面小胞体で，**Cペプチド**が分泌顆粒内で取り除かれてインスリンとなり，細胞外に分泌される(**図6−11**)．

インスリンの主たる標的組織は**筋肉**，**脂肪組織**および**肝臓**である．インスリンは筋肉組織には，① グルコースの細胞内への取り込みを促進し，解糖を活性化してエネルギー産生をおこなう．また，② グリコーゲン合成と ③ タ

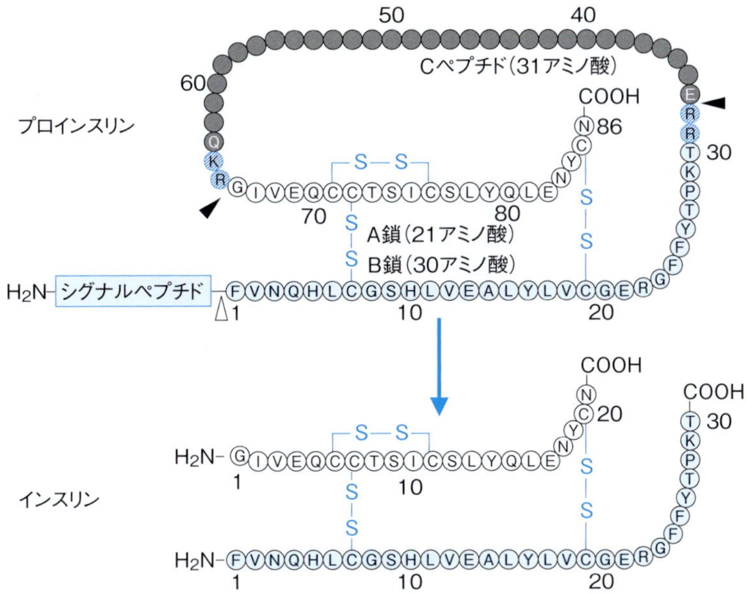

◆**図 6-11 プレプロインスリンからのインスリンの産生**
Δはシグナルペプチダーゼによる切断部位を，▲はトリプシン様タンパク質分解酵素による切断部位を示す．斜線の入ったアミノ酸残基はカルボキシペプチダーゼにより取り除かれるアミノ酸を示す．

ンパク質合成なども促進する．脂肪組織では，① グルコースの取り込みを促進し，④ 脂肪の合成を促進し，グルカゴンに拮抗して脂肪の分解を抑制する．一方，肝臓に対しては，① グルコースの取り込みを促進し，解糖を促進する．さらに，② グリコーゲンの合成も盛んにする．基本的にインスリンが欠乏すると**糖尿病**(p.83 参照)となる．**図 6-12** にインスリンが膜受容体に結合し，シグナルを伝えた後に生じる種々の反応を示す．

b グルカゴン

グルカゴン(glucagon)は膵臓のランゲルハンス島の **A(α)細胞**で生合成される 29 残基のアミノ酸よりなる分子量 3,485 のペプチドホルモンである．生理機能はインスリンとは逆に，① グリコーゲンを分解してグルコースを産生し，血糖値を上昇させること，② 肝臓での糖新生を促進すること，さらに ③ 脂肪やタンパク質の分解を促進することである．血糖の調節機構を**図 6-13** に示す．

c ソマトスタチン

ソマトスタチン(somatostatin)は最初，成長ホルモンの分泌を抑制する因子として視床下部から単離されたが，ランゲルハンス島の **D(δ)細胞**でも生合成される 14 残基のアミノ酸よりなる分子量 1,638 のペプチドホルモンである．生理機能としてはそのパラクリン作用によって，① インスリンやグルカゴンの分泌を抑制するほか，② ガストリンやセクレチンの分泌を抑制

パラクリン作用
傍分泌またはパラクリンシグナリングともいう．特定細胞からの分泌物質が組織液などを介して拡散し，分泌細胞周辺の細胞に作用することである．

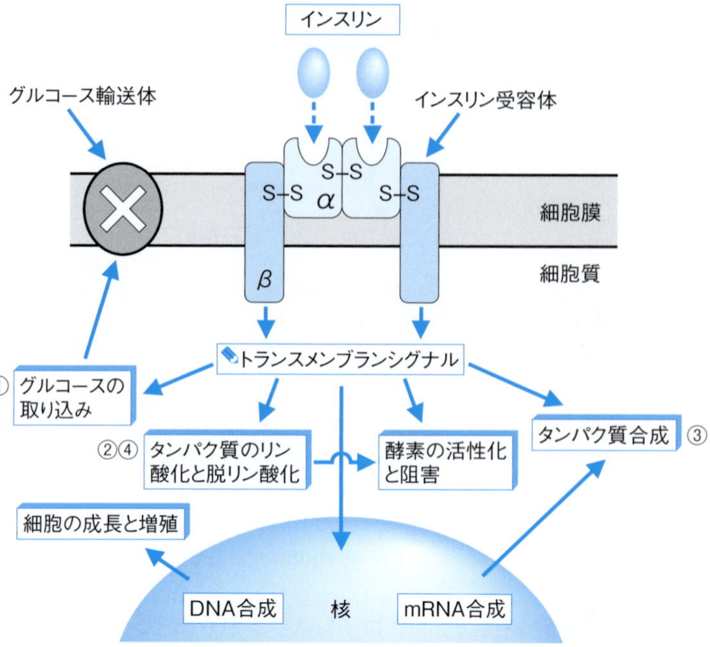

トランスメンブランシグナル

ホルモンや免疫グロブリンなどが細胞膜表面に存在する特異的受容体に結合して，情報を細胞内に伝達するメカニズムをいう．

◆図 6-12　インスリンの生理作用と受容体
［上代淑人(監訳)：ハーパー・生化学，原書 24 版，丸善，東京，1997 より改変］

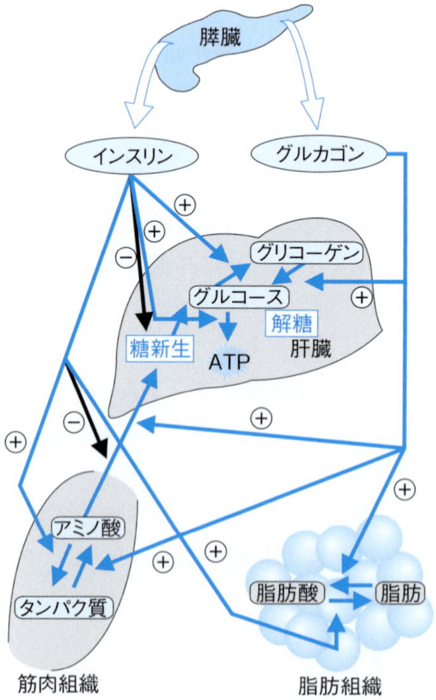

◆図 6-13　インスリンとグルカゴンによる血糖調節

することによって食物の摂取に伴う消化吸収を制御する働きをもつ．

6　副　　腎

副腎は左右の腎臓の上に乗っているナポレオンの帽子状の器官(**図 6-14**)

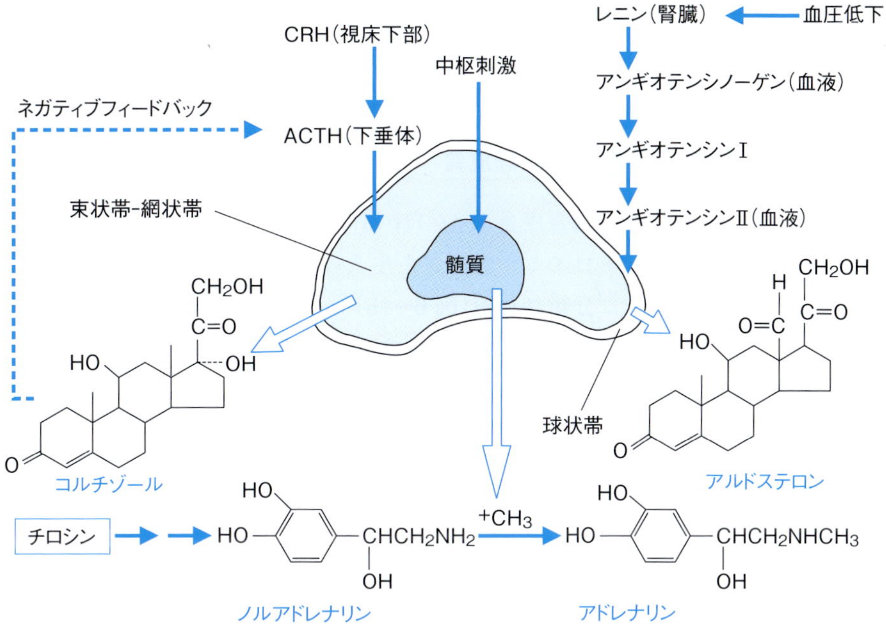

◆図 6-14　副腎でのホルモンの生合成とその制御

で，皮質と髄質よりなる．皮質においてはステロイドホルモン類が，髄質においてはノルアドレナリンやアドレナリンなどのカテコールアミンが生合成される(**図 6-14**)．

a 副腎髄質

副腎髄質は発生学的には交感神経系に属する．この髄質のクロム親和性細胞からアミノ酸であるチロシンよりドーパ，ドーパミンを経て，ノルアドレナリンが生合成され，さらにアドレナリンが合成される．この2つのホルモンは総称して，カテコールアミンと呼ぶ．ノルアドレナリンは副腎髄質のみならず中枢や末梢の交感神経細胞にも存在するが，アドレナリンは副腎髄質にのみ存在する．この2つのホルモンはクロム親和性細胞の顆粒中に貯蔵されており，ストレスが負荷された時や闘争時に血液中に分泌され標的組織に到達して作用する．これらのホルモンは生命の維持には直接的に関係のないホルモンと考えられているが，カテコールアミン分泌異常症として**褐色細胞腫**(pheochromocytoma)が知られている．副腎髄質あるいは傍神経節のクロム親和性細胞の腫瘍によってカテコールアミンの産生亢進が起こる疾患である．症状として高血圧，高血糖，頭痛，発汗過多，代謝亢進などが現れる．

(1) アドレナリン

アドレナリン(adrenaline)は細胞膜に存在する受容体(α および β 受容体)に結合することによって，主に肝臓に貯蔵されているグリコーゲンをグルコースに変え，血糖値を上昇させる一方，筋肉に働いてグリコーゲンをグルコースに変え，エネルギー(ATP)の産生をおこなう．

褐色細胞腫

本疾患にはアドレナリン産生型とノルアドレナリン産生型の2型が存在する．前者では心臓 β 受容体刺激による収縮期高血圧，頻脈，発汗，紅潮などの症状を，後者では α 受容体を介する血管収縮のため収縮期および拡張期高血圧などの症状が主である．確定診断のためには，血液と尿中のカテコールアミンおよび尿中の代謝産物(VMA)測定をおこなう．

(2) ノルアドレナリン

ノルアドレナリン(noradrenaline)は細胞膜に存在する受容体(α受容体)に結合し，動脈血管を収縮させ，血圧を上昇させる．

b 副腎皮質

副腎皮質はACTHの作用を受けて，コレステロールから20種類以上のステロイドホルモンを生合成・分泌しているが，それらは作用から大きく2群に分類される(**図6-15**)．

(1) グルココルチコイド(糖質コルチコイド glucocorticoid)

コルチコステロン(corticosterone)や**コルチゾール**(cortisol)などがある．

先天性副腎過形成症

5病型に分類されているが，21水酸化酵素欠損症が約90%を占める．21水酸化酵素が欠損すると，プロゲステロンおよび17α-ヒドロキシプロゲステロンからデオキシコルチコステロンや11-デオキシコルチゾールが産生されず，アンドロステンジオンが産生される経路が促進される．女性では外性器の男性化が起こり，男性ではさらに男性化が増強される．

プレグネノロン

コレステロールの側鎖がコレステロール側鎖切断酵素により切断され，生成される．プレグネノロンはプロゲステロン，アルドステロン，コルチゾールおよびエストロゲンなどに変換されるプロホルモンである．

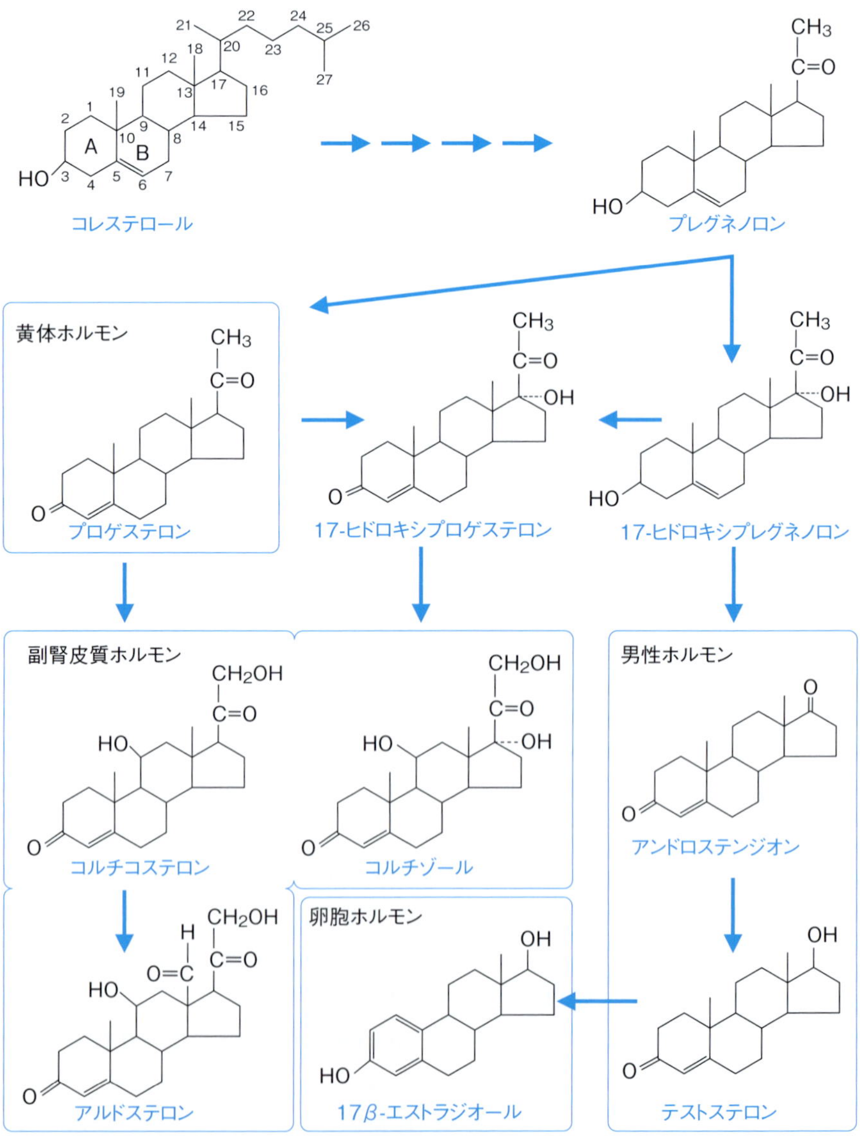

◆図6-15　ステロイドホルモンの生合成系

生理作用としては，① 肝臓での糖新生を促進し，末梢で糖の利用を抑制して血糖値を上昇させる．② 肝臓でのグリコーゲンやタンパク質の合成を促進する．一方，③ 組織タンパク質の異化を促進する．④ 四肢の脂肪分解促進をおこない，顔や胴体では脂肪の合成を促進する．また，⑤ 炎症反応や免疫応答性も抑制する．

副腎機能亢進症のうち，グルココルチコイドの産生が増加する疾患は**クッシング(Cushing)症候群**と呼ぶ．症状として高血糖，高血圧，多毛，ニキビ，顔面・頸部・体幹部などの脂肪沈着などが出現する．一方，機能低下症としては，**アジソン(Addison)病**があり，両側の副腎皮質が障害された時に起こる．その結果，グルココルチコイドとアルドステロンの欠乏が起こり，低血圧，筋無力症，低体温，次第に強くなる色素沈着が出現する．

クッシング症候群

クッシング病，異所性 ACTH 症候群，副腎原発クッシング症候群に分類される．クッシング病は下垂体からの ACTH の過剰分泌により両側副腎皮質過形成が起こる．過剰なコルチゾール分泌にもかかわらず，ACTH の分泌抑制が認められない．異所性 ACTH 症候群は副腎外での ACTH の産生によって起こり，副腎性では副腎腫瘍による ACTH 非依存型性コルチゾールの過剰産生が起こり，下垂体 ACTH 分泌の抑制が認められる．

(2) ミネラルコルチコイド(鉱質コルチコイド mineralocorticoid，アルドステロン aldosterone)

アルドステロンは電解質代謝に関係するステロイドホルモンである．このホルモンは腎臓の遠位尿細管に働き，Na^+ や Cl^- の再吸収と K^+ や H^+ の排泄を促進させる．その結果，血漿中の Na^+ や Cl^- 濃度が上昇し，血液の浸透圧が上がって，循環血液量の増加が起こり，血圧が上昇する．アルドステロンの分泌は**レニン-アンギオテンシン-アルドステロン系**を介して調節されており，血液中の Na^+ 濃度が低下すると腎臓の傍糸球体細胞よりタンパク質分解酵素であるレニンが分泌され，肝臓由来のアンギオテンシノーゲンに作用し，アンギオテンシンⅠをまず産生する．ついで，肺の変換酵素によりアンギオテンシンⅡに変換される．このアンギオテンシンⅡが副腎皮質の球状帯の細胞の受容体に結合しアルドステロンが分泌される結果，血圧の上昇が起こる(**図 6-14** 参照)．

アルドステロンの分泌異常として知られる疾患として**原発性アルドステロン症**がある．この疾患の大部分は副腎皮質の腺腫による．アルドステロンの分泌過剰のため，Na^+ が貯留され高血圧が出現し，また K^+ が喪失された結果，周期性四肢麻痺やテタニー(けいれん)をひき起こす．

7 性　　腺

a 精　巣

精巣は多数の小葉組織よりなり，ここに精細管と間質組織がある．精細管で精子形成が，間質組織で男性ホルモンの産生がおこなわれる．

(1) アンドロゲン(男性ホルモン androgen)

男性ホルモンには副腎で少量産生されるデヒドロエピアンドロステロンと精巣の間質細胞で産生される**テストステロン**(testosterone)がある．その生理作用は，① 胎生期の性分化，思春期以後の精巣上体や輸精管，前立腺，精嚢，陰茎などの発育と精子形成機能の促進，② タンパク質の合成促進(筋量の増大)，③ LH や LHRH の分泌抑制である．

b 卵　巣

卵巣は女性の骨盤腔内に左右1個ずつ存在するほぼ卵形の器官である．卵巣の皮質には種々の発育段階や退行段階にある卵胞が存在し，卵子の形成，排卵，黄体形成，ステロイドホルモンの産生がおこなわれている．

(1)　エストロゲン(卵胞ホルモン estrogen)

卵巣のグラーフ卵胞(成熟卵胞)で産生される．この中には，エストラジオールやエストロン，エストリオールなどがある．作用としてはエストラジオールが最も強い．エストロゲンの生理作用としては，① 女性の二次性徴の発現と生殖機能の維持，② 卵胞を成熟させ，子宮内膜の増殖促進などの性周期の前半を維持，③ 卵細胞を成熟させ，排卵を促進，④ 膣上皮細胞の増殖促進，⑤ 乳腺での乳管系の発達促進などである．

また，エストロゲンは ⑥ 脳下垂体前葉での LH，FSH の分泌や視床下部での LHRH の分泌のネガティブフィードバック阻害もおこなう．

(2)　プロゲステロン(黄体ホルモン progesterone)

プロゲステロンの生理機能としては ① エストロゲンと協調して，受精卵の着床をおこなわせるために子宮内膜の粘液分泌を促進する．② 妊娠を維持し，乳腺の発育を促進する．ただし，乳汁タンパク質の生合成は抑制する．③ 排卵を止める．④ LH や LHRH の分泌を抑制する(ネガティブフィードバック阻害など)．

8 消 化 管

消化管ホルモンは胃や十二指腸の粘膜の内分泌細胞(基底顆粒細胞)で生合成され，分泌されるペプチドホルモンであり，腸管での消化吸収機能を円滑にする働きを有している．

消化管ホルモン同士の相互関係を**図 6-16** に示す．

a ガストリン

ガストリン(gastrin)は胃内に食物が入ると，主として胃幽門前庭部と十二指腸の G 細胞で生合成・分泌され，胃体部の壁細胞に働いて，胃酸(塩酸，HCl)の分泌を促進する．胃幽門前庭部の pH が 2.5 以下になると分泌が止まる．

b セクレチン

セクレチン(secretin)は上部腸管が胃酸の影響で酸性化すると，十二指腸や空腸の S 細胞で生合成・分泌される．その生理機能は ① 膵臓の重炭酸塩分泌を促進し，② ペプシノーゲンの分泌を促進する．③ また胃酸の分泌を抑制することである．

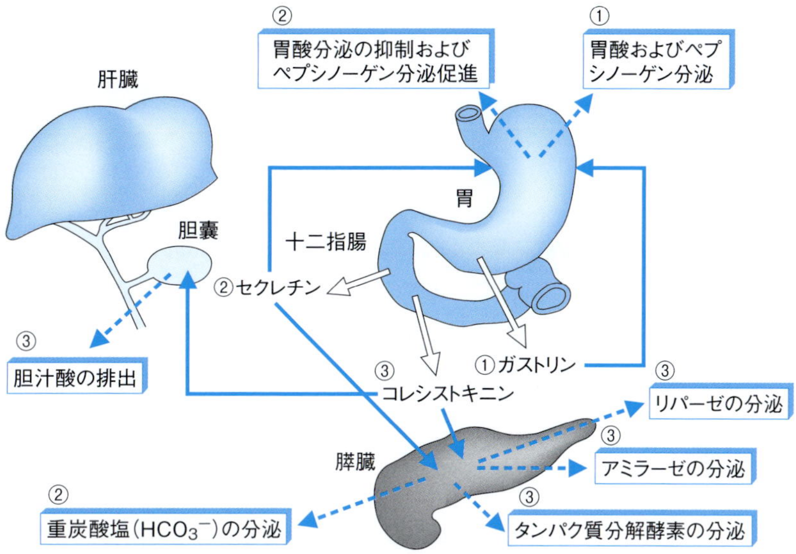

◆図 6-16　消化管ホルモンの相互作用
各々の番号はホルモン名と生理機能を示す．食物の消化において番号順に消化管ホルモンが働く(ガストリン→セクレチン→コレシストキニン)．

c　コレシストキニン

コレシストキニン(CCK)はパンクレオザイミン(PZ)と呼ばれていたことのあるホルモンで，満腹感を現すので満腹ホルモンとして知られている．十二指腸や空腸のI細胞で生合成・分泌される．その生理作用は ① 胆嚢の収縮を促進し，② 膵臓から消化酵素(アミラーゼ，タンパク質分解酵素，リパーゼ)を外分泌させる．

9　プロスタノイド

プロスタノイド(prostanoid)は，まずリン脂質にホスホリパーゼA_2が作用して，不飽和脂肪酸であるアラキドン酸が生成され，このアラキドン酸を基点として生成される生理活性物質で，プロスタグランジン(PG)，プロスタサイクリン(PGI)，トロンボキサン(TX)やロイコトリエン(LT)などがこれに属する(**図 6-17**)．これらのプロスタノイドのうち，PGは血圧降下作用，子宮収縮作用や胃酸分泌抑制作用など示す．PGIは血管壁の細胞で生成され，血小板凝集を抑制する一方，TXは血小板で生成され血管収縮や血小板の凝集を起こすなど相反する生理作用を示す．また，LTは白血球やマクロファージなどで産生され，気道抵抗上昇作用や気道粘液分泌促進作用，血管透過性亢進作用，白血球遊走作用などを有する．

ロイコトリエン
ロイコトリエンはアラキドン酸より生成されるエイコサノイドの1つであり，I型アレルギー反応により肥満細胞や好酸球などで産生される．強い気管支平滑筋収縮作用を有し，気管支喘息を惹起する．現在，ロイコトリエンの作用を阻害するロイコトリエン受容体拮抗薬が開発され，気管支喘息の予防薬として用いられている．

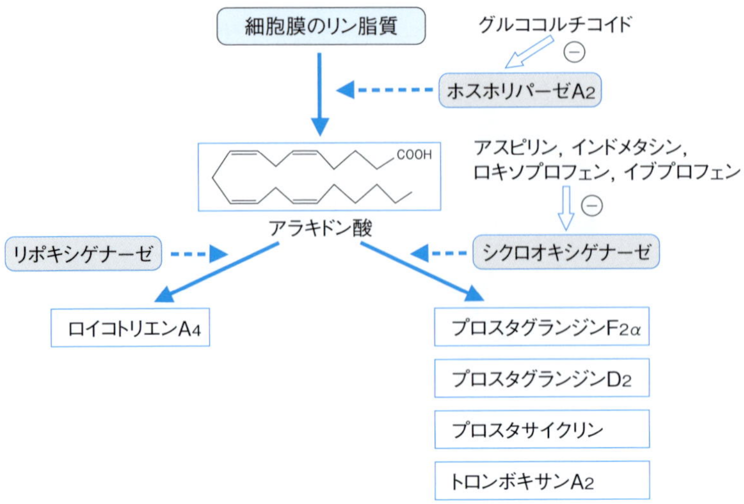

◆図 6-17　プロスタノイドの生合成とその制御

column

鎮痛・解熱薬

鎮痛・解熱薬としては，ステロイド系抗炎症薬および非ステロイド系抗炎症薬があるが，鎮痛・解熱薬としては後者の方が一般的である．アスピリン，インドメタシン，ロキソプロフェンおよびイブプロフェンなどが含まれる．作用機序はアラキドン酸からプロスタグランジンが産生される経路で，シクロオキシゲナーゼの活性を阻害することである．しかし，アスピリンは脳症の原因となりうることから，インフルエンザ時の解熱薬として推奨されていない．作用機序は異なるが同じ理由で，ジクロフェナクやメフェナム酸も推奨されない．インフルエンザ時の解熱にはアセトアミノフェンやイブプロフェンを用いるのが一般的である．

10　神経伝達物質

神経刺激(活動電位)が神経の軸索終末部に到達すると，細胞膜電位に変化が起こり(脱分極)，Ca^{2+}チャンネル孔が開いて，Ca^{2+}がシナプス間隙から流入する．このCa^{2+}がひき金となり，シナプス小胞がシナプス前膜部に融合して，小胞内に蓄えられていた神経伝達物質を開口放出する(**図 6-18**)．神経伝達物質(neurotransmitter)は，シナプス間隙を拡散し，受け取り側の細胞膜上の受容体と結合する．例えば，神経と骨格筋の接合部(神経筋接合部)では，上述のように**アセチルコリン**が放出され，筋肉細胞膜上の受容体に結合すると，活動電位が筋形質膜に伝達されて，筋肉の収縮が起こることになる．このように，神経の軸索末端部から放出され，受け取り側の細胞(筋肉細胞や神経細胞)に興奮や抑制反応を起こさせる物質として，ドーパミン，セロトニン，ノルアドレナリン，アドレナリン，ヒスタミン，グルタミン酸，サブスタンスP，エンケファリンやγ-アミノ酪酸などがある．

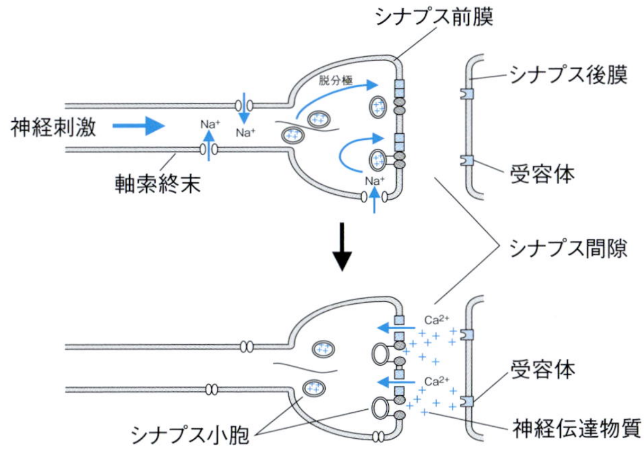

◆図 6-18 神経伝達物質の軸索終末部からの開口分泌
［藤田道也：標準生化学，医学書院，東京，2012 より改変］

column

内分泌疾患の原因

ホルモン異常による内分泌疾患の原因(病因)として考えられるものには，① ホルモンの構造異常(とくにペプチドホルモンで認められることがほとんど)，② 産生(生合成)量の異常，③ 生合成後の細胞外への分泌障害などがある．これらはホルモンを産生している内分泌腺組織の機能異常が原因であることが多い．一方，ホルモン自体には異常がないが，標的臓器の細胞が反応しない場合がある．多くは受容体の異常と考えられる．この場合は，① 受容体の構造異常，② 受容体産生量の減少，③ 受容体の分泌障害などがある．

最近，とくに注目を浴びているのは，④ ペプチドホルモンが細胞膜の受容体に結合した後の，細胞内で起こる情報伝達系に参加する酵素タンパク質などの構造や量の異常によって起こる疾患である．これらの疾患として詳細に研究されているのは，インスリンに抵抗する糖尿病であるインスリン受容体異常症である．また，本来のホルモン産生臓器以外の臓器で，異所性にホルモンまたはそのホルモンによく似た物質が産生される場合がある．例えば，ACTH 様物質が肺のがん細胞などで産生・分泌されると，その結果副腎からコルチゾールが過剰分泌されクッシング病という疾患となる．

最近，遺伝子工学技術の進歩にしたがって，遺伝子診断も内分泌疾患の分野に多く用いられるようになってきている．また遺伝子発現技術を用いた治療薬，例えばインスリンや成長ホルモンもすでに臨床の場で使用されている．

練習問題

1. ホルモンの分泌様式を説明しなさい．
2. ステロイドホルモンとペプチドホルモンの作用機序を説明しなさい．
3. 下垂体前葉と後葉のホルモンについて説明しなさい．
4. 甲状腺ホルモンについて説明し，フィードバック機構について述べなさい．
5. 副腎皮質ホルモンについて説明しなさい．
6. インスリンとグルカゴンの関係について説明しなさい．
7. PTH，カルシトニン，ビタミン D_3 のカルシウム代謝におけるそれぞれの役割と相互関係について説明しなさい．
8. 性腺ホルモンについて説明しなさい．
9. 消化管ホルモンとそれらの相互関係について説明しなさい．
10. ホルモンの分泌異常によって生じる疾患について説明しなさい．

第7章 臓器の生化学

● 学習目標

1. 各臓器(器官)は生化学的な代謝機能をもっていることと，各臓器はそれらに特有の生理機能を有していること，さらにそれらの特有な代謝機能や生理機能はわれわれが生きていくために非常に大切なものが多いことを学ぶ．
2. 臓器の生化学を学ぶ際には，解剖学や生理学で学んだ知識を活用すると理解しやすく，解剖学や生理学で得た知識の再確認にも本章を役立てよう．

1 循環器系

1 心　臓

交感神経受容体と血圧

交感神経の受容体にはα受容体とβ受容体がある．α受容体が刺激されると血管が収縮する．β_1受容体が刺激されると心臓の収縮回数の増加や血液量の増加が起こる．どちらも血圧を上昇させる原因となる．両交感神経受容体を遮断することにより，高血圧の治療がおこなわれている．

心臓の大きさは握り拳大であるが，その形は円錐形であり，骨格筋類似の横紋筋よりなり，これは不随意筋である．1つ1つの心筋細胞は枝分かれをしていて，互いに密接な網目構造をとっている．心臓に伝播した刺激は次々と心筋細胞に伝わり，心臓全体が収縮(**ポンプ作用**)する．心筋を収縮期に導く興奮は心臓自身の中でつくられる．興奮は**刺激伝導系**のどの部分からでも起こりうる．しかし，心臓は普通洞結節の興奮頻度で約1分間に70回収縮するように調律されている(**洞律動** sinus rhythm)．言い換えると，洞結節がペースメーカーとなっているといえる．

心臓はそのポンプ作用を発揮するために，大量のエネルギーを消費している．このエネルギーの80%以上が収縮に必要なものであるが，安静時と運動時ではその要求量は大きく異なる．心筋のエネルギー源は通常，血液中から供給されるグルコースや脂肪酸であるが，乳酸やグリコーゲンからもエネルギー産生をおこなう能力を有している．グルコースや脂肪酸は細胞中に取り込まれた後，細胞内で代謝されて，酸素の存在下(好気的)にミトコンドリアでクエン酸回路，電子伝達系を経て，クレアチンリン酸になる．クレアチンリン酸からリン酸がADPに受け渡されて，ATPに換えられて，ミオシンの収縮が起こり，結果として心臓が収縮する(**図7-1**)．

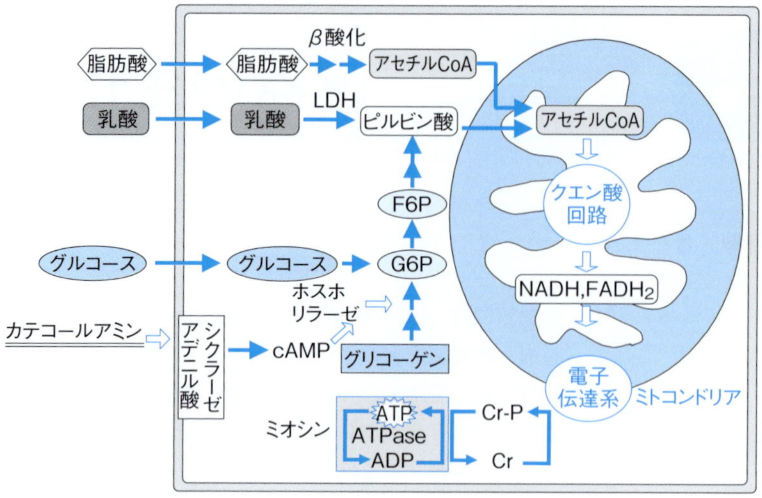

◆図 7-1　心筋細胞におけるエネルギー代謝の概要
Cr-P: クレアチンリン酸，Cr: クレアチン

2 呼吸器系

1 肺

多くの生物にとって，その生命を維持するために**呼吸**(**ガス交換**)は不可欠である．肺は左右1対で胸腔内に心臓をはさむ形で存在している．気管支，細気管支と枝分かれし，その終末は**肺胞**となっている．肺胞は網目状になった毛細血管によって囲まれており，その肺胞数は数億個で，表面積は70 m^2に達する．肺胞の壁は非常に薄い1層の扁平の**肺胞上皮**からなり，これに接している**毛細血管内皮**も同様にきわめて薄くできている．ガス交換(酸素と二酸化炭素)は肺胞上皮と毛細血管内皮を介しておこなわれる．

a ガス交換

大気中に含まれる酸素は約21%である．ガス交換も37℃，1気圧という条件下で論じられる．肺胞内の酸素分圧(Po_2)は104 mmHgで，静脈血のPo_2は40 mmHgである．この約60 mmHgの圧力差を利用して肺胞中の酸素が血液中に移行する．

b 酸素の運搬

血液中の分子状酸素(O_2)は赤血球中の**ヘモグロビン**と結合して輸送される．ヘモグロビンは2種類のサブユニットが2個ずつ，合計4つのサブユニットからなる四量体であり，それぞれのサブユニットには1個ずつの**ヘム**(p.104 参照)が結合している(**図7-2a**)．そのヘムの鉄に酸素が結合する(**図7-2b**)．したがって，ヘモグロビンはそれぞれのサブユニットのヘム部分は

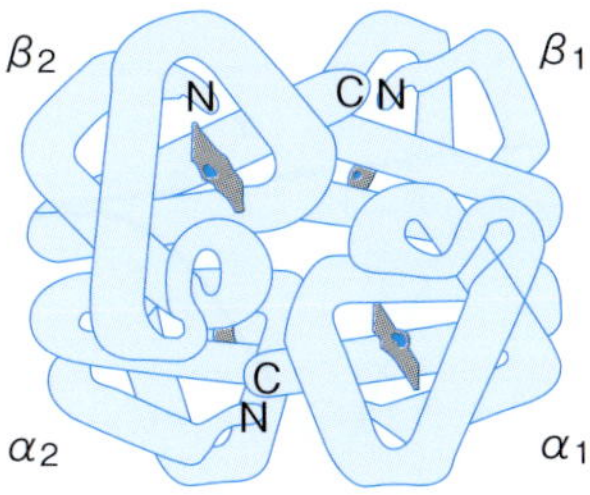

◆図 7-2a　ヘモグロビン(四量体)の分子構造

図中の灰色の板状の部分はヘムを，●は Fe^{2+} を，N は N 末端を，C は C 末端を示す．

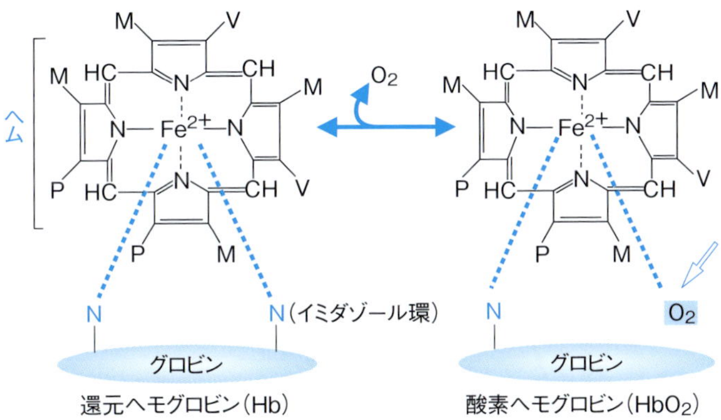

M:$-CH_3$　V:$-HC{=}CH_2$　P:$-CH_2CH_2COOH$

◆図 7-2b　ヘモグロビンの構造

◆表 7-1　正常人のヘモグロビン構成

名　称	四量体構造	総ヘモグロビン中の比率(%)
HbA1	$\alpha_2\beta_2$	96
HbA2	$\alpha_2\delta_2$	3
HbF	$\alpha_2\gamma_2$	＜1.0

アミノ酸残基数：α 鎖=141，β 鎖=146，δ 鎖=146，γ 鎖=146.

鎌状赤血球症(ヘモグロビン S 症)

Hb の β 鎖グロビン遺伝子の突然変異，コドン β6GAT(Glu)→GTG(Val) により生じたヘモグロビン S(HbS) が原因である．熱帯アフリカ，アラビアさらには欧米でもみられる代表的な異常ヘモグロビン症である．症状は慢性溶血性貧血，末梢の血流閉塞による疼痛発作および多臓器障害を特徴とする．治療として発作時に大量点滴，輸血，酸素投与がおこなわれる．HbF 産生の増加を目的にヒドロキシ尿素の投与もおこなわれる．

共通で，グロビン部分が異なっており，その構成ポリペプチド鎖は各々 α 鎖，β 鎖，γ 鎖，δ 鎖と呼ばれている．成人のヘモグロビンは HbA1($\alpha_2\beta_2$)が 96%を占め，残り 3%が HbA2($\alpha_2\delta_2$)，1%が HbF($\alpha_2\gamma_2$，胎児ヘモグロビン)である(**表 7-1**)．胎児や新生児では HbF が約 50%を占め，妊娠 3 ヵ月以内(妊娠初期)には短期間，$\alpha_2\varepsilon_2$ というヘモグロビンが認められる(**図 7-3**)．

ヘモグロビンの酸素飽和度と Po_2 との関係を示す曲線を**酸素解離曲線**(**酸素飽和曲線**)という(**図 7-4**)．この曲線は図に示すように，S 字状を呈する．この現象は 1 つのサブユニットのヘムに酸素がつくと，ほかのサブユニットにも酸素がつきやすく，逆に 1 つのヘムから酸素がはずれるとほかのヘムからも酸素が離れやすくなることによる．このヘモグロビンの性質が酸素運搬の効率を著しく高めている．肺胞内や動脈血では 95 ～ 100 mmHg の Po_2 を維持しており，この状況下ではヘモグロビンはほぼ100%近く酸素を結合する．

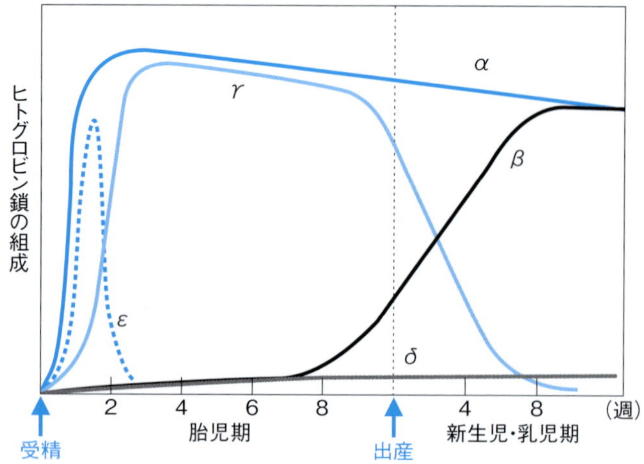

◆図 7-3　ヒトグロビン鎖の胎児期および新生児・乳児期における変化

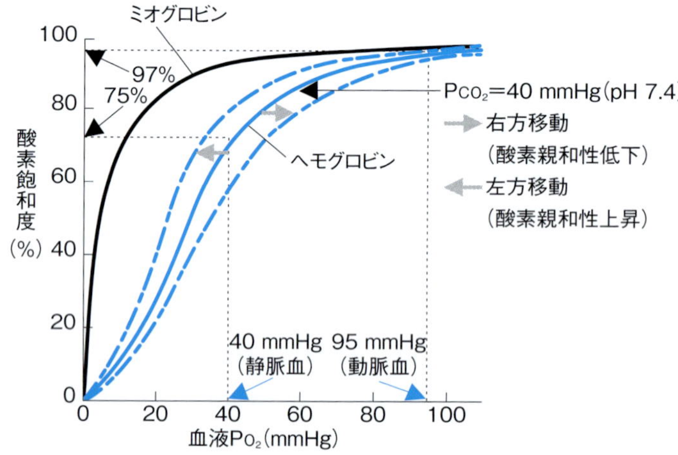

◆図 7-4　ヘモグロビンおよびミオグロビンの酸素解離曲線

この状態のヘモグロビンが末梢組織に到達した時，組織の Po_2 は約 40 mmHg で，その時の酸素飽和度は約 75% である．したがって，約 25% の酸素が Po_2 の差によって組織に供給されることになる．通常示されている酸素解離曲線は血液 pH 7.4，温度 38℃のものである．温度の上昇や pH の低下，二酸化炭素分圧の上昇，赤血球内の 2, 3-ジホスホグリセリン酸(2, 3-DPG)濃度の上昇などによって酸素解離曲線の右方移動が起こり，末梢組織では酸素放出が促進されることになる．一方，ミオグロビンでは逆に低い Po_2 でも酸素飽和度が高く，酸素を放出しにくいことを示している．この右方移動を**ボーア効果**(Bohr effect)という(**図 7-4**)．

c　二酸化炭素の運搬と酸塩基平衡

二酸化炭素(CO_2)の運搬においても，赤血球中のヘモグロビンは重要な役割を果たしている．末梢組織で生じた CO_2 の約 90% は炭酸水素イオンとなって肺に運ばれる．すなわち，CO_2 は末梢組織から血漿に，血漿から赤血球へ

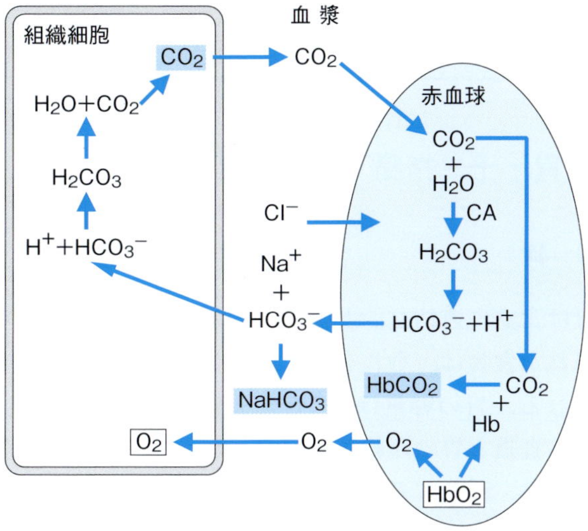

◆**図 7-5 二酸化炭素の運搬と酸塩基平衡**
CA：炭酸デヒドラターゼ，Hb：ヘモグロビン

と拡散移行する．CO_2 は赤血球内で水と反応して炭酸となり，さらに炭酸水素イオン（重炭酸イオン，HCO_3^-）となる．反応は以下の通りであるが，この反応を**炭酸デヒドラターゼ**（**炭酸脱水酵素**）が触媒する．

$$CO_2 + H_2O \rightleftarrows H_2CO_3 \rightleftarrows H^+ + HCO_3^- \quad \cdots (1)$$

HCO_3^- は濃度勾配にしたがって赤血球から血漿に拡散し，逆に塩素イオン（Cl^-）が血漿から赤血球に移動する．一方，拡散した HCO_3^- は Na^+ と反応して重炭酸塩（$NaHCO_3$）となる．血漿中の pH は重炭酸塩と炭酸との濃度比（[$NaHCO_3/H_2CO_3$]）によって一定に保たれている．

炭酸デヒドラターゼの作用を受けなかった赤血球内の一部の CO_2 は組織内ですでに酸素を遊離したデオキシヘモグロビン（還元型ヘモグロビン，Hb）と結合し，カルバミノヘモグロビン（$HbCO_2$ や Hb-$NHCOO^-$）となり肺に運ばれる．大部分の CO_2 は HCO_3^- として肺に運ばれた後，(1)式の逆反応が起こり，CO_2 が呼気中に放出される（**図 7-5**）．

生体内の酸塩基平衡が酸性側に傾いた状態を**アシドーシス**，塩基側に傾いた状態を**アルカローシス**（第 4 章参照）という．ヒトの血液 pH は通常，pH = 7.4 ± 0.05 であるが，この pH 調節は炭酸の解離平衡によって影響を受ける．種々の原因によって肺でのガス交換が低下すると，二酸化炭素分圧（Pco_2）が上昇してアシドーシスとなり，過呼吸状態になると Pco_2 が低下してアルカローシスとなる．しかし，実際には pH を正常化しようとする働きが，代償性に腎臓や肺で起こる．

3 ● 消化器系

1 胃・十二指腸・小腸・大腸

a 胃

胃は食道に連結し，上腹部に存在する袋状の器官である．口腔内で咀しゃくされた食物は，それを飲み込む作用である**嚥下作用**により食道を経て胃に送られる．胃の容量は約 1.0 ～ 1.5 L である．胃の入口に相当する部位，すなわち食道と胃の連結部を**噴門**という．噴門の近くを**胃底**，さらに胃の中央部を**胃体**，それに続く部分を**幽門前庭**，十二指腸に続く部分を**幽門**という．胃の外側を大弯（たいわん），内側を小弯（しょうわん）と呼ぶ．胃の粘膜には多数の縦状に走るヒダがあり，その粘膜は円柱上皮細胞よりなり，食物の消化に関係する**胃腺**は胃粘膜の胃小窩（いしょうか）に開口している．胃腺には噴門腺，固有胃腺，幽門腺がある．固有胃腺は**ペプシノーゲン**を分泌する主細胞，**塩酸**（HCl）を分泌する**壁（傍）細胞**，**粘液**（**ムチン**）を分泌する**副細胞**からなる．また，**幽門腺**は**ガストリン**とアルカリ性粘液を分泌する（**表 7-2**）．胃にタンパク質性の食物が入ると，塩酸が分泌され，タンパク質が**ペプシノーゲン**の活性型である**ペプシン**の働きを受けやすいように変性される．ついで，変性タンパク質をペプシンが加水分解する．ペプシンは塩酸の存在下でも十分に作用できるような最適 pH（pH = 1.5 ～ 2.0）を有したタンパク質分解酵素である．このような酸性下やペプシンの存在下では粘膜細胞の変性や分解が起こるが，粘液は粘膜細胞を保護する役割を担っている．また，ガストリンは胃内に食物が入ると放出が促進され，壁細胞に働いて塩酸の分泌を促進する．しかし，胃前庭部の pH が 2.5 以下になるとガストリンの放出は止まる．また，胃の幽門部の粘膜からは**キャスル内因子**が分泌され，**ビタミン B_{12}** と複合体を形成し，ビタミン B_{12} が回腸末端から吸収されるのを助けている．

b 十二指腸・空腸・回腸

小腸は約 5 m の長さを有する腸管であり，十二指腸，空腸および回腸よりなる．十二指腸は幽門部から空腸に移行するまでに約 20 ～ 25 cm の長さがあり，空腸はそれに続く約 2 m，回腸は残り約 3 m の長さがある．十二指腸

◆表 7-2　胃液の成分とその生理作用および分泌細胞

分泌物（成分）	生理作用	分泌細胞
ペプシノーゲン	タンパク質の消化	主細胞
胃酸（塩酸：HCl）	タンパク質の変性 ペプシノーゲンの活性化	壁（傍）細胞
ガストリン	胃酸の分泌促進	幽門腺（G 細胞）
粘液（ムチン）	粘膜細胞の保護	副細胞

◆表 7-3 小腸の消化酵素

栄養素	消化酵素	生理作用
タンパク質	アミノペプチダーゼ	タンパク質やペプチドを端から順に分解
	ジペプチダーゼ	ジペプチドに働きアミノ酸にする
糖 質	マルターゼ	マルトースを分解してグルコースにする
	サッカラーゼ(スクラーゼ)	スクロースを分解してグルコースとフルクトースにする
	ラクターゼ	ラクトースを分解してグルコースとガラクトースにする
脂 質	リパーゼ	脂質(トリアシルグリセロール)を分解して脂肪酸とモノグリセリドにする
その他	ホスファターゼ	リン酸化合物を分解する
	ヌクレアーゼ	核酸を分解する

や空腸からはいくつかのペプチドホルモンが分泌される．コレシストキニンやセクレチン，モチリンなどである．これらのホルモンはほとんどが食物の消化吸収にかかわるものである．それらの生理作用や相互関係は第6章に示した．小腸には多数のヒダがあり，ヒダには無数の絨毛があり，さらに絨毛細胞の表面には微細絨毛が存在し，腸管としての表面積を広くして，タンパク質や脂質，糖質などの消化吸収が効率よくおこなわれるようにしている．

小腸ではタンパク質や糖質を分解するいくつかの酵素が存在する．デンプンの消化物であるマルトースやその他の二糖類であるスクロースやラクトース，さらにはタンパク質の消化によって生じたペプチドを消化する酵素の多くは小腸粘膜の絨毛の細胞膜に存在し，基質であるペプチドや二糖類に働きさらに分解し，吸収しやすい状態に変えている(**表7-3**)．

c 大 腸

大腸は全長約1.5 mであり，盲腸，上行結腸，横行結腸，下行結腸，S字状結腸，直腸からなる．前半を吸収部，後半を送便部と呼ぶ．大腸の粘膜には小腸と異なり絨毛を欠く．食物残渣はゆっくりと進み，約24時間ほどで直腸に達する．大腸の主たる機能は小腸で消化吸収された食物残渣から水分を吸収して，さらに腸内細菌の働きによって糞便をつくることである．食物繊維を多く含む食物を摂取すると乳酸菌などの有用な腸内細菌が増殖し，便通がよくなり，有害成分(アンモニアや硫化水素，フェノールなど)を吸着して排泄することが可能となる．また，有用な腸内細菌が増殖することにより，① 未消化物が分解され，消化吸収が助けられること，② ビタミンB_1，B_2，B_6，Kなどが合成され，ビタミンの補給が助けられること，③ 病原性大腸菌やその他の腐敗菌などの増殖が阻止されることなどの良い面がある．

2 膵 臓

膵臓は胃の下部に横たわるくさび形をした海綿状の臓器である．その頭部は十二指腸に付着しており，体部と尾部がこれに続いている．中央部分には膵管が走っており，膵液を集めて十二指腸に分泌する．膵液は胃酸を中和するための重炭酸ナトリウムのほか，タンパク質や糖質，脂質を消化する酵素

◆**表 7-4　膵液の消化酵素**

栄養素	消化酵素	生理作用など
タンパク質	トリプシン	タンパク質分子の中程を切断する トリプシノーゲンとして分泌され，十二指腸のエンテロキナーゼによりトリプシンとなる
	キモトリプシン	タンパク質分子の中程を切断する キモトリプシノーゲンとして分泌され，トリプシンによりキモトリプシンとなる
	カルボキシペプチダーゼ	タンパク質やペプチドのC末端から分解する プロカルボキシペプチダーゼとして分泌され，トリプシンによりカルボキシペプチダーゼとなる
	アミノペプチダーゼ	タンパク質やペプチドをN末端から分解する
糖　質	膵アミラーゼ* (アミロプシン)	デンプンやグリコーゲン分子の中程を切断し，デキストリンに変え，一部分はマルトースにする
脂　質	膵リパーゼ (ステアプシン)	胆汁酸の助けを借りて脂質を分解し，モノグリセリドにする

*唾液中に含まれるアミラーゼをプチアリンという.

類が含まれており，これらの三大栄養素を含む食物を消化する主要な消化液となっている．また，膵液は神経性刺激のほかに，セクレチンやコレシストキニンなどの消化管ホルモンの働きで分泌が促進される．**表 7-4** に膵液に含まれる消化酵素を示す.

膵臓のランゲルハンス島の α 細胞や β 細胞，δ 細胞からグルカゴンやインスリン，ソマトスタチンなどのホルモンが分泌されるが，それらの生化学的な性質や生理作用などは第6章に述べてある.

3　肝臓・胆嚢

肝臓はヒトの身体の中で重さが最大の実質臓器であり，物質代謝の中心的存在である．横隔膜の直下やや右よりに位置し，その重量は約 1.2 〜 1.5 kg である．肝臓は左右両葉よりなり，右葉の方が左葉より大きい．肝臓の下部には胆嚢があり，胆嚢は胆汁を濃縮して十二指腸に排泄する（**図 7-6**）.

食物として摂取された栄養素は消化管でアミノ酸，単糖類，脂肪酸，グリセロールなどにまで分解され，小腸で吸収されて肝臓に運ばれ，生体に必要なタンパク質の合成や栄養物の貯蔵と供給に用いられる．一方，肝臓は生体にとって望ましくない物質の処理もしている．とくに，代謝によって生じた老廃物のうち，生体にとって毒物に相当するものや生体外からの毒物を抱合体として無毒化し，それらが脂溶性であれば胆汁として，水溶性であれば腎臓を介して体外に排泄する.

生体内での物質代謝の中心をなす肝臓の機能単位を肝小葉と呼び，これは実際に物質代謝の中心となり，肝臓重量の約 90％を占める肝実質細胞の集まりと，その肝実質細胞の周りに位置し血液中に入ってきた細菌や異物を処理するクッパー細胞，さらに胆管，血管，リンパ管などが複雑に組み合わさってできている.

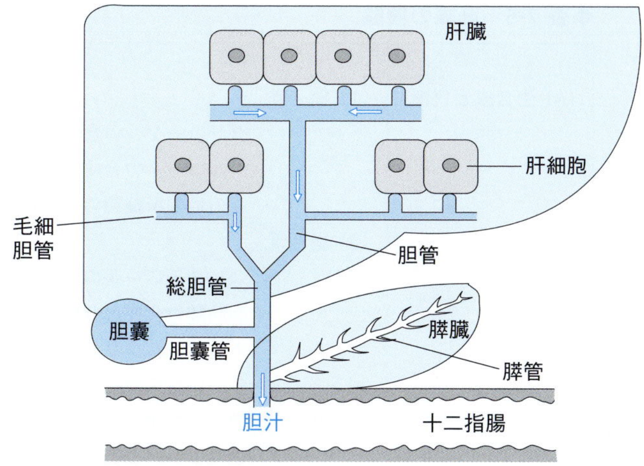

◆**図 7-6　肝臓・胆管系の構造**
(⇨)は胆汁の流れる方向を示す.

a　肝臓の機能

肝臓(liver)は栄養物を取り込む消化管と栄養物を消費する筋肉や脂肪組織とは異なり，取り込まれた栄養物を他の組織において利用されやすい形に変える役割を有している．また，各組織においてつくられた老廃物の無毒化(解毒)や排泄もおこなう．これらの機能をまとめると，① タンパク質や糖質，脂質，胆汁酸などの生合成と代謝，② 解毒，③ 貯蔵，④ 排泄などがあげられる(**表 7-5**).

(1)　胆汁酸の生成と排泄

胆汁酸はコレステロールから代謝されてできたものである．生成される胆汁酸のうちの一次胆汁酸はコール酸とケノデオキシコール酸であり，二次胆汁酸のデオキシコール酸やリトコール酸などは一次胆汁酸が腸内細菌の酵素により還元されて生成されたものである．

コレステロールの約 80％が肝臓で胆汁酸に変化し，胆汁中に排泄される．しかし，腸管内に排泄された胆汁酸の 90％以上が，**腸肝循環**と呼ばれる系を経て再吸収される．1 日あたり約 500 mg の胆汁酸が糞便中に排泄される．排泄された胆汁酸は脂質の消化と吸収に重要な働きをしている．胆汁酸は界面活性剤として働き，脂質と**ミセル**を形成する．結果，脂質の**乳濁液**(**エマルジョン**)ができ，消化吸収がスムーズにおこなわれるのである．

(2)　胆汁色素の生成と排泄

寿命のつきた赤血球は主として脾臓で壊される．ヘモグロビンはヘムとグロビンとなる．ヘムの 75％は肝臓で，残りの 25％は細網内皮系組織で分解され，主としてビリベルジン，**ビリルビン**(**胆汁色素**)となり，胆汁中に排泄される．ビリベルジンやビリルビンは腸内細菌によりさらに分解され，**ウロビリノーゲン**や**ウロビリン**，ステルコビリンなどになり糞便中に排泄される．ウロビリノーゲンやウロビリンは腸で再吸収され(**腸肝循環**)，肝臓で再

黄疸
ビリルビンの過剰により，眼球や皮膚が黄色く染まる状態．新生児は肝機能が低いため，生後2～3日頃から血液中の間接ビリルビンが上昇し，生理的黄疸を呈する．間接ビリルビンは大部分がアルブミンと結合しているが，血液型不適合や双胎間輸血などでは遊離間接ビリルビンが顕著に増加し，これが血液脳関門を通過しビリルビン脳症(核黄疸)を起こすことがある．

◆表 7-5　肝臓の機能

	機　能
(A) 生合成と代謝	(1) 糖　質 グリコーゲンの合成と分解 グルコースの合成(糖新生)と分解(解糖) その他の単糖類の合成と分解
	(2) 脂　質 コレステロールの合成と分解 脂肪酸の合成と分解 トリアシルグリセロールの合成と分解 リン脂質の合成と分解
	(3) タンパク質およびアミノ酸 血清タンパク質の合成と分泌 物質輸送タンパク質の合成と分泌 アミノ酸の代謝
	(4) 胆汁成分の生成 胆汁酸の生成(抱合) 胆汁色素の生成(ビリルビン)
	(5) ビタミン，ホルモンの不活性化
(B) 解　毒	(1) 薬物代謝にかかわる酵素による酸化，還元，加水分解，抱合
	(2) 細網内皮系細胞による異物の捕捉と分解
(C) 貯　蔵	グリコーゲン，タンパク質，金属(鉄，銅など)
(D) 排　泄	胆汁の排泄

間接ビリルビン(非抱合型ビリルビン)

脾臓の細網内皮系(細網細胞)で，ヘムのポルフィリン環の一部が切断・還元され，間接ビリルビンとなる．間接ビリルビンは水に溶けないため，血液中のアルブミンと結合して肝臓へと送られる．

直接ビリルビン(抱合型ビリルビン)

肝臓において，間接ビリルビンはグルクロン酸転移酵素により，1分子の間接ビリルビンに2分子のグルクロン酸が抱合され，水溶性になる．直接ビリルビンのほとんどが胆汁の一部となって小腸に分泌される．

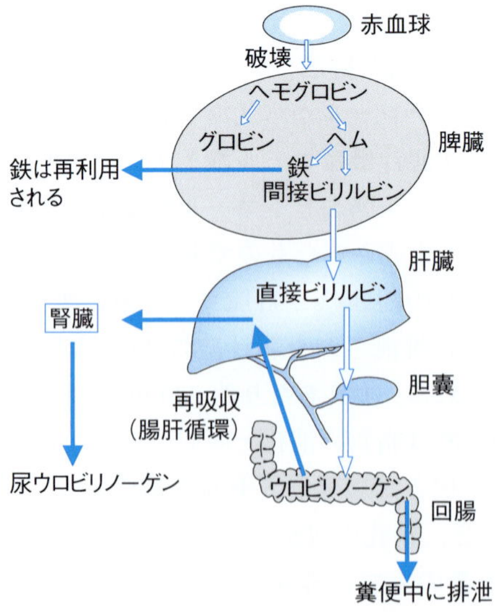

◆図 7-7　胆汁色素の生成と排泄
(⇨)はヘモグロビンの代謝経路を表す．

度ビリルビンとなり胆汁中に排泄される(**図 7-7**)．

4 泌尿器系

1 腎　臓

腎臓は腰部後腹腔にあり，脊柱の左右に1個ずつ存在し，その形状は空豆状と形容される握り拳大の臓器であり，重量は約150gほどである．腎臓の内部は，皮質と髄質に分けられる．髄質はさらに髄質外層と内層に区分されている．左右の腎臓皮質にはおのおの約100万個の**ネフロン**が存在し，ネフロンは**腎小体**(マルピギー小体)と**尿細管**よりなる．さらに腎小体は直径約200 μmの**糸球体**とこれを包むボーマン嚢よりなる(**図7-8a**)．糸球体は腎動脈から分枝した輸入細動脈とさらに分枝した数本の毛細血管が網状にからみあってループを形成している．このループは再び1本に集まり輸出細動脈となる．糸球体で濾過されてできた原尿はボーマン腔を経て尿細管に入る．尿細管は**近位曲尿細管**となり下降し，**ヘンレ係蹄の下行脚**，**上行脚**，**遠位曲尿細管**を経て，**集合管**となる(**図7-8b**)．

尿の生成は，このような構造を有する腎臓において，① 糸球体での濾過，② 尿細管での分泌と再吸収という順でおこなわれる(**図7-9**)．

a 酸塩基平衡

生体内の組織細胞においては好気的代謝により，常時二酸化炭素(CO_2)がつくり出されている．CO_2は赤血球によって運ばれ，呼気中に排出されている(**図7-5**参照)．この時起こっている反応は以下のように表され，炭酸

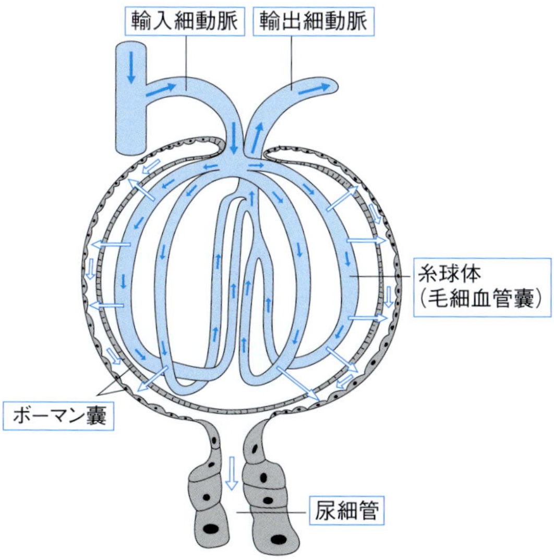

◆図 7-8a　腎小体の構造
(➡)は血液の流れる方向を，(⇨)は尿の流れる方向を示す．

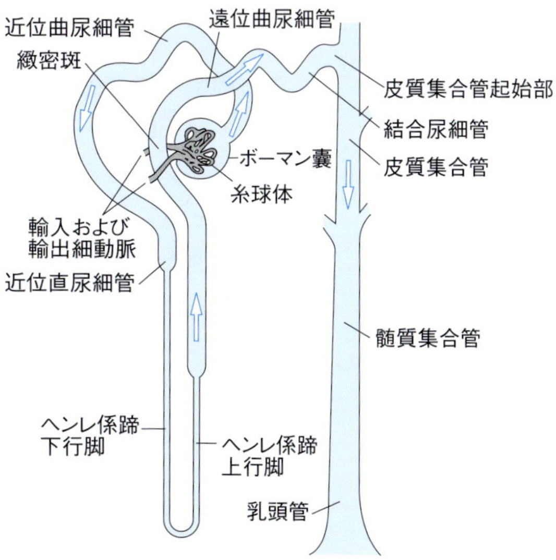

◆図 7-8b　腎ネフロンの構造模式図
1つの腎臓には約100万個に及ぶネフロンが存在する．
(⇨)は尿の流れる方向を示す．

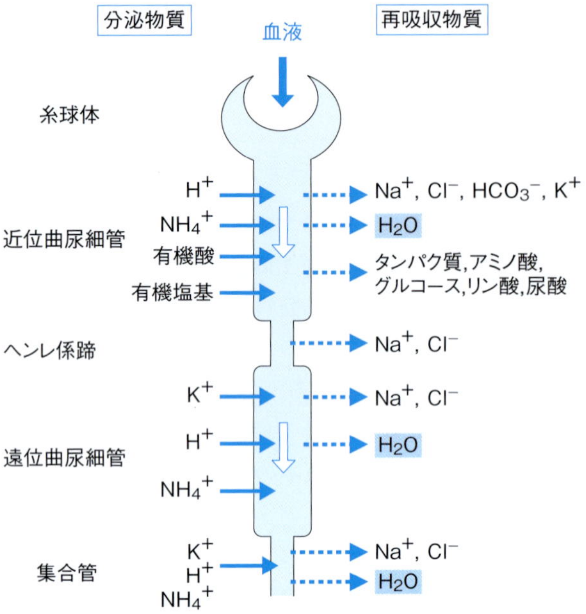

◆図 7-9　尿細管における分泌と再吸収

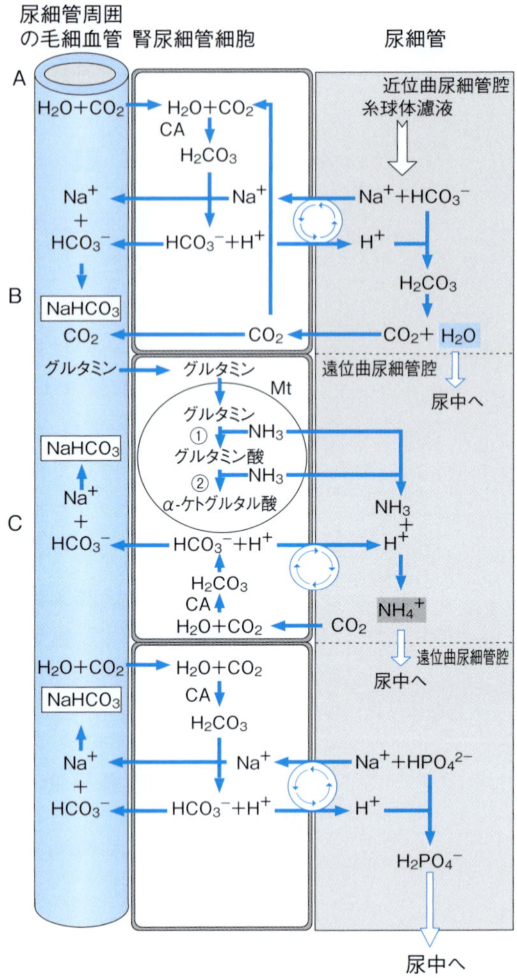

◆図 7-10　腎臓尿細管における酸塩基平衡の調節

A：近位曲尿細管での重炭酸イオンの再吸収と水素イオンの排泄

B：遠位曲尿細管におけるアンモニウムイオンによる水素イオンの排泄

C：遠位曲尿細管でのリン酸塩による H^+ の中和

CA：炭酸デヒドラターゼ，Mt：ミトコンドリア

①：グルタミナーゼ，②：グルタミン酸デヒドロゲナーゼ

(H_2CO_3) と重炭酸イオン (HCO_3^-) が1つの緩衝系をつくっている．言い換えると細胞中で産生された H^+ を処理する機構である．

$$CO_2 + H_2O \rightleftarrows H_2CO_3 \rightleftarrows H^+ + HCO_3^-$$

血液中に出された HCO_3^- の一部は Na^+ と反応して，$NaHCO_3$ となり血漿の pH を弱アルカリ性に維持している．しかし，HCO_3^- 自身は血漿から腎臓の糸球体を抜け，尿中に排泄されてしまう．その結果，血漿中の HCO_3^- は減少し，緩衝系が崩壊してしまう．それを防止するために，濾過された HCO_3^- は近位曲尿細管（約80%）とヘンレ係蹄，遠位曲尿細管で再吸収される．近位曲尿細管でおこなわれる HCO_3^- の再吸収と水素イオン (H^+) の分泌の様子を**図7-10**に示す．HCO_3^- の再吸収は遠位曲尿細管においても同様の機序で起こる．

NH_3 は近位および遠位曲尿細管，集合管で生成・分泌される．尿細管の細胞における NH_3 生成には血液由来のグルタミンを遠位曲尿細管細胞が取り込み，ミトコンドリア内でグルタミナーゼの働きで，グルタミン酸を生成すると同時に，NH_3 を遊離する．グルタミン酸にはさらにグルタミン酸デヒドロゲナーゼが作用し，α-ケトグルタル酸とNH_3を生成する．遊離されたNH_3は容易に尿細管腔に拡散し，そこでH^+と反応して，NH_4^+となり，尿中に排泄される．

第3番目として，遠位曲尿細管でおこなわれるリン酸塩によってH^+を中和する機序がある．H^+は二塩基性リン酸（HPO_4^{2-}）と反応して一塩基性リン酸（$H_2PO_4^-$）を生成し，$H_2PO_4^-$は尿中に排泄される．尿細管細胞内のHCO_3^-は再吸収後血管内でNa^+と反応して，$NaHCO_3$となる．

このような3種類の機序で，腎臓は生体内で生じたH^+を尿中に排泄する（**図7-10**）．一方，生体にとって重要なNa^+やHCO_3^-は再吸収される．

b 腎臓と血圧

高血圧の治療

レニン-アンギオテンシン系のいくつかの段階を阻害することにより，高血圧の治療がおこなわれている．アンギオテンシンⅠ変換酵素活性の阻害（ACE阻害剤），アンギオテンシンⅡが作用する受容体の阻害（アンギオテンシンⅡ受容体遮断剤）さらにはアルドステロンが作用する受容体の阻害（アルドステロン拮抗剤）などである．

腎臓は血圧を上昇させる物質，**レニン**（renin）を産生し分泌する．レニンはタンパク質分解酵素であり，傍糸球体装置でつくられる．傍糸球体装置は傍糸球体細胞や緻密斑などからなる．実際には，レニンは輸入細動脈での血圧下降や血流低下，Na^+濃度の低下，アドレナリンによる交感神経刺激などにより，傍糸球体細胞で生合成・分泌される．レニンの基質となる物質は，肝臓で生合成される，血漿中に存在する分子量約10万のアンギオテンシノーゲンである．レニンはアンギオテンシノーゲンに働いて，まずアンギオテンシンⅠを生成する．アンギオテンシンⅠはアミノ酸10残基よりなるペプチドであるが，アンギオテンシンⅠにはさらに主として肺に存在するアンギオテンシンⅠ変換酵素が働いて，C末端側の2残基のアミノ酸が取り除かれ，アンギオテンシンⅡがつくられる．この過程を**レニン-アンギオテンシン系**という．アンギオテンシンⅡは副腎皮質の球状層に働いて，**アルドステロン**の分泌を促進する．アルドステロンは腎臓の皮質の遠位曲尿細管あるいは集合管に作用して，Na^+の再吸収とK^+，H^+の分泌を促進する．Na^+の体内貯留は循環血液量を増加させる．また，アンギオテンシンⅡは血管の平滑筋にも働き，血管収縮を起こさせる．これらの2つの作用によって血圧が上昇する（**図7-11**）．

c 腎臓と生理活性物質

腎性貧血

腎性貧血は，尿毒症や腎不全などの腎臓機能低下以外の原因を認めない場合の貧血をいう．腎不全が進行するにつれ，腎臓の尿細管間質細胞におけるエリトロポエチン（分子量34,000のタンパク質）の生合成・分泌が低下するために十分な量の赤血球がつくられなくなり，貧血となる．治療としてはエリトロポエチンの皮下注射をする．鉄不足によりエリトロポエチンの効果が弱い場合があるので，必要に応じて鉄剤も投与する．

腎臓ではレニンのほかに種々のサイトカインや成長因子，ホルモンなどが産生されていることが知られている．それらのうち，とくに重要なものは，**エリトロポエチン**と**活性型ビタミンD_3**である．エリトロポエチンは赤血球の最も幼若な段階にある赤血球系幹細胞に働いて，赤芽球へと分化誘導する糖タンパク質ホルモンである．腎臓で産生され骨髄に作用する．腎不全の状態になると，エリトロポエチンの産生低下が起こり，**腎性貧血**を生じる．腎不全のため**人工透析**を受けている患者の腎性貧血の治療に，遺伝子工学的につくられたエリトロポエチンが用いられている．

活性型ビタミンD_3（1, 25-ジヒドロキシビタミンD_3）は副甲状腺ホルモン（PTH）やカルシトニン（CT）とともに生体内のカルシウム代謝にかかわるホ

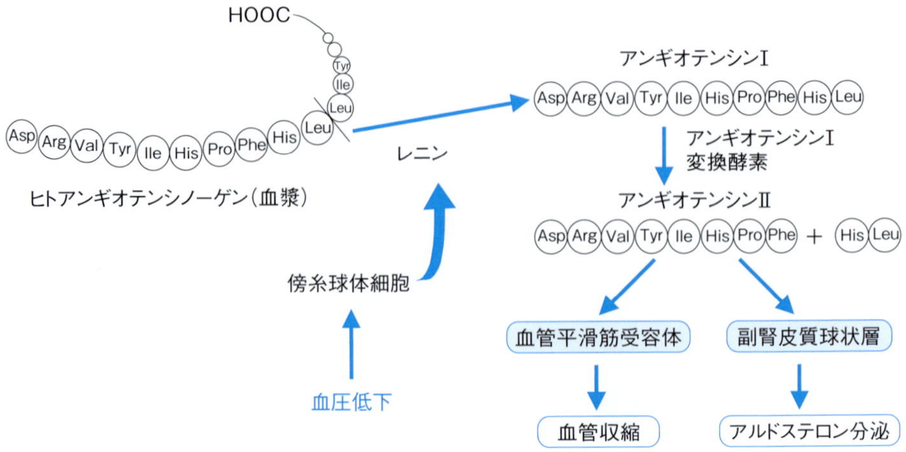

◆図 7-11　レニン-アンギオテンシン系とその作用

◆表 7-6　尿の主な成分(1日の排泄量)

有機成分	30～45 g
総窒素	5～20 g
尿　素	15～30 g
尿　酸	0.5～1.2 g
クレアチン	0.05～0.15 g
クレアチニン	0.05～2.0 g
馬尿酸	0.1～1.0 g
ウロビリノーゲン	0.5～2 mg
アンモニア	0.5～1.4 g

無機成分	20～35 g
ナトリウム	4.5～8.0 g
塩　素	6.0～9.0 g
カリウム	2.0～3.0 g
カルシウム	0.1～0.2 g
マグネシウム	0.1～0.2 g
鉄	3～5 mg
リン酸	0.5～3.0 g
総硫黄	2.0～3.4 g

ルモンである．ビタミンDはその25位が肝臓で水酸化された後，腎臓の近位尿細管で1位がさらに水酸化されて，1, 25-ジヒドロキシビタミンD_3となる．このホルモンは小腸に作用して，カルシウムの吸収を促進する(第6章参照)．

ネフローゼ症候群
高度のタンパク尿と低タンパク尿を呈する腎疾患の総称である．高度のタンパク尿，低タンパク血症，下肢の浮腫や強度全身倦怠感などが主な症状であり，高コレステロール血症も認める．病理学的には腎糸球体基底膜の透過性亢進を認め，腎炎のような炎症像は認めない．安静，塩分制限のほか，副腎皮質ステロイドが治療に用いられる．

d　尿の成分

尿のpHはおおよそ6～6.5で，運動や摂取する食品によっても変動する．野菜や果物を多く摂取すると，含まれるK^+の影響で，尿はアルカリ側に，肉類を多く摂取すると酸性側に傾く．尿には尿酸や尿素，クレアチニン，電解質などが排泄される(**表7-6**)．尿にはタンパク質やグルコースはほとんど排泄されないが，タンパク質が認められる場合には，ネフローゼ症候群などの腎臓疾患を，グルコースの場合には糖尿病などの疾患の存在を考慮する．

5 神経系

神経組織は外胚葉に由来する上皮性の組織である．その全体的な生理機能は，外的に与えられる情報や個体内部の情報を受け，それらに対応するため

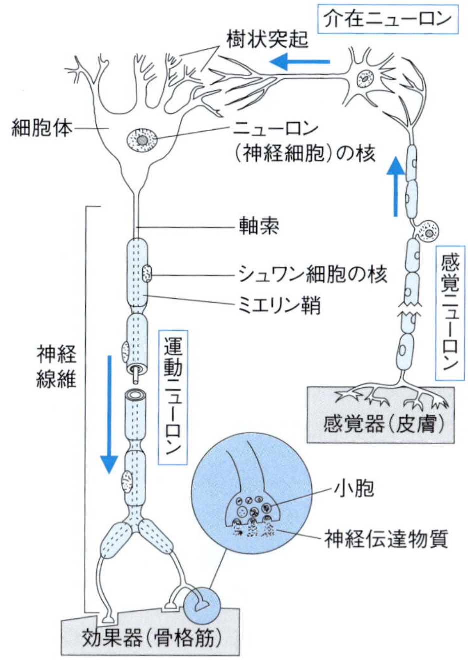

◆**図 7-12　ニューロンとシナプスの概念**
神経興奮は(➡)の方向に伝達される.
[林　典夫, 廣野治子(監)：シンプル生化学, 改訂第6版, 南江堂, 東京, 2014より改変]

の情報認識をおこない, さらに処理機能を果たすことである. 神経系の基本となる細胞は**神経細胞**(**ニューロン neuron**)である. ニューロンの細胞質は非常に長い突起となっており, これを**軸索**(axon)と呼んでいる. この細胞はまた比較的短い突起も有しており, これを**樹状突起**と呼ぶ. ニューロンは分化が進んでいるので, もはや分裂や増殖をおこなわない. ニューロンは他のニューロンや感覚器の刺激受容細胞からの刺激を受け取り, さらに他のニューロンや筋細胞などに伝達する. 例えば, 脳から足の先までの刺激伝達はせいぜい数個のニューロンでおこなわれることが多く, 軸索の長さが1 mに達することも珍しくない. また, ニューロンの軸索の末端と他のニューロンの樹状突起の間やニューロンと筋肉などの効果器の間の結合部を**シナプス**と呼ぶ. 軸索の周囲を**ミエリン鞘**と呼ばれる層状構造が覆っており, これは絶縁体として働き, 刺激伝導を助けている. 神経線維にはミエリン鞘のない無髄神経線維もあるがこの場合は刺激伝導速度は遅い(**図 7-12**).

1 神経の化学的成分

神経組織は脂質の含有量が多く, その多くはコレステロールや糖脂質である. 糖脂質ではセレブロシドが脳白質に多く, ミエリンの構成脂質となっている. その他ではスルファチドやガングリオシドなども脳・神経系に多い脂質である(p.34 糖脂質, p.36 コレステロール, p.83 脂質の代謝参照).

2 神経刺激の伝達

ニューロンに刺激が伝達されると，膜の内外に電位差が生じる．これを活動電位(active potential)といい，これはNa^+に対する膜の透過性が一時的に急上昇するためと考えられている．したがって，膜電位の変化により，細胞膜のチャネルが開き，Na^+が細胞内に流入した結果，電位が+30～+50 mVに達する．この正の電位は1ミリ秒ほどの短時間で元に戻るが，これはNa^+流入に少し遅れて，K^+が流出したためである．このような電気的化学的変化が膜に沿って波状に伝わっていき，これが神経刺激となり，シナプスを介して別の細胞に伝えられる．

神経刺激が神経終末部に届くと，膜電位が変化し(脱分極)，Ca^{2+}チャネルが開き，Ca^{2+}が流入し，ついで小胞に蓄えられたアセチルコリンやノルアドレナリン，ドーパミンなどの神経伝達物質が放出される．神経と骨格筋の神経筋接合部ではアセチルコリンが細胞間隔を拡散して，筋細胞のアセチルコリン受容体に結合して，活動電位を生じさせる．この活動電位が筋線維膜に伝わり，筋自体の収縮が起こることになる(p.168 神経伝達物質参照)．

6 血　液

血液は体重の約13分の1の重量を占める．血液は血管系を介して末梢組織まで到達し，酸素や栄養分を供給し，末梢組織から二酸化炭素や種々の老廃物を受け取り，肺や腎臓，肝臓からそれぞれ呼気，尿，胆汁内に排泄する役割を果たしているほか，酸塩基平衡を維持し，生体防御機構や生体の恒常性維持にも大きな役割を果たしている(**表7-7**)．

1 血漿成分

血液を抗凝固剤と混和し，遠心分離すると，血球成分(35～50%)と液性成分(50～65%)とに分けられ，液性成分が血漿(plasma)である．血漿は主としてビリルビンによって淡黄色をしているが，血漿成分としては水分とそれに溶解しているタンパク質，脂質，糖質さらにはアミノ酸，電解質，尿素，クレアチニンなどからなる(**図7-13**)．血漿中のこれらの成分の変動は生理的状態や病的状態を示すことが多くある．一方，抗凝固剤を加えずに，血液を凝固させた後，遠心分離して得られる液性成分を血清(serum)といい，血漿からフィブリノーゲンが除かれたものである．

a 血漿タンパク質

血漿に含まれるタンパク質量は6～8.5 g/dLで，組成の主たるものはアルブミンやグロブリン，フィブリノーゲンなどである．

血漿タンパク質をセルロースアセテート膜の上で電気泳動すると，陽極側から，アルブミン，α_1，α_2，β，γグロブリンに分画される(**図7-14**)．アル

◆**表 7-7　血液の主な役割**

1.	栄養分などを輸送する
2.	酸素や二酸化炭素を輸送する
3.	代謝産物(終末産物)を輸送する
4.	ホルモンやその他の生理活性物質を輸送する
5.	細菌や種々の外的侵入物から生体を守る
6.	酸塩基平衡や電解質，水バランス，体温を保持する
7.	止血機構を発現し，出血を防止する

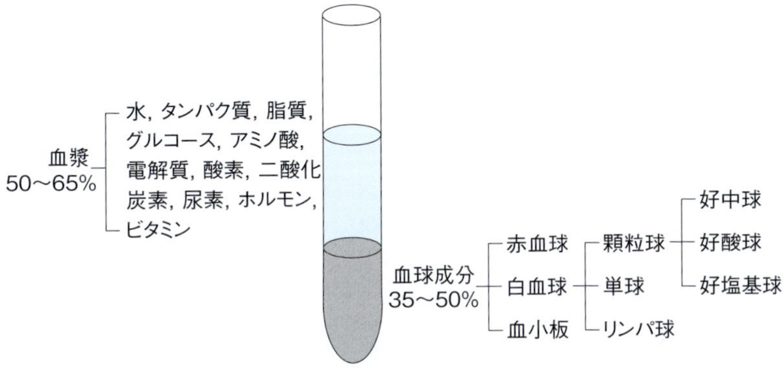

◆**図 7-13　遠心分離して得られる血液の成分**
抗凝固剤存在下で血液を遠心分離した場合.

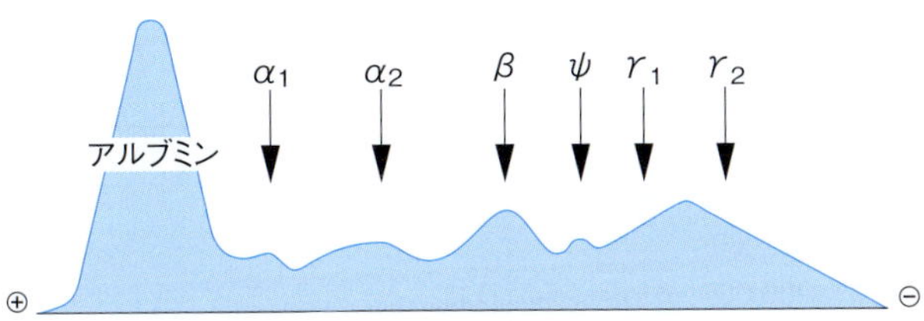

◆**図 7-14　血漿タンパク質の電気泳動図**
"ψ" で表されているピークはフィブリノーゲンに相当する.
各々のピークの高さと幅はそのピークに含まれるタンパク質の量を表す.

ブミン以外の血漿タンパク質はその分子上に糖鎖を結合した糖タンパク質がほとんどである(**表 7-8**).

(1)　アルブミン

アルブミンは肝臓で生合成され，血液中に分泌される．健常人の血漿中には 4,000 〜 5,000 mg/dL 含まれる．アルブミンの生理機能は ① 膠質浸透圧の維持，② 甲状腺ホルモン，オレイン酸やパルミチン酸などの脂肪酸，ビリルビン，抗生物質などを結合して輸送することなどである．疾患としては低アルブミン血症があるが，先天的な低アルブミン血症は稀で，多くは肝臓での合成低下をきたす肝硬変や尿中にアルブミンが漏出するネフローゼなどである．これらの疾患ではアルブミン濃度の低下のため膠質浸透圧が低くなり，血管から水分が組織間隙に漏出し，浮腫が起こる．

浮腫をきたす疾患
代表的疾患として，心臓病，腎臓病，肝臓病がある．心臓病では心不全のため，静脈のうっ血を起こして，足に浮腫が起こる．腎臓病では尿中にタンパク質が過剰に排泄される結果，肝臓病ではタンパク質の合成低下の結果，低タンパク血症(とくにアルブミン)が起こる．アルブミンは水分を血管の中に留め置く膠質浸透圧の維持作用があるが，欠乏すると水分が血管外に移動して浮腫が発生する．腎臓病や肝臓病による浮腫は全身性である．

◆**表 7-8　主な血漿タンパク質（血液凝固因子と補体因子は除く）**

血漿タンパク質		略号	分子量	正常血清濃度 (mg/dL)	生物学的機能 (遺伝学的変異)	病的変動 (遺伝学的欠損)
Alb	アルブミン	Alb	66,428	4,000-5,000	膠質浸透圧の維持，金属や脂質，薬物などの運搬，飢餓時のタンパク質源(多型性：二峰性アルブミン)	重症肝障害やネフローゼなどで減少 (無アルブミン血症)
α_1	α_1-フェトプロテイン	AFP	74,000	極微量	がん胎児性タンパク質	肝がんで増加
	α_1-アンチトリプシン	α_1AT	54,000	200-400	急性相反応物質*1；トリプシンやキモトリプシンなどのタンパク質分解酵素の阻害	炎症性疾患で増加
	トランスコルチン	TC	55,700	4	コルチゾールと結合・運搬	妊娠で増加
	α_1-アンチキモトリプシン	α_1X	68,000	30-60	キモトリプシンの阻害	
α_1/α_2	チロキシン結合タンパク質	TBG	60,700	1-2	チロキシンと結合・運搬	妊娠などで増加(先天的欠損症)
	セルロプラスミン	Cp	132,000	15-60	フェロオキシダーゼ活性*2($Fe^{2+} \rightarrow Fe^{3+}$)	重症肝障害で減少；妊娠で増加
	トランスコバラミンⅢ		120,000	極微量	ビタミンB_{12}と結合・運搬	
α_2	レチノール結合タンパク質	RBP	21,000	3-6	ビタミンAと結合・運搬	
	ハプトグロビン	Hp			ヘモグロビンと結合；急性相反応物質	肝疾患，溶血性疾患で減少；妊娠や炎症性疾患で増加 (低ハプトグロビン血漿)
	タイプ1-1		90,000	100-220	(多型性：Hp1-1)	
	タイプ2-1		ポリマー	160-300	(多型性：Hp2-1)	
	タイプ2-2		ポリマー	120-260	(多型性：Hp2-2)	
	α_2-マクログロブリン	α_2M	725,000	♂ 150-350 ♀ 175-420	トリプシンやキモトリプシン，トロンビンなどのタンパク質分解酵素の阻害	ネフローゼや肝疾患，糖尿病，慢性腎炎，膠原病などで増加
α_1/β_2	トランスコバラミンⅢ		100,000	極微量	ビタミンB_{12}と結合・運搬	
β	トランスコバラミンⅡ		53,900	極微量	ビタミンB_{12}と結合・運搬	
	ヘモペキシン	Hx	57,000	50-115	ヘムと結合	肝疾患や溶血性疾患で減少
	トランスフェリン	Tf	72,000	200-400	鉄と結合・運搬	ネフローゼや悪性腫瘍で減少；妊娠で増加(無トランスフェリン血症)
	フィブロネクチン	FN	230,000	33	細胞接着活性	肝線維症，ネフローゼ，糖尿病で増加；DIC，肝がんで低下
γ	C-反応性タンパク質	CRP	140,000	＜0.1	急性相反応物質*1；貪食作用を促進	急性炎症で増加
	免疫グロブリンA	IgA	160,000 (400,000)	90-450	抗体	肝疾患，慢性炎症，A型骨髄腫で増加 (先天的欠損症)
	免疫グロブリンM	IgM	900,000	♂ 60-250 ♀ 70-280	抗体	肝疾患，マクログロブリン血症で増加 (先天的欠損症)
	免疫グロブリンD	IgD	175,000	＜3	抗体	D型骨髄腫で増加
	免疫グロブリンE	IgE	190,000	＜0.3	抗体（レアギン活性*3）	アレルギーやE型骨髄腫で増加
	免疫グロブリンG	IgG	150,000	1,000-1,800	抗体	肝疾患や慢性炎症，G型骨髄腫で増加 (先天的欠損症)

*1 炎症時に短時間に血中で増減するタンパク質，*2 鉄酸化触媒能，*3 アレルギーの原因となること．

肝臓がんの腫瘍マーカー

α_1-フェトプロテイン(AFP)は，通常胎児の肝臓で生合成され，血清中に認められるタンパク質である．肝臓がんになると，AFPが顕著に増加することから，AFPは肝臓がんの腫瘍マーカーとしてよく用いられている．血清AFP濃度は，正常では20 ng/mL以下であるが，肝臓がんでは1,000 ng/mL以上にも達する．

(2)　グロブリン

α_1，α_2，β，γグロブリンのうち，生体防御機構上で重要な役割を果たしているのが，γグロブリン分画に含まれている**免疫グロブリン**である．この免疫グロブリンには，IgG，A，M，E，Dの5種類があり，おのおの異なった機能を有している(p.208参照)．

(3)　その他の血漿タンパク質

α_1，α_2，β，γグロブリン分画には多数のタンパク質が含まれている．それらの主なものを**表7-8**に示す．

2 血液凝固

a 血液凝固・線溶機序

外的な力(物理学的力)によって組織損傷が起こると，血小板が損傷を受けた部位の血管壁に粘着し，それらが互いにくっつき合い(凝集)，**血栓**を形成しようとする．凝集した血小板からセロトニンやトロンボキサン A_2 などの生理活性物質が放出され，それらが血管を収縮させ，局所での血流を抑制する．ついで，凝集血小板の存在する部位や損傷された血管壁のところで，血液凝固機構(**血液凝固カスケード**)が作動する．このカスケードには**外因性血液凝固経路**と**内因性血液凝固経路**の2つの経路がある(**図7-15a**)．

外因性血液凝固経路は血管や組織の損傷部位からの組織因子と第Ⅶ因子が反応し，活性型の第Ⅶ因子(Ⅶa)が産生されるところをスタートとする．一方，内因性血液凝固経路は損傷血管に露出したコラーゲンと高分子量キニノーゲンを補助因子として，プレカリクレイン(前駆体)からカリクレイン(活性型)が産生されるところをスタートとする．いったん，血液凝固が開始されると血漿中の前駆体タンパク質の連続的活性化が起こり，両経路のカスケード反応が進行する．しかし，両経路とも最終的には，**プロトロンビン**が**トロンビン**に活性化され，トロンビンが**フィブリノーゲン**を分解してフィブリンを生成する．さらにフィブリンが多数重合して，**凝血塊**(**血餅** clot)をつくる．

このような過程を経て出血は止まるが，止血によって生じた凝血塊もやがては溶解して正常に戻る．この凝血塊を溶解する過程を**線溶系**といい，その主役をなすタンパク質はプラスミノーゲンがプラスミノーゲン活性化因子により活性化されて生成された**プラスミン**である(**図7-15b**)．血液凝固と線溶系にかかわる因子の諸性質を**表7-9**に示す．

b 血液凝固異常症

血液凝固が遅延し，出血をきたす疾患の代表例は⊕**血友病A**と**血友病B**である．血友病Aは第Ⅷ因子の，血友病Bは第Ⅸ因子の欠損あるいは分子異常によって生じる．したがって，両者とも内因性血液凝固過程の遅延が起こる．両疾患とも男子に発症する**X連鎖伴性劣性遺伝形式**をとる．

反対に，血管内で凝固が進行する場合もある．その代表例は**汎発性(播種性)血管内凝固症候群**(DIC)である．腫瘍，敗血症，異常妊娠ショック，脱水などが原因となり起こる疾患で，血漿中のトロンビン量が上昇するために，脳や肺，腎臓，腸管などの主要臓器の微小血管内にたくさんの血栓が形成される．また，血栓形成のために血液凝固因子が消費され，二次的に出血も起こす．

⊕血友病

遺伝子異常は血友病Aでは一塩基置換，逆位，挿入，欠失など多岐であるが，血友病Bの大半は一塩基置換である．両者における臨床症状は，反復性の関節内血腫と筋肉内血腫が主である．血友病AおよびBの発生頻度はそれぞれ1/10,000(男子)および1/70,000(男子)である．

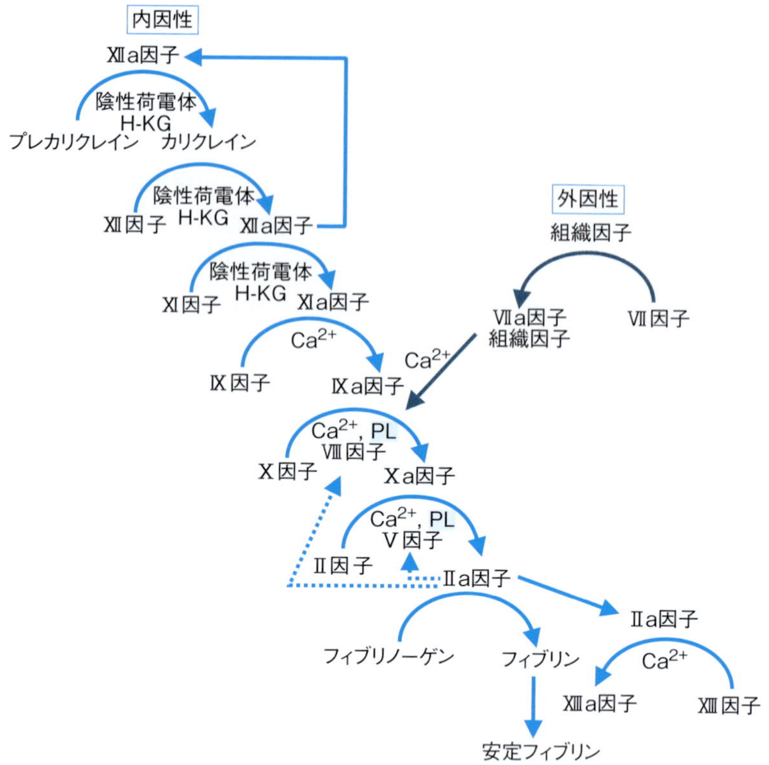

◆図 7-15a　血液凝固カスケードの機構

H-KG：高分子量キニノーゲン，PL：血小板由来のリン脂質を示す．
···▶はIIa因子によるVIII因子とV因子の分解を示す．この分解により，両因子は補助因子として機能する．

von Willebrand病（vWD）

血友病AやBについで多い．vWFの異常を原因とする出血性疾患である．von Willebrand因子（vWF）は高分子糖タンパク質で，血液中では第VIII因子と複合体を形成している．vWFは血小板膜の糖タンパク質GPIbおよび血管内皮下組織成分と結合し，障害血管壁への血小板粘着・血小板血栓形成の促進をすることにより一次止血をおこなう．vWFの遺伝子座は12番染色体の短腕にあり，vWDは常染色体優性遺伝をする．

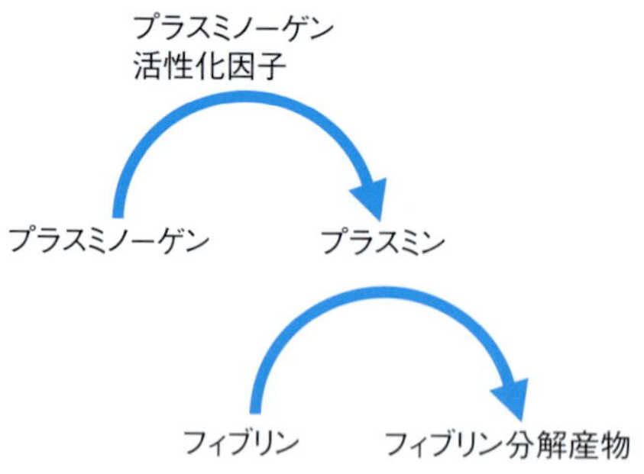

◆図 7-15b　線溶系反応の機構

ビタミンK欠乏性出血症

真性メレナ（新生児の一過性の吐血や下血）はビタミンK欠乏によるビタミンK依存性の血液凝固因子（II，VII，IX，X）の産生不足が原因であり，これは出生後早期にはビタミンKを産生する細菌叢が確立されていないために起こる現象である．吐血や下血が分娩や哺乳時の母体血由来の場合は仮性メレナと呼ぶ．

3 血球成分

血球成分としては赤血球や白血球，リンパ球などがある．これらの血球は共通の**幹細胞**（stem cell）より分化を繰り返して，末梢血液中に認められるような細胞となる．まず多能性造血幹細胞から**骨髄系**と**リンパ系**の細胞に分化する幹細胞ができ，これらの幹細胞が骨髄やリンパ組織において何段階かの分化を経て，各系統の**成熟細胞**となり，末梢血液中に出ていく（**図 7-16**）．

遺伝子座位

3q26-qterでは，3は3番染色体(大きい方から3番目)を意味し，qは長腕を意味する(pは短腕)．terは染色体の端を意味する．26はギムザ染色(G染色)やキナクリン染色(Q染色)で染められたバンドの位置を示す．

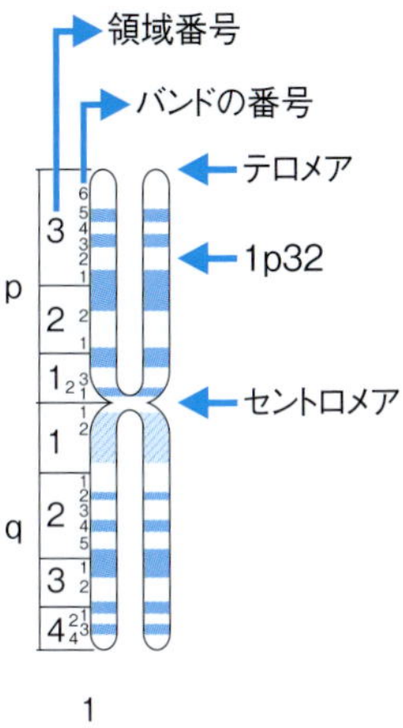

▨ G,Q染色法による淡染部
■ G,Q染色法による濃染部
[新川詔夫，太田　亨(著)：遺伝医学への招待，改訂第5版，p39，南江堂，2014より改変]

◆表 7-9　血液凝固・線溶因子の物理化学的性質

因　子	慣　用	分子量	染色体(遺伝子座位)	血漿濃度(μg/mL)	生理機能
Ⅰ	フィブリノーゲン	340,000		3,000	クロット(血餅)形成
	α鎖	66,000	4q23-q32		
	β鎖	52,000	4q23-q32		
	γ鎖	46,500	4q23-q32		
Ⅱ	プロトロンビン	72,000	11p11-q12	100	プロテアーゼ前駆体
Ⅲ	組織因子	37,000	1pter-p12		補助因子
Ⅳ	カルシウム				補助因子
Ⅴ	不安定因子	330,000	1q21-q25	10	補助因子
Ⅶ	プロコンバーチン	50,000	13q34	0.5	プロテアーゼ前駆体
Ⅷ	抗血友病因子	300,000	Xq28	0.1	補助因子
Ⅸ	クリスマス因子	56,000	Xq26-27.3	5	プロテアーゼ前駆体
Ⅹ	スチュアート因子	56,000	13q32-qter	10	プロテアーゼ前駆体
Ⅺ	トロンボプラスチン	160,000	4q35	5	プロテアーゼ前駆体
Ⅻ	ハーゲマン因子	80,000	5	30	プロテアーゼ前駆体
XIII	フィブリン安定化因子	330,000		15	フィブリン架橋
	a サブユニット	75,000	6p24-25		(トランスグルタミナーゼ)
	b サブユニット	80,000	1q31-q32.1		
PK	プレカリクレイン(フレッチャー因子)	80,000		5	プロテアーゼ前駆体
HMW KG(H-KG)	高分子量キニノーゲン(フィッツジェラルド因子)	110,000	3q26-qter	60	補助因子
vWF	フォン・ウィルブランド因子	225,000×n	12pter-p12	10	血小板粘着
protein C	プロテインC	62,000	2q14-21	4	プロテアーゼ前駆体
plasminogen	プラスミノーゲン	91,000	6q26-27	200	プロテアーゼ前駆体
tissue type plasminogen activator	組織型プラスミノーゲンアクチベーター	63,000	8	0.01	プロテアーゼ前駆体

a　赤血球

赤血球[red blood cell(erythrocyte)]は赤血球系幹細胞が前赤芽球→赤芽球→網状赤血球(reticulocyte)→成熟赤血球という過程を経て，末梢血液中に出てくることで誘導される．この過程の分化誘導をおこなうタンパク質が**エリトロポエチン**である．

赤血球の産生は出生後においては骨髄でおこなわれるが，胎児期では肝臓や脾臓においておこなわれ，これを**髄外造血**と呼ぶ．

赤血球の寿命は約120日であり，寿命の尽きた赤血球は主として脾臓や骨髄の**細網内皮系細胞**に捕捉されて，破壊される．赤血球内で酸素や二酸化炭素の運搬にかかわっていたヘモグロビンはヘムとグロビンに分解される．ヘムはそのポルフィリン環が開裂して，鉄がはずれたあと，ビリベルジンからビリルビンとなり胆汁色素として小腸に排泄される．鉄は再利用される．

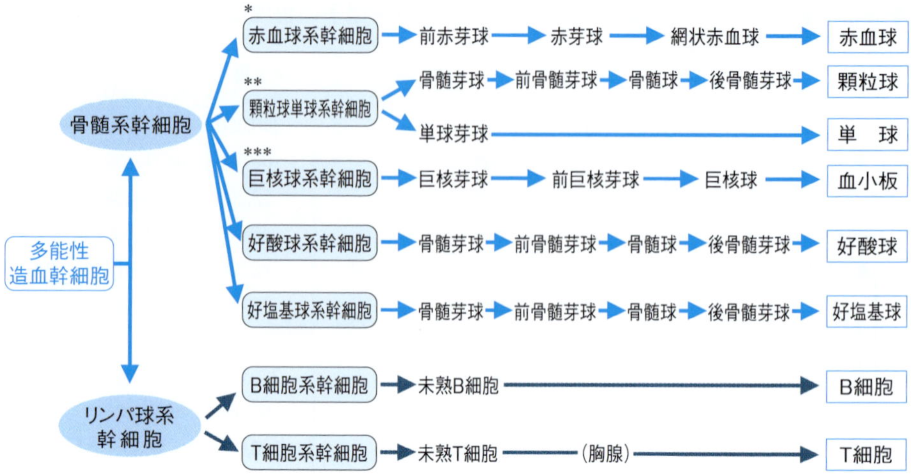

◆**図 7-16　血液細胞の分化・成熟過程**

＊はエリトロポエチン，＊＊はグラニュロポエチン，＊＊＊はトロンボポエチンなどの細胞を分化誘導する生理活性物質の働く段階を示す．赤血球や顆粒球などのおおよその形態は第9章 **図 9-1** を参照．

大球性正色素性貧血（巨赤芽球性貧血）

細胞が増殖するためにはDNAの合成が必要である．ビタミン B_{12} と葉酸が欠乏すると，細胞分裂がうまくいかないために，骨髄中の赤芽球が大きくなり（巨赤芽球），血液中に出てくる赤血球も大きくなる．同時に骨髄での造血能は強くなるが，赤血球になる前に壊れてしまい，いわゆる大球性正色素性貧血を発症する．症状としては，動悸，息切れ，易疲労感などである．

急性白血病

骨髄中の未熟な造血前駆細胞の増殖を特徴とし，急性骨髄性白血病（AML）と急性リンパ性白血病（ALL）に分けられる．原因として放射線被曝，アルキル化薬剤の使用，DNA修復・細胞周期障害および染色体異常などとの関連が言及されている．

成熟赤血球の形態をみると，その中央に凹みのある円板状をしており，直径は7～8.5 μmである．厚さは中央部で約1 μm，周辺部で2～2.5 μmである．直径が6.0 μm以下の場合を小赤血球といい，9.5 μm以上のものを大赤血球という．赤血球の大小は**鉄**や**ビタミン B_{12}**，**葉酸**などの欠乏で起こるとされている（**表 7-10**）．

末梢血液中の赤血球自体は核やミトコンドリアなどの細胞小器官をもたず，その細胞内の大部分はヘモグロビン（約30%）であり，水分としては60～65%含まれるが，他の組織の細胞と比較すると少ない．その他の成分としては膜成分が約5%，糖質や塩類はそれぞれ1%以下である．また，細胞質内には解糖系酵素や補酵素が含まれ，エネルギー産生をおこなっている．

b　白血球

白血球［white blood cell（leukocyte）］はその形態から，**好中球**（neutrophil），**リンパ球**（lymphocyte），**単球**（monocyte），**好酸球**（eosinophil）および**好塩基球**（basophil）などに分類されており，正常の場合はその比率がほぼ一定しており，種々の疾患で白血球の数やその比率が変動する（**表 7-11**）．例えば，細菌による肺炎などに罹患すると，白血球の増加や好中球の増加が認められる．

c　血小板

血小板は血漿中に20～35万/μL含まれ，組織損傷により出血が起こった時に，血栓を形成して，止血作用を発揮する．組織損傷時には，その部位の血管内皮よりコラーゲンが露出し，これに血小板が粘着（**血小板粘着**）する．この粘着によって血小板や損傷組織などから**アデノシン二リン酸**（ADP）や

◆表 7-10　赤血球の大きさと貧血

疾　患	原　因	平均赤血球容積*1 (MCV：平均値 90 fL)	平均赤血球ヘモグロビン量*2 (MCH：平均値 30 pg)	平均赤血球ヘモグロビン濃度*3 (MCHC：平均 34 g /dL)
小球性低色素性貧血	鉄の不足や利用障害	＜ 80	＜ 27	＜ 30
正球性正色素性貧血	出血，溶血，再生不良性貧血，悪性腫瘍，腎不全など	80 ～ 100	30	31 ～ 35
大球性正色素性貧血	ビタミン B_{12} や葉酸の欠乏	＞ 101	＞ 34	31 ～ 35

*1 MCV ＝ヘマトクリット値(%) × 10/ 赤血球数($10^6/\mu L$)
*2 MCH ＝ヘモグロビン量(g/dL) × 100/ 赤血球数($10^6/\mu L$)
*3 MCHC ＝ヘモグロビン量(g/dL) × 100/ ヘマトクリット値(%)
正常人の赤血球数はおおむね 400 万～ 550 万/μL である．

◆表 7-11　正常時の白血球の百分率

好中球	
桿状核球	7.5% (2 ～ 12%)
分葉核球	47.5% (38 ～ 55%)
リンパ球	36.5% (26 ～ 45%)
単球	5.0% (2.5 ～ 7.5%)
好酸球	3.0% (0.2 ～ 6.5%)
好塩基球	0.5% (0 ～ 1.0%)

正常人の白血球数はおおむね 5,000 ～ 9,000/μL である．

悪性リンパ腫

リンパ組織を構成している細胞，主にリンパ球の腫瘍性増殖によって起こる疾患である．組織学的には Reed-Sternberg 細胞またはその variant(Hodgkin 細胞) を認める Hodgkin 病と，非 Hodgkin 病に分類される．わが国では非 Hodgkin 病が約 90％を占める．多くは片側の無痛性頸部リンパ節腫脹を初発症状として発症する．

トロンボキサンが放出され，さらに血小板同士が集まり(**血小板凝集**)，血小板塊を形成する．

また，血小板膜に存在する**リン脂質**が内因性血液凝固を促進する役割を果たしている．

練習問題

1. ヘモグロビンはどのようなサブユニットからなっているのか．またヘモグロビンの生理機能を説明しなさい．
2. タンパク質に富んだ食物を摂取した時，胃酸とペプシン，膵臓から分泌されるトリプシンやキモトリプシンはタンパク質に対してどのように働くのか説明しなさい．
3. 胆汁酸の消化吸収に果たす役割を説明しなさい．
4. 血圧上昇におけるレニン-アンギオテンシン系の果たす役割を説明しなさい．
5. 神経伝達に働く物質にはどのようなものがあるのか．またどのような機能を有しているのか説明しなさい．
6. 血漿と血清の違いを説明しなさい．
7. アルブミンの生理機能を説明しなさい．
8. 血友病にはどのようなものがあるのか．またそれらの疾患で問題となる凝固因子は何か説明しなさい．
9. 出血が起こった時に，血小板の果たす役割を説明しなさい．

第8章 がんの生化学

● 学習目標

1. 細胞増殖シグナルや細胞周期の制御機構の破綻とがん化との関連性を理解する.
2. 発がんについての分子機構を理解する.
3. がん細胞の特性について理解する.

＊ 細胞死は，遺伝子でプログラムされている「アポトーシス」と，外的要因が誘導する「ネクローシス」に大別される.
アポトーシス：DNA が破壊され細胞が縮小する．多くのがんではこの仕組みがうまく働かず，無限に増殖する.
ネクローシス：紫外線や高温，酸などのような刺激で細胞が破裂し，細胞内の物質をまき散らす.

生体内の細胞は絶えず新陳代謝を繰り返し，細胞数(約 60 兆個)を一定に保って生体の恒常性を維持している．細胞の増殖や死＊は，生体に備わっている調節機構によって厳密に制御されているが，何らかの原因でこれらの調節機構が破綻することにより，細胞が異常に増殖することがある．これを腫瘍(tumor)といい，それが原因で生体を死に至らしめる病気を悪性腫瘍，またはがん(cancer)という．がんは上皮組織由来であり，骨，軟骨，脂肪，筋肉，血管等の非上皮性組織細胞に由来するがんは肉腫と呼ばれる．がん化した細胞は分裂・増殖に伴い不均一な細胞集団となり，腫瘍を形成し，さまざまな臓器へと転移する．またこの不均一さは，抗がん剤や放射線治療に対する抵抗性を生み，再発する要因となる.

1 細胞増殖の誘導機構 — 増殖因子と受容体

正常細胞の多くは，通常は細胞増殖を停止した状態にあり，外部から増殖刺激を受けて**細胞周期**へと進行し，分裂・増殖を始める．この増殖刺激を与える分子が増殖因子(growth factor)であり，その増殖因子を受け取る細胞膜上の分子が増殖因子受容体(growth factor receptor)である．増殖因子受容体は，細胞膜を貫通する膜タンパク質であり，その細胞内領域にタンパク質のチロシン残基をリン酸化誘導する**チロシンキナーゼ**活性領域をもつ(これを受容体型チロシンキナーゼと呼ぶ)．ひとたび，増殖因子が受容体に結合すると，受容体のタンパク質構造が変化し，その結果二量体化することで，お互いに複数箇所のチロシン残基をリン酸化する．それぞれのチロシンリン酸化部位に特異的なシグナル伝達分子が結合し，順次ほかのシグナル伝達分子を活性化することで，最終的に細胞増殖に必要な遺伝子発現を誘導する(**図8-1**).

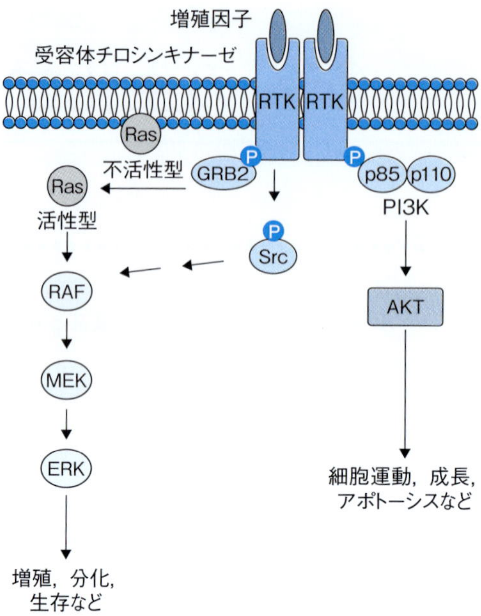

◆**図 8-1　増殖因子とその受容体が誘導する主要な細胞内シグナル伝達経路**
増殖因子の結合により受容体チロシンキナーゼ(RTK)が二量体化することで，チロシンキナーゼが活性化され，自己リン酸化を誘導する．リン酸化部位に，GRB2 や Src のようなアダプタータンパク質が直接結合する．これに引き続き Ras の活性化，MAPK(MEK-ERK)経路活性化を促進する．その他，PI3K シグナリングを惹起する PI3K の p85 ユニットが直接結合し，AKT 経路を活性化する．両方の経路で，さまざまな細胞の反応をひき起こす．

2 ● 細胞周期の分子機構

細胞の分裂，増殖において最も重要なことは，遺伝情報である DNA を正確に複製することと，2つの娘細胞に均等に分配することである．これらの反応は，細胞周期の中でそれぞれ S 期(DNA Synthesis)および M 期(Mitosis)として特徴づけられる．また，M 期の終わりから次の S 期の始まりまでと，S 期の終わりから M 期の始めまでのそれぞれの“間期”(Gap phase)として G_1 期(G_1 phase)および G_2 期(G_2 phase)があり，それぞれ，S 期および M 期の準備期間として位置づけられている．G_1 期，S 期，G_2 期，M 期の4つの期間を経て細胞が増殖，分裂に至る細胞周期の進行は，各期に特異的に産生される**サイクリン**(cyclin)と呼ばれるタンパク質と，各期を通じて変動はないがその活性がサイクリンによって制御を受ける**サイクリン依存性キナーゼ**(CDK)の複合体によって担われている．CDK はサイクリンと結合して初めてキナーゼ活性を発揮することができ，この活性により細胞周期が進行する(図 8-2)．

DNA 合成や細胞質分裂時に異常が生じると，細胞周期の進行を一旦停止するためのシステムとして，CDK 阻害タンパク質(CKI)が存在している．CKI は，CDK またはサイクリン-CDK 複合体と結合することにより，サイクリ

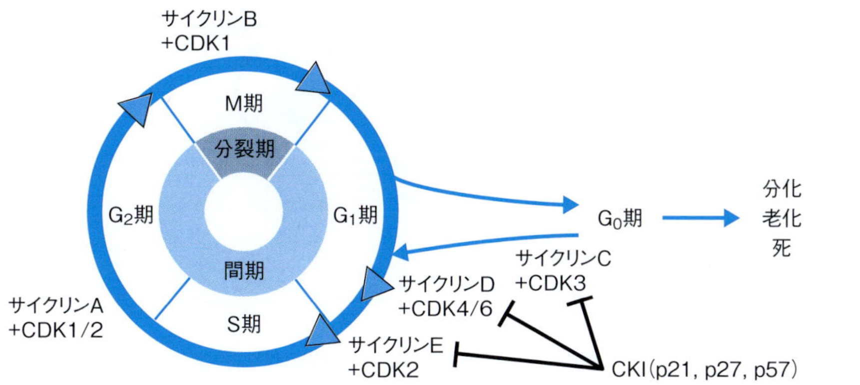

◆**図 8-2　細胞周期図**

G_0 期から G_1 期進行はサイクリン C/CDK3，G_1 期から S 期進行はサイクリン D/CDK4/6，サイクリン E/CDK2，S 期から G_2 期進行はサイクリン A/CDK1/2，G_2 期から M 期進行はサイクリン B/CDK1 によって制御を受ける．CDK 阻害因子(CKI)として，p21，p27，p57 が細胞周期の進行を初期の段階で抑制する．

ン存在下でも CDK の活性を阻害することができ，細胞周期の進行を一時的に停止させることができる．これら細胞周期制御系の異常はがん化につながる．

3 ● が　ん

1 がん細胞の増殖機構異常

がん細胞がなぜ異常に増えるのか，理由の１つは増殖シグナルやその受容体の異常である．その他，細胞周期の制御異常，細胞分裂回数の無限化，細胞同士の接触阻害の無効化がある．

a 増殖シグナルやその受容体の異常

がん細胞は，自身の生存のために増殖因子－受容体シグナル伝達経路のいくつかに変化を導入している．例えば，① 細胞膜上の受容体量を増やすこと，② 自身の増殖を促す増殖因子を自身で産生すること，③ 受容体遺伝子に変異が入ることで，恒常的に活性化型となる場合等が報告されている(**図 8-3**)．

b 細胞周期の異常

正常細胞は，細胞周期が正しく進行しているかどうかを監視し，異常がある場合は，CKI の発現を誘導して細胞周期を停止，ないしは減速させて修復する．これをチェックポイント機構という．主に，G_1/S 期チェックポイント，S 期チェックポイント，G_2/M 期チェックポイント，M 期チェックポイントなどが知られている．これらのチェックポイントでは，遺伝子に損傷がないか(DNA 損傷チェック)，DNA 複製が正常におこなわれているか(DNA

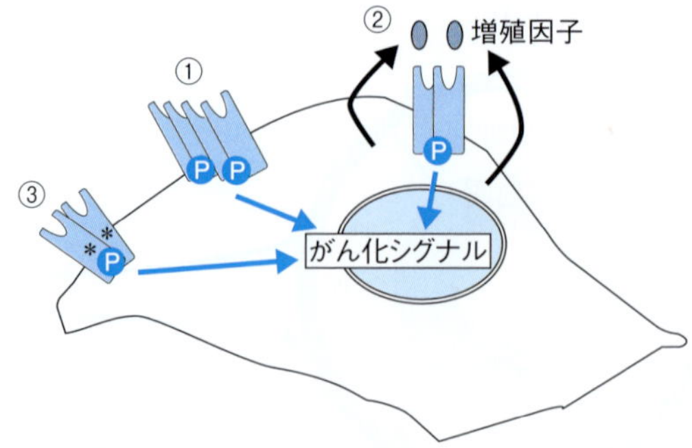

◆図 8-3　増殖因子とその受容体の異常による増殖シグナル異常
①受容体量増大，②増殖因子産生，③受容体遺伝子変異等で，恒常的に活性化型となる．Ⓟはリン酸化，＊は変異を示す．

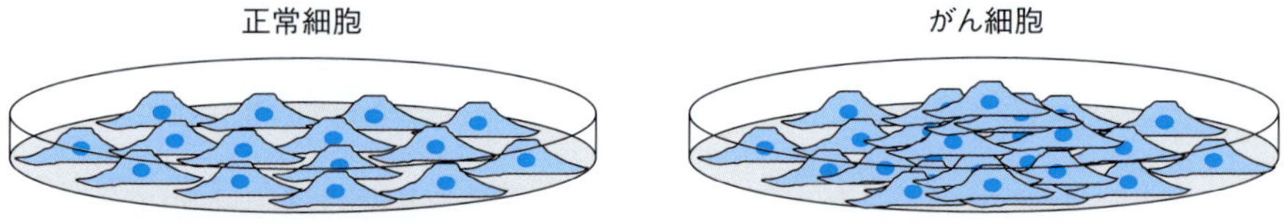

◆図 8-4　細胞増殖の接触阻害
正常細胞は細胞同士が接触すると増殖を停止するが，がん細胞は増殖停止が起こらず細胞が盛り上がる．

複製チェック)，有糸分裂で複製された染色体の分離が正常におこなわれているか(スピンドルチェック)などを監視している．この監視機構に破綻が生じると，生じた異常を修復しないまま細胞分裂が進行し，細胞ががん化する．

c　細胞分裂回数の無限化

正常細胞には，分裂回数に限界がある．真核細胞の DNA は直鎖状であり，DNA のテロメア(染色体の末端にある構造で，哺乳類では TTAGGG の 6 塩基が反復した配列となっている)が細胞分裂のたびに短くなる(第 5 章参照)ことから，自ずと分裂回数に限界が生じる．しかし，がん細胞のように無限に増殖可能な細胞には，テロメアの特異的反復配列を伸長させる酵素である**テロメラーゼ**の活性が高く，いくら増殖してもテロメアは短くならない．これによって，分裂回数の上限がなくなり，無限に増殖できるようになる．ちなみに，正常体細胞ではテロメラーゼ活性はほとんど認められないが，生殖細胞にはテロメラーゼ活性が認められる．

d　細胞接触阻害の無効化

正常細胞では，増殖し，互いに接触し始めると増殖を抑制しあう性質がある．これが細胞の接触阻害である．しかし，細胞ががん化すると，細胞接触では増殖が阻害されなくなる(**図 8-4**)．

2　発がんの過程

細胞のがん化は，さまざまな要因が関与して発生するが，最も重大なのは

DNAの損傷によるがん化である．これをイニシエーション作用と呼び，この作用をもつ物質をイニシエーターという．一方，がん化の起因だけでは，がん組織はつくられない．DNA損傷を受けた細胞が，細胞増殖制御システムを乱す物質により細胞増殖促進を受ける(これをプロモーション作用といい，この作用をもつ物質をプロモーターという)ことで，いわゆる「がん組織」ができる．

イニシエーターとしては，① 化学的因子(喫煙，タール，アゾ色素，アスベストなど)，② 物理的因子(放射線，紫外線など)，③ 生物的因子[ウイルス(DNAウイルス，RNAウイルス)]などがあげられる．またプロモーターとしては，食生活，喫煙，慢性炎症などがあげられる．免疫力の低下も，がんを進行させる要因である．プロモーターに曝露されても，それ以前にイニシエーターによってDNAが損傷していなければがんは発生しないと考えられている．イニシエーターとプロモーターによってがんが発生するという考えを「発がんの二段階説」という．

しかし，発がんの二段階説の各ステップにおいても単一起因ではなく，いくつもの事象が重なりあっている．さらに，悪性化を起こし，不均一な細胞集団となっていく過程をプログレッションと呼ぶ．このように，さまざまな要因が重なって発がんに至るといった考えを「多段階発がん説」という．

3 がん遺伝子とがん抑制遺伝子

がん遺伝子の本来の姿は，正常細胞の増殖制御機構を担う重要な遺伝子である．この遺伝子に変異が導入されることで，細胞をがん化させることのできるがん遺伝子となる．このがん遺伝子に対比して，変異を受ける前の正常な遺伝子をがん源遺伝子と呼ぶ．がん遺伝子として初めて同定されたものに，ラウス肉腫ウイルス(RSV)から単離されたSrcがある．Srcは増殖因子受容体シグナル伝達の分子として機能する(**図8-1**参照)．

一方，遺伝子に変異が入ることで本来もつ機能が失われ，細胞ががん化する場合がある．このような遺伝子を**がん抑制遺伝子**という．網膜芽細胞腫(retinoblastoma，Rb)の原因遺伝子として単離・同定されたRb遺伝子ががん抑制遺伝子として最初の遺伝子である．**Rbタンパク質**は，細胞内で転写因子E2Fに結合し，その働きを抑えている転写抑制因子として機能し，細胞分裂の進行を抑制している．

また，**p53**は多くの組織でがんの発症にかかわるがん抑制遺伝子であり，ヒトの腫瘍の約50%にp53遺伝子の変異が認められる．p53の機能はきわめて多岐にわたるが，CDK阻害因子p21を誘導することから，p53は転写因子の1つであることがわかった．p53はG_1/S期およびG_2期チェックポイント制御に深く関与するほか，アポトーシス誘導や，M期では染色体の分配に主要な役割を果たす中心体の数を決定する制御因子の1つでもある．

その後，多くのがん遺伝子，がん抑制遺伝子が発見され，細胞増殖因子や分化シグナル，細胞周期進行の制御にかかわっており，生命の生存に必須で

◆表 8-1 ヒト腫瘍での主な遺伝子異常

腫瘍	がん遺伝子	がん抑制遺伝子
乳がん	*erbB2* *myc*	*Rb* *p53* *BRCA-1,-2*
大腸がん	*K-ras*	*APC* *p53* *DCC* *SMAD2*
肺がん	*myc* *EGFR* *L-myc* *N-myc*	*p53* *Rb*
胃がん	*erbB2* *K-sam* *K-ras* *met*	*p53*

◆表 8-2 代表的な腫瘍マーカー

マーカー分子	対象がん特徴
AFP	肝がん，卵巣や精巣の胚細胞がんで高値を示す．慢性肝炎や肝硬変，妊娠などでも値が上昇する
CA19-9	膵臓がんをはじめ，胆道，胃，大腸のがんなど，主に消化器のがんで高値を示す
CEA	大腸がんなどの消化器がんをはじめ，肺，卵巣，乳がんなどで高値を示す
PSA	前立腺に特異性の高い腫瘍マーカーで，がんの発見や経過観察に重要な役割を果たしている．前立腺炎や前立腺肥大で上昇することもある

重要な遺伝子であることが明らかとなってきた．このような生命維持に必要な遺伝子が，がんを発症させるようになるには，遺伝子変異が大きな原因となる．**表 8-1** にこれまで同定されている重要ながん遺伝子とがん抑制遺伝子を記した．

4 がんの生化学的診断

体内にがんができると，健康な時にはほとんどみられない特殊な物質が，がんによりつくられ，血液中に出現してくる．この物質を**腫瘍マーカー**といい，臨床的にがんの診断や治療後の予後判定に用いられる．ただし，腫瘍マーカーが単独で診断に用いられることは少なく，複数の腫瘍マーカーを組み合わせて用いられている．腫瘍マーカーには，特定の良性疾患でも高値を示すことがあり，また腫瘍マーカーが陽性であっても必ずしもがんであるとは限らない．腫瘍マーカーが陰性であってもがんがみつかる場合があることから，腫瘍マーカーががん診断の絶対的指標にはならないことに留意する必要がある．**表 8-2** に代表的な腫瘍マーカーを示す．

練習問題

1. 細胞周期を細胞分裂・増殖のイベントに関連づけて解説しなさい．
2. 代表的ながん遺伝子とがん抑制遺伝子をあげ，その機能を説明しなさい．
3. 代表的ながんとその腫瘍マーカーを説明しなさい．

第9章 免疫の生化学

● 学習目標

1. 生体防御システムである免疫系を学び，免疫反応や免疫組織の種類を理解する．
2. 免疫系の2つの系(細胞性免疫，液性免疫)を学び，それぞれの系を支える免疫担当細胞の種類と役割を学ぶ．
3. 免疫過敏性，自己免疫疾患について理解する．

アレルゲン
アレルギーをひき起こす原因となる物質の総称であり，抗原性物質ともいう．アレルゲンとしては，食物類(卵，牛乳，そば，小麦，バラ科の果実など)や吸入物(花粉，ハウスダスト，ダニの糞など)，さらに抗生物質やその他の薬品など多数存在する．

生体には，外部から侵入してきた異物(細菌，ウイルス，寄生虫，アレルゲンなど)に対して抵抗性を獲得して，これを排除するシステムが備わっている．例えば，**麻疹**(はしか)，**流行性耳下腺炎**(おたふくかぜ)，**水痘**(水疱瘡)などの病気に一度かかると，ほとんど二度とかからなくなる．これは常に病気からのがれるための生体の防御システムが作動しているからで，このようなシステムを**免疫系**(immune system)と呼んでいる．この免疫系にかかわる重要な臓器としては，**骨髄**や**胸腺**，**脾臓**，**リンパ節**などがある．

異物などへの抵抗性を獲得するもとになる物質を**抗原**(antigen)といい，また抵抗性を獲得する過程を**免疫応答**(immune response)という．

免疫応答に際し，免疫系の細胞がどのようにして**自己**と外部からの正体不明の異物(**非自己**)を識別するのかについては次のように考えられている．すなわち，個体発生の初期段階において，自己の組織細胞と**免疫担当細胞**が未熟なうちに接触することにより，自己の細胞やタンパク質などを抗原として認識しないという性質が備わり，このような性質が受け継がれていくことにより，正常な自己細胞・物質と非自己物質とを識別するようになる．免疫担当細胞の主体は**リンパ球**と**マクロファージ**であり，リンパ球には**B細胞**と**T細胞**がある．

1 免疫担当細胞と免疫応答

生体を細菌やウイルスなどの異物から守るシステムには，免疫担当細胞が主役となり異物を除去する**細胞性免疫**と，抗体や補体などが主役をなす**液性免疫**の2つがあり，細胞性免疫と液性免疫の両者の協力のもとに生体防御をおこなっている．液性免疫現象において最も重要な役割を果たしている物質は**抗体**(antibody)（**免疫グロブリン** immunoglobulin)である．抗体を産生する細胞は**Bリンパ球**(lymphocyte)であるが，これ以外にもいくつかの細胞が液性免疫にかかわっている．これらの**免疫担当細胞**は造血器である**骨髄**

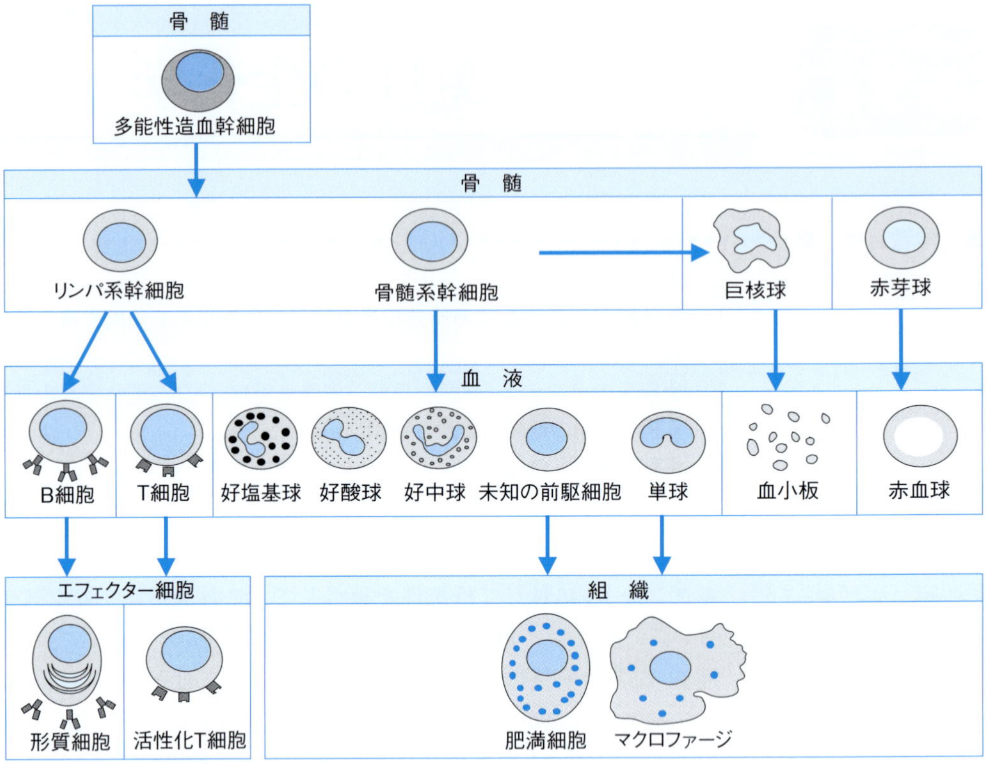

◆図 9-1　免疫系に関与する細胞とその起源
すべての細胞は多分化機能を有する多能性造血幹細胞に由来する．

(bone marrow)で産生される．免疫担当細胞はただ1つの細胞に由来すると考えられ，これを**幹細胞**(stem cell)と呼ぶ．幹細胞からは顆粒球やリンパ球のもととなる細胞ができ，それらがいくつかの段階を経て分化することにより，成熟した免疫担当細胞がつくられる(**図 9-1**)．免疫反応に関連する主な細胞群を**表 9-1** に示す．

1　細胞性免疫

細胞性免疫は生体内に侵入した細菌やウイルスなどの異物に対する局所反応で，抗体(液性免疫)によらず，リンパ球や貪食細胞によりひき起こされる反応に与えられた名称である．この反応にかかわる細胞はマクロファージ，好中球などの顆粒球，Tリンパ球などである．

a　マクロファージ

抗体産生細胞であるリンパ球と大きくかかわる細胞として**マクロファージ**(macrophage)がある．この細胞は比較的大型で，**食作用**を有することから**貪食細胞**とも呼ばれる．末梢血液中に存在するものを**単球**(monocyte)と呼び，種々の組織に定着したものを組織マクロファージという(**表 9-2**)．

マクロファージの最も重要な作用は自己のものとは異なる細胞やタンパク質などの異物を細胞内に取り込んで分解し，ペプチド抗原として，それを**ヘ**

◆表 9-1 主な免疫関連細胞の分類

機能による分類		免疫学的機能
リンパ系	幹細胞	骨髄より胸腺を経てT細胞やB細胞に分化する
	胸腺細胞	末梢T細胞に分化する
	T細胞	
	ヘルパーT細胞(T_H)	サイトカインを産生するエフェクター細胞を増殖させ，またB細胞の分化を促進する
	細胞傷害性T細胞(T_C，CTL)	標的細胞を破壊する
	B細胞	抗体産生細胞に分化する
	K細胞(killer cell)	抗体のFc部分と結合して，標的細胞を破壊する
	NK細胞(natural killer cell)	非特異的に標的細胞を破壊する
	免疫芽細胞	小リンパ球が抗原刺激により幼若化した細胞．エフェクター細胞や形質細胞に分化する
	形質細胞	B細胞の最終分化段階の細胞．免疫グロブンリンであるIgGやIgM，IgA，IgDを産生する
網内系	単球，マクロファージ(APC)	抗原や抗原抗体複合体などを貪食する．抗原を分解し，抗原提示をおこなう
骨髄系	好中球	細菌や抗原抗体複合体を取り込み分解する
	肥満細胞，好塩基球	細胞表面にIgEを固定し，抗原と反応して，脱顆粒し，セロトニンやヒスタミンなどの化学的媒介因子を遊離する
	好酸球	抗原抗体複合体を貪食する．アレルギーの病変部位に出現する

◆表 9-2 マクロファージの分類

組 織	名 称
血液	単球
結合組織	組織球
肝臓	クッパー細胞
肺	肺マクロファージ
皮膚	ランゲルハンス細胞
骨	破骨細胞

ルパーT細胞に提示することである．一方，ウイルスのような微生物が細胞(マクロファージ)に感染すると，ウイルスを構成するタンパク質も細胞内でペプチドにまで分解され，そのペプチドが細胞傷害性T細胞に提示され，感染細胞が破壊される．したがって，マクロファージは抗原提示細胞(APC)とも呼ばれる(図9-2)．

b 顆粒球

顆粒球には好中球(neutrophil)や好酸球(eosinophil)，好塩基球(basophil)などがある．

(1) 好中球

好中球は全白血球の60～70%を占め，その寿命は3～5日である．好中球の細胞質にはアズール顆粒が存在する．この顆粒はリソソームが主で，そ

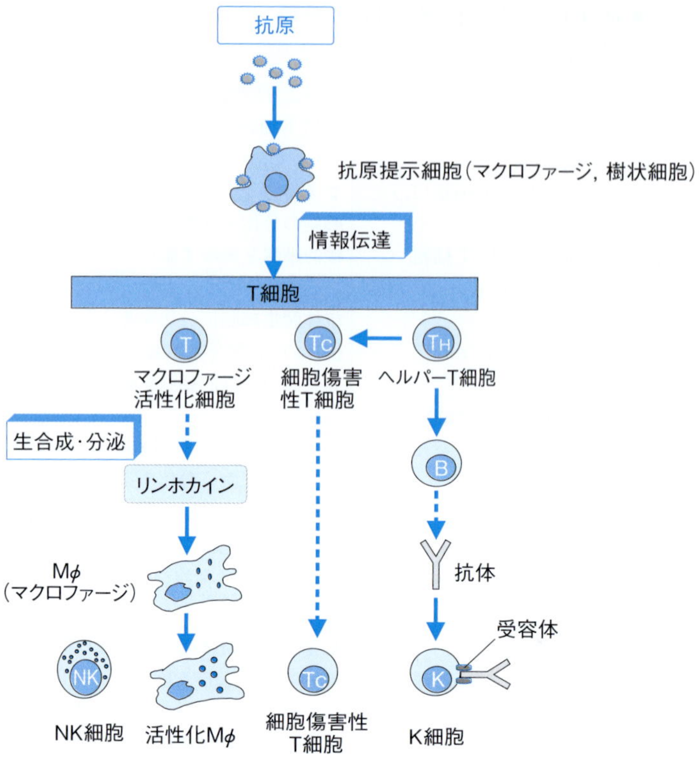

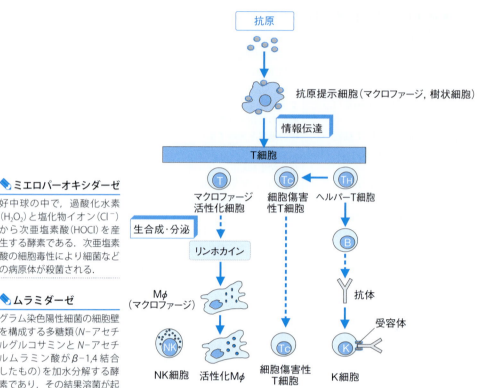

◆図 9-2　細胞性免疫の概要
細胞性免疫では抗原提示に続いてT細胞が活性化される．この活性化はヘルパーT細胞(T_H)により調節されている．また，T細胞のある種のものはマクロファージ(Mϕ)を活性化し，その食作用や殺菌作用を増強するリンホカインを産生する．細胞傷害性T細胞(T_C)はT_Hの助けを借りて，抗原により活性化され標的細胞を破壊する．T_HはB細胞と協同で，抗体を産生し，産生された抗体はキラー(K)細胞の受容体と結合することにより，K細胞を武装させる．NK細胞は非特異的に標的細胞を破壊する．

の中には加水分解酵素やミエロパーオキシダーゼ，ムラミダーゼ(リゾチーム)などを含んでいる．好中球はこれらの酵素を利用して，**貪食した細菌**を殺菌・**消化**する．細菌感染が生じた時には，好中球は**走化**→貪食→殺菌・消化の順に感染細菌を処理することにより生体を守る．細菌感染時に生じる膿汁は好中球が細菌を貪食し，アズール顆粒中に含まれている酵素類により分解処理されたものである．

細菌感染による炎症が末梢組織に生じると，静脈の血管壁内皮細胞同士の間に間隔ができ，好中球はその間を抜けて，血管内より走化(遊走)してくる．また，**肥満細胞**や**好塩基球**などから放出されるセロトニンやヒスタミンは血管の透過性を増大させることにより，好中球の末梢組織への走化を容易にする．末梢組織に到達した好中球は次に，IgGや補体成分の1つであるC3などにより**オプソニン化**(味付け)された細菌を貪食する．オプソニン化された細菌は好中球に取り込まれ，**食胞**(ファゴソーム)を形成し，この食胞と細胞内の**リソソーム**が融合して，リソソーム内の種々の分解酵素が細菌を殺菌・消化する(**図9-3**)．

ミエロパーオキシダーゼ
好中球の中で，過酸化水素(H_2O_2)と塩化物イオン(Cl^-)から次亜塩素酸(HOCl)を産生する酵素である．次亜塩素酸の細胞毒性により細菌などの病原体が殺菌される．

ムラミダーゼ
グラム染色陽性細菌の細胞壁を構成する多糖類(*N*-アセチルグルコサミンと*N*-アセチルムラミン酸がβ-1,4結合したもの)を加水分解する酵素であり，その結果溶菌が起こる．卵白やヒトの涙および乳汁などに含まれている．

走化性
細菌などの周囲に存在する化学物質(走化性因子：ロイコトルエン，*N*-ホルミルメチオニルペプチド，補体成分のC5aやC3b，菌体成分，IL-8など)の濃度勾配を感知して，好中球が濃度の高い方向へ移動すること．

オプソニン化
細菌類に抗体(IgG)や補体(C3b)が結合すること．その結果，好中球やマクロファージに細菌が取り込まれやすくなる．

食胞
オプソニン化された細菌類を好中球の形質膜が包むようにして，好中球内に取り込む．好中球内で細菌類を取り込んで裏返しになった状態の細胞膜の袋を食胞という．食胞内では活性酸素が放出されて殺菌が起こり，さらにリソゾームが融合しファゴリソゾームとなり殺菌・消化が進む．

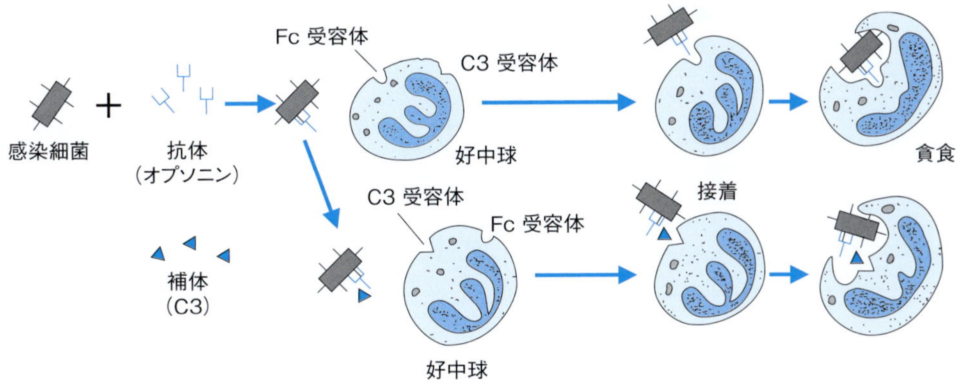

◆**図 9-3 好中球による免疫食菌作用**
[菊地浩吉，菊地由里：最新免疫学図説，メディカルカルチュア，東京，1995，p140，図 11-5 より改変]

> **Fc**
> 免疫グロブリンの基本構造はY字に似ているが，左右同一のL鎖とH鎖からなる．Y字の下半分がFc領域と呼ばれる(**図 9-6** 参照)．好中球やマクロファージなどはFc領域と結合できるFc受容体を有している．抗原(細菌類)と結合した抗体をFc受容体が認識して，抗原を貪食する．

(2) 好酸球

好酸球はアレルギー性鼻炎や喘息などのアレルギー性疾患や，一部の寄生虫感染で，肥満細胞の産生する好酸球遊走因子やインターロイキン5(IL-5)の働きによってその血液中の数が増加することから，アレルギーや寄生虫に対する生体防御に関係すると考えられている．

(3) 好塩基球

好塩基球は**肥満細胞**(mast cell)と同じ細胞に分類され，炎症やアレルギーに関係する．種々の刺激，とくに細胞表面に付着したIgE抗体が抗原と結合した場合，細胞内に含まれている顆粒成分(ヒスタミン，セロトニン，ヘパリンなど)が放出され，これらの物質がもつ，血管透過性，血液凝固阻止，平滑筋収縮などの薬理作用が発揮される(I型アレルギー)．

c リンパ球

リンパ球にはT細胞やB細胞があるが，細胞性免疫にかかわるのはT細胞(Tリンパ球)である．T細胞は骨髄の幹細胞が胸腺に移行し，そこで増殖・分化して，種々の働きをもつようになり，血液中や末梢のリンパ組織に分布する．T細胞の中には，リンホカインを産生するエフェクターT細胞や抗体産生のための指令を出すヘルパーT細胞などがある(**図 9-2**)．また，リンパ球の産生するリンホカインと単球やマクロファージの産生するモノカインを合わせて，**サイトカイン**(cytokine)と呼び，これらは入り組んでお互いに働き，免疫系で重要な働きを担っている(**表 9-3**)．1つの例として，サイトカインによるB細胞の増殖・分化を**図 9-4** に示す．

> **モノカイン**
> 単球やマクロファージなどの単核球性貪食細胞が，グラム陰性菌細胞壁外膜の構成成分であるLPS(リポポリサッカライド)などの刺激を受けた時に産生されるIL-1(T細胞の増殖因子)やTNF(腫瘍壊死因子)等を指す．

2 液性免疫

細胞性免疫の場合はリンパ球のT細胞が主役であったが，液性免疫ではB細胞が主役である．生体内に異物(抗原)が侵入すると，その抗原とのみ結合する抗体が抗体産生細胞によりつくられる．再び抗原が生体内に侵入する

◆**表 9-3　主なサイトカイン**

分　類	分子種	産生細胞	主な生理作用
インターロイキン（IL）	IL-1（IL-1 αおよびIL-1 β）	マクロファージ，NK 細胞，好中球，B 細胞など	TおよびB細胞，マクロファージの増殖・分化を促進
	IL-2	T 細胞	T 細胞の増殖を促進
	IL-3	T 細胞	多能性造血幹細胞の増殖・分化を促進
	IL-4	T 細胞	B 細胞の増殖を促進
	IL-5	T 細胞	B 細胞の増殖・分化を促進
	IL-6	T 細胞，マクロファージ，がん細胞	B 細胞の増殖・分化を促進
腫瘍壊死因子（TNF）	TNF-α	マクロファージ，B 細胞など	腫瘍細胞に対する傷害因子
	TNF-β	T および B 細胞	腫瘍細胞に対する傷害因子，マクロファージの分化を促進
インターフェロン（IFN）	IFN-α	B 細胞，マクロファージ，NK 細胞	抗ウイルス作用
	IFN-β	線維芽細胞	抗ウイルス作用
	IFN-γ	T 細胞	抗ウイルス作用

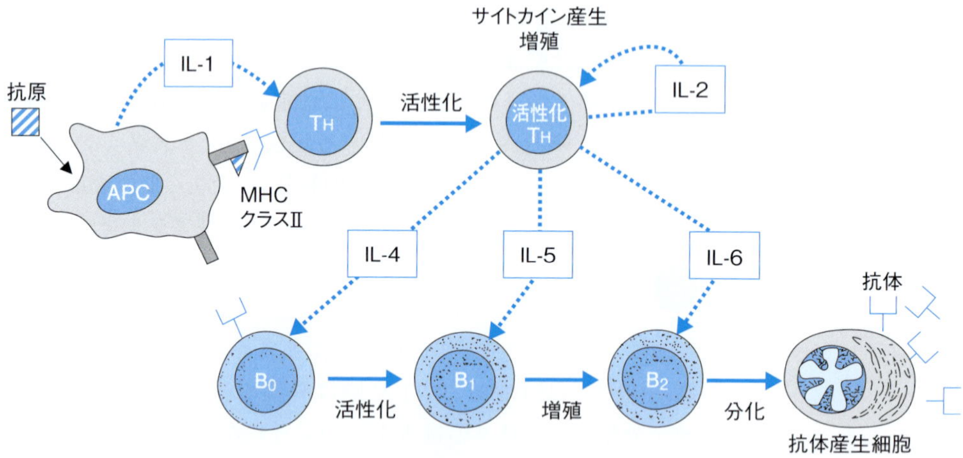

◆**図 9-4　サイトカインによる B 細胞の増殖・分化の制御**
IL：インターロイキン，APC：抗原提示細胞，TH：ヘルパー T 細胞，MHC：主要組織適合抗原複合体
［菊地浩吉，菊地由里：最新免疫学図説，メディカルカルチュア，東京，1995，p65，図 6-8 より改変］

と，それに対応した特異的な抗体を B 細胞が再度産生し，抗体は抗原と素早く結合し，リンパ球や補体の助けを借りて，侵入してきた異物（抗原）を排除する．

a　抗　原

一般的に抗原はタンパク質などの高分子化合物である．細菌の細胞膜の構成タンパク質やウイルスを構成するタンパク質，さらには春先に多い花粉症

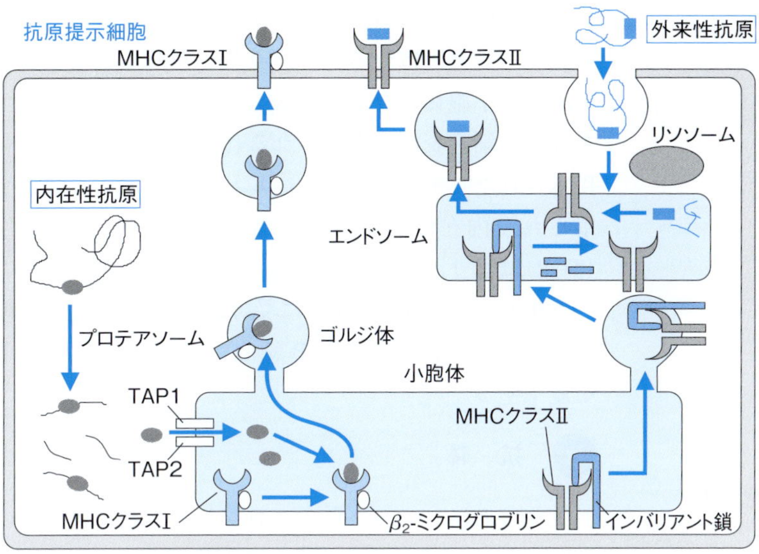

◆図 9-5　抗原提示機序
マクロファージに代表される抗原提示細胞において，外来性抗原はリソソーム中のカテプシンDやHなどに，内在性抗原は細胞質内のプロテアソームにより抗原断片（フラグメント）にまで分解され，MHC分子と結合し，細胞表面に提示される．TAPはトランスポータータンパク質を，●や▬はペプチドを意味する．
［林　典夫，廣野治子（監）：シンプル生化学，改訂第6版，南江堂，東京，2014，p370，図24-1より改変］

の原因となるスギやヒノキなどの花粉のタンパク質などが抗原となる．また，自己の細胞などのタンパク質も抗原となることもある．しかし，これらのタンパク質のように外来性であれ，自己のタンパク質であれペプチド抗原断片がつくられる必要があり，それには段階があることが知られている．

抗原を取り込む細胞はマクロファージである．マクロファージは外来性異物であるタンパク質を細胞内に取り込んで分解・断片化し，ペプチド抗原とする．このペプチド抗原は**主要組織適合抗原複合体**（MHC）分子と結合し，これが細胞膜表面に移動して，**ヘルパーT細胞**に提示される．MHC分子にはクラスⅠとクラスⅡがあり，Ⅰはマクロファージ内で作製された抗原（内在性抗原）の，Ⅱは外来性抗原の提示に用いられる．細胞内でのペプチド抗原をつくる過程には2つの経路がある．

外来性抗原はまずマクロファージに貪食され，貪食小胞と細胞小器官であるリソソームが融合し，エンドソームが形成される．エンドソーム内でカテプシンにより分解・断片化される．一方，小胞体においてMHCクラスⅡのαとβ鎖がインバリアント鎖に保護されるような形で存在しており，ゴルジ体を経て，エンドソームに融合すると，インバリアント鎖はカテプシンにより分解され，MHCクラスⅡに外来性抗原断片が結合し，細胞表面に提示される（**図 9-5**）．

自己抗原や細胞内で生合成されるウイルス遺伝子由来のタンパク質などの内在性抗原においては，まず抗原タンパク質にユビキチンという低分子のタ

インバリアント鎖

インバリアント鎖（Ii鎖）はMHCクラスⅡタンパク質に結合しているポリペプチドで，MHCクラスⅡ分子に抗原提示されるべきペプチド断片が結合する前に，小胞体内のタンパク質がMHCクラスⅡ分子に結合するのを防ぐ役割を担っている．

カテプシン

細胞内小器官であるリソソームに存在するタンパク質分解酵素（プロテアーゼ）の総称であり，タンパク質のポリペプチド鎖のペプチド結合を加水分解する．活性中心にSH基を有し，最適pHが5～6のものが多い．

ンパク質が結合する．ユビキチン化された抗原タンパク質は細胞質内で**プロテアソーム**と呼ばれるタンパク質分解酵素により断片化される．抗原ペプチド断片は小胞体に存在するMHCクラスⅠと結合し，この複合体はゴルジ体を経て，細胞表面に提示される(**図9-5**)．このようにMHCクラスⅡにより提示された外来性抗原は，ヘルパーT細胞の，またMHCクラスⅠにより提示された内在性抗原は細胞傷害性T細胞の，いずれも**T細胞抗原受容体**(TCR)により認識される．

ヘルパーT細胞のTCRに受け渡された情報はB細胞に抗体をつくるように指示する．指示されたB細胞は抗体産生細胞(**形質細胞**)に分化し，抗体を産生する．

b　抗　体

抗体は血清タンパク質のグロブリン分画に属するので，免疫グロブリンとも呼ばれる．哺乳類では約100万種類以上の抗体ができるといわれており，細菌やウイルス感染に最も有効な因子である．抗体は外来性の非自己抗原を特異的に認識するが，抗体自体は骨髄で成熟するリンパ球のB細胞で産生される．

抗体は2本のH鎖と2本のL鎖よりなる．全体的にみるとY字状の形態をしている．H鎖はN末端側の**可変領域**(V_H)と3つの**定常領域**(C_H1，C_H2，C_H3)から構成されている．これらの領域はそれぞれ約110残基のアミノ酸よりなる．L鎖はN末端側の可変領域(V_L)とC末端側の定常領域(C_L)により構成されている．H鎖もL鎖も可変領域の中にジスルフィド結合(S-S結合)をもっており，さらにH鎖とL鎖は互いの定常領域で，またH鎖同士はその定常領域分子内で，ジスルフィド結合でつながっている(**図9-6**)．

抗原結合部位はH鎖とL鎖のそれぞれの可変領域のアミノ酸残基で構成されているが(**図9-6**)，抗原はこの可変部と結合することにより，無毒化されて排除される．

抗体にはH鎖で分類すると，大別して5種類のアイソタイプが存在する(**表9-4**)．各アイソタイプはカッパー(κ)型かラムダ(λ)型いずれかのL鎖

アイソタイプ
哺乳類の免疫グロブリンには，IgG，IgM，IgA，IgD，IgEの5つのクラスがあり，さらにサブクラスに分類されている．この分類は免疫グロブリンのH鎖の定常領域の違いと，構成するY字型の基本単位の数によるが，これらの抗体を総称してアイソタイプという．

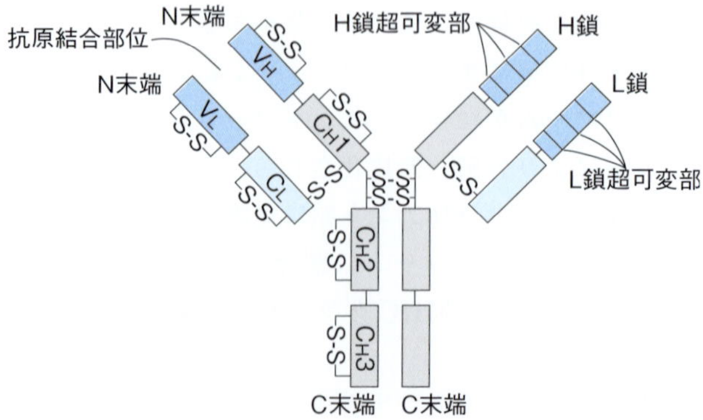

◆図9-6　ヒト免疫グロブリン(IgG)の基本的構造

をもつ．IgM と IgA はそれぞれ 2 本の H 鎖と 2 本の L 鎖よりなるが，これらの単量体は連結タンパク質(J 鎖)でつながり，多量体を形成している(**図 9-7**)．

◆表 9-4　ヒトの免疫グロブリンの物理化学的・生物学的性状

性　状	IgG	IgA	IgM	IgD	IgE
構造 H 鎖	γ	α	μ	δ	ε
H 鎖サブクラス	1, 2, 3, 4	1, 2	1, 2	−	−
L 鎖	κ，λ	κ，λ	κ，λ	κ，λ	κ，λ
分子構造	$\kappa_2\gamma_2$	$\kappa_2\alpha_2$, $\lambda_2\alpha_2$	$(\kappa_2\mu_2)$ 5J	$\kappa_2\delta_2$	$\kappa_2\varepsilon_2$
	$\lambda_2\gamma_2$	$(\kappa_2\alpha_2)_2$J・SP	$(\lambda_2\mu_2)$ 5J	$\lambda_2\delta_2$	$\lambda_2\varepsilon_2$
		$(\lambda_2\alpha_2)_2$J・SP			
物理化学的					
分子量	150,000	400,000	900,000	175,000	190,000
血清濃度(mg/mL)	12	2.5	1.2	0.03	0.003
半減期(日)	21	6	5	3	2.5
産生速度	遅い	−	速い	−	−
生物学的					
胎盤通過性	+	−	−	−	−
体外分泌性	+	+++	+	−	−
補体結合性	+〜++	−	++	−	−
レアギン活性*	−	−	−	−	+
オプソニン作用	+	−	+++	−	−
抗ウイルス作用	+	+++	+	?	?
細菌溶解作用	+	+	+++	?	?

* IgE に特異的な生物学的活性で，即時型アレルギー(アナフィラキシー型)に関与する活性である．

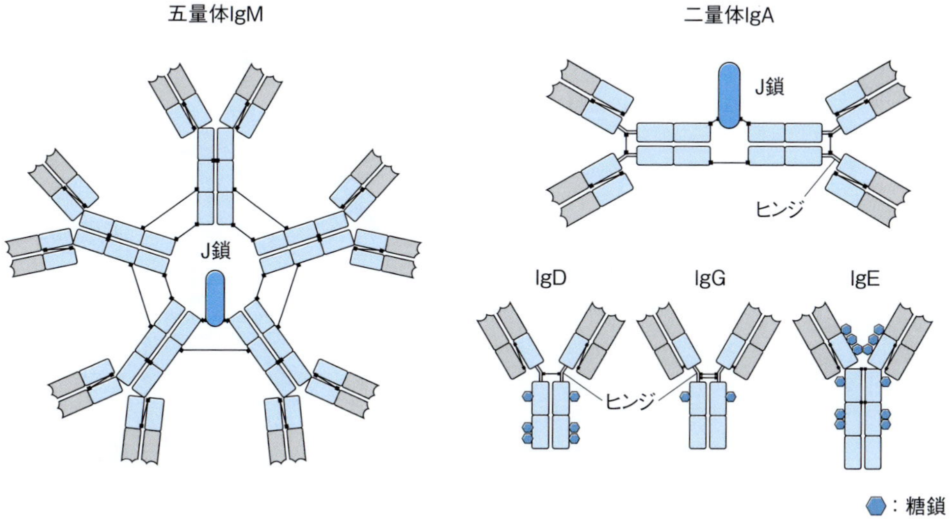

◆図 9-7　種々の免疫グロブリンの分子構造

2 補体系

抗原抗体複合体が形成される時，補体系が活性化される．補体系に参加するタンパク質は一連の酵素群であり，連鎖的に活性化して免疫反応や炎症の発現に種々の生物学的機能を発揮する（**表 9-5**）.

補体系経路には3つの経路が存在する（**図 9-8**）．1つは抗原抗体反応がひき金になって補体系のタンパク質（多くはタンパク質分解酵素）が次々に活性化される**古典経路**（classical pathway）である．もう1つは抗原抗体反応を介さないで，微生物やその他の物質がひき金になって，補体系を活性化する**副経路**（alternative pathway）である．この副経路は特異抗体が存在しなくとも侵入異物を排除する機構である．近年発見された3つ目の経路は**レクチン経路**と呼ばれ，血清レクチンの1つであるマンノース結合レクチン（MBL）が細菌などの病原体の表面に存在する糖鎖に結合し，補体系活性化が起こる機構である.

◆表 9-5　補体系の生物学的機能

1. 肥満細胞に働き，ヒスタミンを遊離し，毛細血管の透過性を高める
2. 好中球の走化性を促進し，細菌感染巣に好中球を集める
3. 細菌に結合し，貪食細胞が貪食しやすいようにする（オプソニン作用）
4. 抗体の結合した細菌に結合して溶菌を起こさせる
5. 補体系の活性化により細胞傷害活性を発揮して，細胞を溶解させる

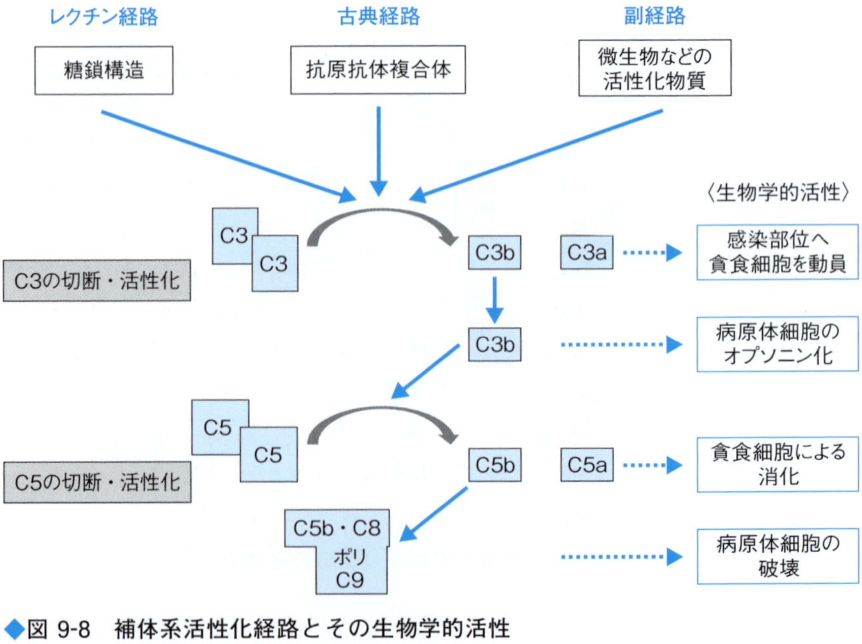

◆図 9-8　補体系活性化経路とその生物学的活性
［大井洋之，木下タロウ，松下　操（編）：補体への招待，メジカルビュー社，東京，2011，p20，図4より改変］

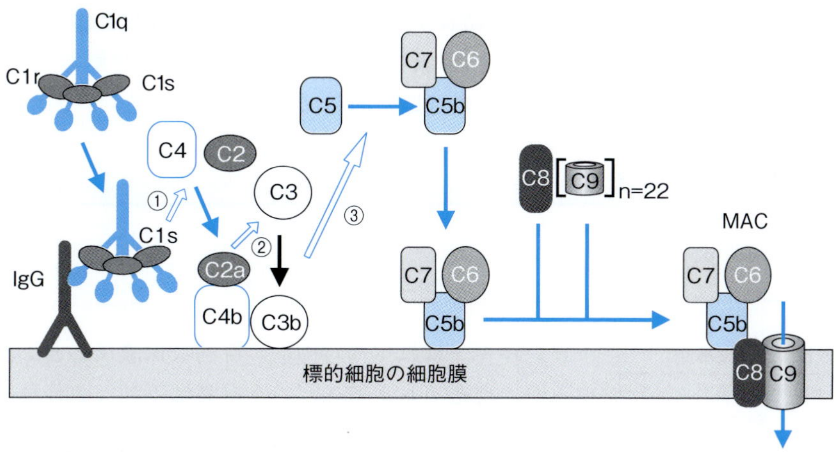

◆**図 9-9　補体系(古典経路)の活性化と細胞溶解**
① C1s により C4 と C2 が分解；② C4b2a 複合体により C3 に作用(C3 コンベルターゼ)；③ 複合体を形成した C4b2a3b により C5 が分解．C9 は MAC を形成する時，12〜16 分子で管状構造をとる．

1 古典経路

古典経路の補体成分は C1 〜 C9 と名づけられている(C1 はさらに C1q, C1r，C1s の 3 成分よりなる)．補体系のタンパク質のほとんどがマクロファージによって生合成されていると考えられている．補体系の反応順序としては抗原抗体複合体の IgG や IgM に C1 が結合することから始まる(IgD, IgA，IgE は補体系の活性化にはかかわらない)．ついで，C4，C2，C3，C5, C6，C7，C8 の順に活性化され，最後に C9 が結合して，**膜侵襲複合体(MAC)** を形成して，**細胞融解**(cytolysis)を起こす(**図 9-9**)．この古典経路の活性化の過程で生じる C3 や C5 の分解産物の C3a や C5a は毛細血管の透過性を亢進したり，平滑筋を収縮させたりする(アナフィラトキシン作用)．

2 副経路

この副経路は抗原抗体反応を介さないで，C3 〜 C9 の補体が活性化される経路で，酵母細胞壁の**ザイモサン**(zymosan)やコブラ毒素，グラム陰性菌の**リポポリサッカライド**(lipopolysaccharide)などにより，C1，C4，C2 の活性化を経ず，直接 C3 の活性化から始まる．

この副経路による補体系の活性化は，免疫系を備えるようになった脊椎動物よりもずっと下等な生物にも存在し，病原微生物に対する防御に働いている．言い換えると，系統発生的に古い原始的な防御機構の 1 つと考えられている．

3 レクチン経路

細菌などの細胞壁のタンパク質の糖鎖に，マンノース結合レクチン(MBL)とフィコリンが結合し，さらにセリンプロテアーゼである MASP-1 およ

アナフィラトキシン作用

補体系が活性化され，C3 や C5 が分解されて生じた C3a や C5a をアナフィラトキシンといい，C3a や C5a は肥満細胞からヒスタミンを遊離させ，ヒスタミンは毛細血管の拡張や平滑筋の収縮を起こさせる．

マンノース結合レクチン(MBL)

細菌などの病原体の細胞壁糖鎖のマンノースや *N*-アセチルグルコサミンにカルシウム依存的に結合することから命名されたタンパク質である．MBL がフィコリンや MASP と複合体を形成し，病原体表面の糖鎖に結合すると，活性化した MASP が C4 と C2 を限定分解し，C3 転換酵素(コンベルターゼ)C4b2a が形成される．

フィコリン

コラーゲン様ドメインとフィブリノーゲン様ドメインの両方を有するタンパク質で，血漿中に存在する．MBL と同様に細胞壁糖鎖の *N*-アセチルグルコサミンや *N*-アセチルガラクトサミンに結合する性質を有し，フィコリンは MBL，MASPs (MASP-1, -2, -3)，sMASP と複合体を形成している．

MASP (MBL-associated serine protease)

MASP には MASP-1, -2, -3 および sMASP があり，これらはレクチン経路において MBL やフィコリンと結合する C1r/C1s 類似のセリンプロテアーゼである．

び-2とが結合することにより，C1様の複合体が形成され，C4とC2を分解し，C3転換酵素を生成しC3の直接的な分解も起こる．C3の分解が起こった後は，古典経路と同じ反応経路をたどる．

3 免疫疾患

1 アレルギー

アレルギー性鼻炎

IgEを介する気道アレルギーの1つで，臨床的にアレルゲン曝露による発作性のくしゃみ，水性鼻汁，それに続く鼻閉，鼻瘙痒感を特徴とする．吸入アレルゲンとしては，通年性ではダニやハウスダストが，季節性では大部分がスギ，ヒノキなどの花粉である．治療としてはアレルゲンの回避をすることおよび抗アレルギー薬（点鼻または経口）を用いる．

アレルギーには生体防御上，有利な保護反応と不利な障害反応が含まれているが，現在アレルギーという言葉は不利な免疫反応を指す．これは生体にとって無害な抗原が，免疫によって生体を障害する反応を意味する**過敏反応**と同じ意味で用いられている．

アレルギーの原因となる抗原を**アレルゲン**と呼び，食物や花粉などはその例にあたる．アレルギー疾患はアレルギー反応の違いから，**Ⅰ型～Ⅳ型**に分類されている（**表9-6**）．

2 免疫不全

免疫不全は細胞性免疫，液性免疫のいずれか，または両方に後天的に異常が生じたり，また先天的に欠損があり，免疫系が正常に機能しない状態に

自己免疫疾患

免疫系が自己の正常な細胞や組織に対し過剰に反応し，攻撃する疾患を自己免疫疾患という．本疾患には，影響が全身に及ぶ全身性自己免疫疾患と，特定臓器のみが影響を受ける臓器特異的自己免疫疾患がある．前者には全身性エリテマトーデスや関節リウマチが，後者にはバセドウ病や自己免疫性肝炎などがある

◆表9-6　アレルギーの分類

種類		特徴	反応機序	疾患
即時型	Ⅰ型	アナフィラキシー型（IgE依存型）	アレルゲン（抗原）→B細胞でのIgE産生→IgEが肥満細胞や好塩基球と結合→IgEが結合した細胞にさらにアレルゲンが結合→肥満細胞や好塩基球からセロトニンやヒスタミンが放出→全身性に血管や神経が過敏反応	気管支喘息，蕁麻疹，花粉症（アレルギー性鼻炎），アトピー性皮膚炎，抗生物質などの薬剤によるアナフィラキシーショックなど
	Ⅱ型	細胞傷害型	自己の赤血球や白血球，血小板，その他の細胞の細胞膜，タンパク質→抗体産生→抗体が細胞膜に結合→キラー細胞やマクロファージによる攻撃→細胞融解や溶血	バセドウ病，橋本病，溶血性貧血，特発性血小板減少症，重症筋無力症，インスリン抵抗性糖尿病などの自己免疫疾患
	Ⅲ型	免疫複合体型	免疫複合体形成→血管壁などに沈着→補体系の活性化や好中球による組織の攻撃→組織傷害	全身性エリテマトーデス（SLE），関節リウマチや薬剤アレルギーの一部，膜性糸球体腎炎
遅延型	Ⅳ型	遅延型	抗原→T細胞に結合→リンホカインの産生→マクロファージの活性化と炎症反応→細胞傷害	ツベルクリン反応，接触性皮膚炎，甲状腺炎，アレルギー性脳炎，同種移植片拒絶反応

よって起こる．後天的に生じるものは悪性腫瘍や薬剤，ウイルス，放射線，などによりひき起こされるが，後天性免疫不全症候群（AIDS：エイズ）はヒト免疫不全ウイルス（HIV）によりひき起こされる．

先天性（原発性）免疫不全症のほとんどは遺伝子に支配されている．その多くは常染色体劣性遺伝，ついで伴性劣性遺伝を示す．これらはマーカー遺伝子や単離遺伝子の制限断片長多型（RFLP）の解析により，保因者の検索や胎児診断が可能となっている．

伴性劣性遺伝をする疾患として，重症複合型免疫不全症，伴性劣性無γ-グロブリン血症，IgM 高値を伴う Ig 欠乏症，ウィスコット・アルドリッチ（Wiskott-Aldrich）症候群などがある．

常染色体劣性遺伝をする疾患として，アデノシンデアミナーゼ（ADA）欠損症がある．アデノシンデアミナーゼはプリン代謝のサルベージ（再利用）経路の酵素であり，全組織で欠損すると重症複合免疫不全症やT細胞機能不全症を呈する．

先天性免疫不全症候群に認められる主な症状としては，反復する呼吸器感染や肺炎や敗血症，髄膜炎などの重症細菌感染，反復性下痢，発育不全（体重増加不振）などがある．

後天性免疫不全症候群

ヒト免疫不全ウイルス（HIV，レトロウイルスの一種）が母子感染やそれ以外の経路により感染し，免疫能低下による種々の日和見感染，臓器障害，悪性疾患などをひき起こす疾患である．HIV は CD4+T 細胞を死滅させ，重篤な T 細胞機能不全を起こさせ，単球やマクロファージに対して，貪食能・走化能やサイトカイン産生能低下を起こさせる．

制限断片多型（制限酵素断片長多型）

生物におけるゲノム DNA 構造の多様性を示す目印の１つである．ゲノム DNA を特定の制限酵素で切断すると，その制限酵素が認識する配列に個体間で差があるため，制限酵素切断後に生じた特定の DNA 配列の長さに差が現れる．得られた DNA の断片長を電気泳動にかけ，既知の断片長 DNA と比較することで，遺伝病の診断や保因者の検索などが可能となっている．

重症複合型免疫不全症

細胞性・液性免疫の両方が高度に障害され，生後間もなくから重篤な易感染性を呈する．T・B 細胞の有無により３型に分けられる．無治療では２歳までに死亡するため，診断がついたら造血幹細胞移植による免疫系の再構築が必要である．第一選択は HLA 一致同胞からの骨髄移植で，約 90％が，HLA 不一致の場合では約 60％が治癒する．

伴性劣性（X 連鎖）無γ-グロブリン血症

本症では *Btk* 遺伝子の変異により，B 細胞の分化が初期段階で停止するため，B 細胞数とγ-グロブリン産生が著減する．移行抗体が消失する乳児期後半より，肺炎や気管支炎などの呼吸器感染，膿皮症などの皮膚感染および敗血症や骨髄炎などの重症全身感染に罹患しやすくなる．治療は免疫グロブリンの補充療法をおこなう．

column

免疫グロブリンの胎盤通過性

ヒトの免疫グロブリンにはIgG, IgA, IgM, IgDおよびIgEの5種類が存在するが，胎盤を通過できるのはIgGのみである．また，IgGにはIgG1, IgG2, IgG3およびIgG4の4つのサブクラスがあるが，IgG2は胎盤を通過できない．胎盤を通過できる3種類のIgGは母体から胎児の循環系に入り，細菌やウイルスなどの病原体の侵襲から胎児期および生後数ヵ月間の乳児を守っている．生後数ヵ月の乳児において，最初に罹患しやすい疾患として突発性発疹(ヘルペスウイルス6および7型)があるが，母体由来のIgGの消失によることが多い．

練習問題

1. 免疫反応とは何か，また免疫組織の種類にはどのようなものがあるか，説明しなさい．
2. 免疫担当細胞の種類とそれぞれが担う役割について説明しなさい．
3. 細胞性免疫と液性免疫の違いを説明しなさい．
4. 免疫グロブリンの種類と構造の違いとそれぞれが担う役割を説明しなさい．
5. 食物アレルギーと花粉症の起こる機序について説明しなさい．
6. 自己免疫疾患の生じる機序について説明しなさい．

参考図書

- 清水孝雄(監訳)：イラストレイテッド ハーパー・生化学，原書 29 版，丸善出版，東京，2013
- 藤田道也：標準生化学，医学書院，東京，2012
- 林　典夫，廣野治子(監修)：シンプル生化学，改訂第 6 版，南江堂，東京，2014
- 遠藤克己，三輪一智：生化学ガイドブック，改訂第 3 版増補，南江堂，東京，2006
- 中村桂子，松原謙一(監訳)：Essential 細胞生物学，原書第 4 版，南江堂，東京，2016
- 石浦章一ほか(訳)：分子細胞生物学，第 7 版，東京化学同人，東京，2016
- 平田幸男(訳)：解剖学アトラス，原書第 10 版，文光堂，東京，2012
- 今堀和友，山川民夫(監修)：生化学辞典，第 4 版，東京化学同人，東京，2007
- 大井洋之，木下タロウ，松下　操(編)：補体への招待，メジカルビュー社，東京，2011
- 中村桂子，松原謙一(監訳)：細胞の分子生物学，第 5 版，ニュートンプレス，東京，2010
- 石崎泰樹，丸山　敬(監訳)：大学生物学の教科書，第 1 巻，講談社，東京，2010
- 水島　昇：細胞が自分を食べる オートファジーの謎，PHP 研究所，京都，2011
- David. E. Sadava, et al.: Life, the Science of Biology, 10th ed., W. H. Freeman & Company, New York, 2012
- Bruce Alberts, et al.: Molecular Biology of the Cell, 6th ed., Garland Publishing Inc., Oxford, 2014

索　引

和文索引

き

く

け

こ

さ

し

す

せ

そ

た

ち

つ

て

欧文索引

コンパクト生化学（改訂第4版）

2000年 1月15日	第1版第1刷発行	編集者 大久保岩男，賀佐伸省
2005年11月15日	第2版第1刷発行	発行者 小立健太
2011年 4月 5日	第3版第1刷発行	発行所 株式会社 南 江 堂
2014年11月30日	第3版第4刷発行	〒113-8410 東京都文京区本郷三丁目42番6号
2017年 2月25日	第4版第1刷発行	☎(出版) 03-3811-7236 (営業) 03-3811-7239
2024年 1月25日	第4版第5刷発行	ホームページ https://www.nankodo.co.jp/
		印刷・製本 木元省美堂
		装丁 星子卓也

Compact Textbook of Biochemistry

定価は表紙に表示してあります．
落丁・乱丁の場合はお取り替えいたします．
ご意見・お問い合わせはホームページまでお寄せください．

Printed and Bound in Japan
ISBN978-4-524-25946-5